Manfred Bühner
Wie alles anfing

Weitere Titel aus der Reihe

Können Hunde rechnen?
Norbert Herrmann, 2021
ISBN 978-3-11-073836-0, e-ISBN 978-3-11-073395-2

Der fliegende Zirkus der Physik
Fragen und Antworten
Jearl Walker, 2021
ISBN 978-3-11-076055-2, e-ISBN 978-3-11-076063-7

Erscheint in Kürze

Zeit (t) – Die Sphinx der Physik
Lag der Ursprung des Kosmos in der Zukunft?
Jörg Karl Siegfried Schmitz-Gielsdorf, geplant für 2022
ISBN 978-3-11-078927-0, e-ISBN 978-3-11-078935-5

Einstein über Einstein
Autobiographische und wissenschaftliche Reflexionen
Jürgen Renn, Hanoch Gutfreund, geplant für 2022/23
ISBN 978-3-11-074468-2, e-ISBN 978-3-11-074481-1

Sterngucker
Wie Galileo Galilei, Johannes Kepler und Simon Marius
die Weltbilder veränderten
Wolfgang Osterhage, geplant für 2023
ISBN 978-3-11-076267-9, e-ISBN 978-3-11-076277-8

Manfred Bühner

Wie alles anfing

—

Von Molekülen über Einzeller zum Menschen

DE GRUYTER
OLDENBOURG

Autor
Dr. Manfred Bühner
Konradstr. 18
79100 Freiburg
ManfredBuehner@t-online.de

ISBN 978-3-11-078304-9
e-ISBN (PDF) 978-3-11-078315-5
e-ISBN (EPUB) 978-3-11-078324-7
ISSN 2749-9553

Library of Congress Control Number: 2022934659

Bibliografische Information der Deutschen Nationalbibliothek
Die Deutsche Nationalbibliothek verzeichnet diese Publikation in der Deutschen
Nationalbibliografie; detaillierte bibliografische Daten sind im Internet über
http://dnb.dnb.de abrufbar.

© 2022 Walter de Gruyter GmbH, Berlin/Boston
Coverabbildung: ma_rish/iStock/Getty Images Plus
Satz: VTeX UAB, Lithuania
Druck und Bindung: CPI books GmbH, Leck

www.degruyter.com

Vorwort des Autors

Der vorliegende Text wurde verfasst unter dem vorläufigen Arbeitstitel „Entstehung und Entwicklung des Lebens – aus der Sicht von Chemie und Biochemie". Dieser Arbeitstitel kennzeichnet Inhalt und Darstellungsweise und ebenso, aus welcher Perspektive das Material zusammengestellt wurde. Am Beginn dieser Arbeit stand schon vor vielen Jahren eine Sammlung von Gedanken und Argumenten zu unterschiedlichen Themen, beispielsweise betreffend den Aspekt der Naturwissenschaften in der Philosophie, das Denken selbst als physischen Vorgang (d. h. das Gehirn und seine Funktionsweise), und auch die Entstehung des Lebens auf der Erde.

Zuletzt konzentrierte ich mich ganz auf das Problem der Entstehung des Lebens und versuchte, das Thema durch ausführlichere Erklärungen auch für ein Nichtbiochemiker-Publikum ausreichend verständlich darzustellen. Verständlichkeit ist bei Texten von Naturwissenschaftlern ja nicht immer gegeben, oft dann nicht, wenn sie chemische Formeln verwenden. So entstand der vorliegende Text über ein Thema, das mich während meines gesamten beruflichen Lebens als Chemiker in der biochemischen wissenschaftlichen Forschung begleitet hatte und über das in jedem biochemischen und molekularbiologischen Laboratorium wieder und wieder diskutiert wurde und immer noch wird.

Der Physiker und Nobelpreisträger Francis Crick, einer der Entdecker der Struktur der DNA-Doppelhelix, sagte zu diesem Thema: „Die Hauptschwierigkeit beim Verfassen eines populärwissenschaftlichen Buches über den Ursprung des Lebens ist, dass es dabei vorwiegend um Probleme der Chemie geht – vor allem um Organische Chemie. Und fast alle Leute mögen Chemie nicht." Seine Mutter verstand seine Texte, betrachtete aber die in seinen Publikationen auftauchenden chemischen Strukturformeln als unverständliche Hieroglyphen (Crick, 1989).

Das Unverständnis für naturwissenschaftliche Fakten und Vorgänge ist eine typische Folge unseres Bildungsideals, das seinen Schwerpunkt bei der Kunst hat (bei Literatur, Malerei, Musik, Theater usw., also dem kreativ Erfundenen, Nichtfaktischen) und nicht bei den Naturwissenschaften (also bei der Kenntnis der nachgewiesenen Tatsachen der Natur und ihrer Gesetze, was bei vielen sogenannten Gebildeten als banal gilt; manche prahlen sogar mit ihrer naturwissenschaftlichen Ignoranz). Statt Verständnis für die chemischen Mechanismen im Gehirn bei der Wahrnehmung von Kunst und beim Denken haben die meisten Menschen Angst vor der Chemie.

Es ist ein Problem, dass das Wort „Formel" für so viele unterschiedliche Zwecke verwendet wird. Im US-amerikanischen Sprachgebrauch bedeutet das Wort *formula* sogar Kindernahrung. Es bedeutete ursprünglich das Rezept für Babyfläschchen und -brei. Formeln sind immer eine Art Kurzschrift. Bekannte Formeln wie das physikalische $E = m \cdot c^2$ von Einstein für die Äquivalenz von Materie und Energie oder die mathematische Formel $a^2 + b^2 = c^2$ für den Satz des Pythagoras kann man nur verstehen, wenn man weiß, wofür die diversen verwendeten Symbole stehen. So kommt in diesen beiden Formeln der Term c^2 vor, bedeutet aber völlig unterschiedliche Dinge,

https://doi.org/10.1515/9783110783155-201

einmal das Quadrat der Lichtgeschwindigkeit, das andere Mal das Quadrat über der längsten Seite eines rechtwinkligen Dreiecks. Wenn ich auch die Symbole einer Formel nicht verstehe, brauche ich mich dennoch nicht vor ihr zu fürchten. Ich kann sie nicht interpretieren, und sie hat dann für mich einfach keine Bedeutung, ich ignoriere sie.

Wer mit der Chemie auf Kriegsfuß steht, sollte das Folgende bedenken: Chemie ist im Prinzip Mechanik mit den kleinstmöglichen Bauteilen, den Atomen. Chemische Summenformeln sind nichts anderes als Materiallisten, und die Strukturformeln sind nichts anderes als Konstruktionszeichnungen, im Allgemeinen nur vereinfachte Skizzen. In den 1960er Jahren gehörte zu meinem Chemiestudium auch ein Kurs im Technischen Zeichnen.

Jedes Atom einer Strukturformel wird durch das chemische Symbol des entsprechenden Elementes dargestellt, diese Symbole sind in der Biochemie fast ausschließlich einbuchstabig. Exakte Bindungslängen oder Bindungswinkel können aus einer schematischen Formelzeichnung nicht abgelesen werden. Man darf sich beim Beurteilen chemischer Strukturformeln nicht davon irritieren und ablenken lassen, dass man nicht die Funktion jedes einzelnen Atoms nachvollziehen kann. Meist reicht es, wenn man ein gröberes Raster anlegt und Gruppen von Atomen betrachtet. Gefühle, dabei etwas zu versäumen, sind unnötig. In diesem Text können Strukturformeln einfach als Illustrationen angesehen werden.

Chemie ist genau genommen Ultramikromechanik, allerdings benutzt sie Arbeitsmethoden, die von denen der allgemeinen Mechanik erheblich abweichen. Das liegt vor allem daran, dass die bearbeiteten Strukturen winzig klein sind und weit unter der Sichtbarkeit mit dem Auge und auch weit jenseits der Möglichkeiten der Mikroskopie liegen. Man arbeitet sozusagen blind. Als Ausgleich für die Kleinheit der Bauteile und der Produkte (Moleküle) hat man von ihnen immer eine riesengroße Anzahl. In Chemie und Biochemie geht man also niemals mit individuellen Dingen um, sondern immer mit einer so großen Zahl, dass statistische Abweichungen der Prozesse und Verteilungen völlig verschwinden und die Gesetze der Chemie exakte Naturgesetze sind, obwohl sich die einzelnen Atome und Moleküle durchaus gelegentliche Abweichungen von der Norm leisten können.

Wie die besprochene Wissenschaft ist auch der vorliegende Text oft relativ technisch-chemisch, aber ich glaube, dass auch unter diesen Umständen die allgemeine Beschreibung einer Idee verstanden werden kann, selbst wenn man nicht immer bereit und in der Lage ist, sich mit allen Details vertraut zu machen. Alles Leben beruht auf Chemie. Die Kernvorgänge des Lebens und vor allem seine Entstehung fanden und finden statt in der Welt der Atome und Moleküle. Wer sich für die naturwissenschaftliche Erklärung der Entstehung des Lebens interessiert, kann es nicht vermeiden, diese Welt zu betreten und sich in ihr zu bewegen und umzuschauen, auch wenn es anfangs etwas Überwindung kostet.

Was in der vorliegenden Abhandlung keine Rolle spielt, sind philosophische Aspekte, also solche der Ethik und Moral und solche der Zivilisation. Es geht hier nicht um Wert, Würde oder Sinn des Lebens, sondern allein darum, wie es funktioniert. Wir betrachten die Welt mit dem Blick des Naturwissenschaftlers, dem es auf Ursache und Wirkung ankommt, auf die Physik, Chemie, Biochemie, Anatomie und Physiologie des Lebens und der Lebewesen.

Im Zentrum dieses Textes stehen die molekularen Aspekte, die eigentliche, präbiotische Entstehung des Lebens vor dem Beginn der regulären Biologie. Dagegen sind die biologischen Aspekte und die weitere Entwicklung im Rahmen der Biologie etwas knapper gefasst. Der Grund liegt einerseits darin, dass die eigentliche Biologie nicht mein Fach ist (darüber schreibe ich eher aus einer Perspektive ähnlich der eines Wissenschaftsjournalisten), und andererseits, dass darüber bereits relativ viel Informatives publiziert wurde, das im Buchhandel erhältlich ist und hier nicht wiederholt werden muss. Für Leser, die an den Mechanismen der Entwicklung der Mehrzeller interessiert sind, empfehle ich den im Literaturverzeichnis angeführten Band „Die Geschichte des Lebens" von Neil Shubin (englisch 2020, deutsch 2021), wobei die Entwicklung des Einzelwesens (Embryonalentwicklung) aufgrund ihrer Wichtigkeit großen Raum einnimmt. Die Summe aller Embryonalentwicklungen führt dann zur Entwicklung der Arten. Die Arten selbst in ihrer Entwicklung werden von Henry Gee in „Eine (sehr) kurze Beschreibung des Lebens" (2021) sehr anschaulich beschrieben.

Über das chemische Vorspiel vor der eigentlichen Entstehung der ersten lebenden Zellen wurde dagegen sehr wenig Wissenschaftliches publiziert, und als Chemiker und Biochemiker bin ich dafür auch eher kompetent. Ich habe auf diesem Gebiet nie aktiv experimentell gearbeitet, aber in meinem wissenschaftlichen Denken war es immer präsent, und ich verfolgte die Entwicklung der Erkenntnisse über die Entstehung des Lebens immer mit großer Aufmerksamkeit seit nunmehr mehr als 55 Jahren.

Der vorliegende Text beruht auf meinen persönlichen Überzeugungen, ist für mich plausibel und begründet und entstand aus der Perspektive des ausschließlich der Logik verpflichteten Naturwissenschaftlers. Der Text hat als zentralen Aspekt das chemische „Wie?" und befasst sich weniger mit dem „Wo auf der Erde?", für das eher Geologen und andere zuständig sind. Die prinzipiellen Fragen der Entwicklung und ihre Logik sind mir dabei wichtiger als „Nebenkriegsschauplätze", wie etwa die Entstehung von Zuckern und Aminosäuren, über die schon viel geschrieben wurde. Alle Daten beruhen auf wissenschaftlichen Erkenntnissen und stammen aus zahlreichen Vorträgen von Fachkollegen und Diskussionen mit ihnen, oder aus Aufsätzen und Büchern.

Personen, die meine Gedankengänge über die Entstehung des Lebens mehr als 50 Jahre lang mit persönlichen Diskussionen, E-mail-Korrespondenzen, Vorträgen und wissenschaftlichen Publikationen begleiteten, sind bzw. waren (soweit mein Gedächtnis noch reicht) Rudolf Weil, Horst Sund, Kurt Wallenfels, Peter Hemmerich, Michael G. Rossmann, Margaret J. Adams, Helmut Beinert, Jane Park, J. Ieuan Harris, Daniel E. Koshland, Kasper Kirschner, Paul Sigler, Gideon Blauer, Manfred Eigen, Inge Schuster, Lothar und Rainer Jaenicke, Dieter Palm, Manfred Schartl, Knud Nierhaus, Nick Lane,

Henning Jessen, Ulrich Schneider und viele andere, deren Namen mir nicht mehr gewärtig sind. Ihnen allen danke ich für ihre Informationen und Anregungen.

Dazu kommt noch eine große Menge von wissenschaftlichen und auch populärwissenschaftlichen Publikationen von Autoren, mit denen ich nicht in persönlichem Kontakt stand. Alles in allem waren aber die persönlichen Kontakte für mich und mein Denken immer wichtiger als die wissenschaftliche Literatur. Diskussionen über Einzelfragen und Details stimulierten das eigene Denken ungemein, und daraus ergaben sich oft die entscheidenden Anregungen und Erkenntnisse. Dabei hat man auch Gelegenheit, sich über Ansätze zu informieren, die nicht oder nur ungenügend funktioniert hatten. So etwas wird üblicherweise nicht publiziert und ist meist nur im persönlichen Gespräch erfahrbar.

Eine sorgfältige wissenschaftliche Recherche, Durcharbeitung und Dokumentation erspare ich mir, da dieser Text auf enorm vielen Einzelinformationen beruht, deren Herkunft ich zumeist gar nicht mehr rekonstruieren kann. Zum Teil sind die Quellen auch widersprüchlich, so dass ich manchmal eine Art plausiblen synoptischen Kompromiss konstruieren musste. Das gilt vor allem für die Angaben in der Zeittafel im Anhang D. Dennoch stellte ich neben einer kleinen Liste von mir benutzter Lehrbücher und Tabellenwerke auch eine höchst unvollständige, kurze Literaturliste meiner wichtigsten schriftlichen Quellen zusammen. Dazu kommen noch viele Detailinformationen (z. B. Zahlenwerte), die ich einfach aus dem World Wide Web des Internets holte. Dafür habe ich besonders der Wikipedia-Organisation zu danken.

Folglich ist der vorliegende Text keine im strengen Sinne wissenschaftliche Publikation mit Fußnoten, Zitaten und vollständigem Literaturverzeichnis. Dem Leser wird kein professioneller, wissenschaftlicher, bibliographischer Apparat geboten, er findet nur meine persönliche Bewertung der mir zugänglichen Fakten in freiem Stil. Ich versuche, die wichtigen Prozesse und ihre Logik weitgehend allgemeinverständlich zu beschreiben, aber ganz ohne wissenschaftliche Terminologie geht es leider auch bei populärwissenschaftlichen Texten nicht, wenn sie bewiesene Fakten und ernsthafte Begründungen bieten sollen. Der Text geht auch nicht allzu sehr in die Breite, ich lege hauptsächlich Wert auf die entscheidenden Prinzipien und einige Beispiele.

Auf die Frage, wie man wissenschaftliche Probleme und Ergebnisse am besten erläutern soll, antwortete Albert Einstein: „So einfach wie möglich, aber nicht einfacher." Ich bemühe mich, die Grenzen zu beachten, bei deren Überschreitung Vereinfachung zu Verfälschung würde. Bei aller Vereinfachung darf die Korrektheit der Aussagen nicht beschädigt werden. Mein Ziel war, ein wissenschaftlich stringentes Sachbuch zu schreiben, das auch von einem breiten Publikum zumindest in den Grundzügen verstanden werden kann. Ob es mir gelungen ist, muss der Leser entscheiden.

Wer die eher basiswissenschaftlichen Details nicht versteht, möge sie einfach überlesen ohne das Gefühl, Wesentliches zu versäumen; der generelle Gang der Argumentation sollte dennoch verständlich sein. Im Anhang E und G werden einige grundlegende Details aus Physik, Chemie und Biochemie für Laien zum Nachschauen oder zum Auffrischen behandelt, auch ein Glossar für Chemie und Biochemie ist vorhanden. Fachlich informierte Leser werden die ihnen vertrauten Teile des Anhangs überschlagen. Auch Wiederholungen kommen gelegentlich vor, dafür bitte ich um Verständnis.

Dieser Text hatte einen Vorläufer in einer anderen Schrift, in der ich das hier behandelte Thema in kürzerer Form und weniger intensiv abgehandelt hatte. Einige Bekannte und Kollegen, die diese andere Schrift und meine Vorträge über das Thema kannten, vermissten in der allgemein zugänglichen Literatur exaktes wissenschaftliches Material über das Thema der eigentlichen Entstehung des Lebens, also des chemischen Vorspiels zur Biologie und der sich daraus ergebenden Zwänge. Sie meinten, eine Erklärung der chemischen Vorgänge und eine allgemeinverständliche Abhandlung auf der Basis strenger wissenschaftlicher Logik der Chemie und der Physik sei wünschenswert, auch als Hilfe für Studenten und als Einführung ins Studium mancher Fächer. Ich habe mich gern überreden lassen, den hier vorliegenden ausführlicheren Text zu erstellen.

Freiburg im Breisgau, im Mai 2022   Manfred Bühner

Inhalt

Teil I: Die Vorbereitung des Planeten Erde

Teil II: Die Entstehung des Lebens, bis zur ersten Zelle

Teil III: Die weitere Entwicklung der Einzeller

Teil IV: Die Entwicklung der Mehrzeller

Abbildungsverzeichnis

https://doi.org/10.1515/9783110783155-202

Tabellenverzeichnis

https://doi.org/10.1515/9783110783155-203

Einleitung

In Novalis' „Fragmenten" findet sich der Satz „Die Natur ist nichts als lauter Vergangenheit". Schauen wir uns doch die Vergangenheit der lebenden Natur einmal an!

Schon in den frühesten Kulturen machten sich die Menschen Gedanken darüber, woher die Erde und die Menschen kamen. Die biologische Evolution verläuft so langsam, dass sie von den Menschen nicht wahrgenommen werden konnte. Man ging also davon aus, dass die Welt schon ewig in der beobachteten Form bestanden hatte und in einer singulären Aktion erschaffen worden war. Da es in alten Zeiten keinerlei auf die Realität gegründete Information gab, wurden mythische Wesen erfunden und mit den ihnen zugeschriebenen göttlichen Fähigkeiten für den Ursprung verantwortlich gemacht. Für die frühesten bekannten Mythen (der Sumerer, der Babylonier, der Chinesen, der klassischen Antike, der nordischen Völker, der Maori, der Inuit und anderer Völker) ist zudem charakteristisch, dass kein oder wenig Unterschied zwischen unbelebter und belebter Welt gemacht wurde.

Auch die unbelebte Welt galt in gewisser Weise als „beseelt", und ebenso wie Bäume wurden zum Beispiel auch Bäche als von Geistern und niedrigen Göttern bewohnt angesehen. Es war also nicht erkannt worden, dass das Leben etwas ist, das sich von der normalen unbelebten Welt prinzipiell unterscheidet. Es mutet uns heute schon recht exotisch an, dass der altpersische Sonnengott Mithras von einem „jungfräulichen Felsen" geboren worden sein soll.

Diese Mythen sind auch heute noch nicht ausgestorben, manchmal hat man sogar den Eindruck, dass sie immer noch weiter zunehmen in der Form von Verschwörungstheorien. Die Kreationisten sind keineswegs verschwunden, und manche von ihnen wollen heute modern erscheinen und reden von einem „Intelligenten Designer", um religiös neutral zu sein und den Begriff „Gott" zu vermeiden. Dabei missbrauchen sie in Diskussionen oft auch die Naturwissenschaften und erzählen das Märchen, dass ein physikalisches Gesetz, der Zweite Hauptsatz der Thermodynamik, die spontane Entstehung des Lebens (will heißen: ohne einen Schöpfer) ausschließe, weil Ordnung nicht spontan entstehen könne. Dabei werden die Einschränkungen unterschlagen, innerhalb derer dieser Satz gültig ist. Halbinformierte können auf diese Verfälschung der Physik durch Weglassen der Rahmenbedingungen tatsächlich hereinfallen.

Die jüdische Schöpfungsgeschichte im Alten Testament der Bibel (die Version ganz am Anfang der Genesis) stellt eine frühe Ausnahme vom in der Antike üblichen Stil dar, indem eine graduelle Entwicklung von Chaos über unbelebte Ordnung hin zu Pflanzen, Tieren und schließlich zum Menschen dargestellt wird. Dagegen beschäftigt sich der Buddhismus gar nicht mit dem Problem der Entstehung des Lebens, da Gautama Buddha lehrte, dass es vergeblich sei, sich mit Fragen zu beschäftigen, die nicht beantwortet werden können.

So war lange Zeit die Mythologie – später die Religion – als die ewige Wahrheit angesehen worden, bevor man sich zum Ende des Mittelalters und zu Beginn der Neuzeit

https://doi.org/10.1515/9783110783155-001

das Nichtwissen eingestand und *peu à peu* die Naturwissenschaften entstanden. Diese begannen, die Antworten auf offene Fragen nicht aus den „überlieferten Quellen der Weisheit und der Wahrheit" zu schöpfen (die meist nur mit Worthülsen angefüllt sind und keinerlei nachprüfbare Fakten enthalten), sondern mit den Mitteln der Beobachtung, des Experiments und der Logik wirkliche Tatsachen zu erfahren. Diesem wissenschaftlichen Weg wollen wir folgen.

Eine alte, grundlegende Erkenntnis war, dass das irdische Leben an Wasser gebunden ist und seine inneren Funktionen (die Biochemie) ausschließlich in Wasser stattfinden, in wässriger Lösung. Die strenge Unterscheidung zwischen unbelebt und belebt ist noch nicht sehr alt. Bis in die Mitte des 19. Jahrhunderts ging auch die Wissenschaft bei ihrem damaligen Kenntnisstand davon aus, dass Leben aus Unbelebtem spontan entstehen könne. Man beobachtete immer wieder, dass sich in und auf einem offen herumliegenden Stück Fleisch im Laufe der Zeit Maden bildeten. Ebenso kamen Fäulnis und Schimmelbildung scheinbar aus dem Nichts, schienen also spontan entstanden zu sein.

Der Grund für diesen Irrtum ist, dass damals das Eierlegen der Fliegen und auch die sehr kleinen Verursacher von Fäulnis und Schimmel (einzellige Lebewesen) nicht wahrgenommen wurden. Erst Louis Pasteur erbrachte mit der Entdeckung der Bakterien den Beweis dafür, dass Leben nur aus Leben entstehen kann. Zu seiner Zeit wurde die Technik der Mikroskopie so weit entwickelt, dass man diese Mikroorganismen nun auch direkt beobachten konnte.

Es entwickelte sich nun die Hypothese einer spezifischen „Lebenskraft", die besagte, dass Vorgänge in Lebewesen ihre Ursache nur in dieser speziellen Kraft haben können. Die Wissenschaft musste sich umstellen und war nun mit dem Problem der „Urzeugung" konfrontiert, d. h. mit der Frage nach der allerersten Entstehung des Lebens und damit der Lebenskraft – einem Problem, von dem angenommen worden war, dass es nur die Religionen betreffe.

Die Hypothese der Lebenskraft wurde aber schon im 19. Jahrhundert wieder aus der Welt geschafft. Im Jahre 1828 gelang es Friedrich Wöhler, die Substanz Harnstoff, die bis dahin nur als Produkt von Lebewesen bekannt war, im chemischen Labor aus normalen Chemikalien zu synthetisieren, also ganz ohne lebende Körper. Und quasi als Endpunkt dieser Entwicklung gelang es 1897 Eduard Buchner zu zeigen, dass ein so komplexer Prozess wie die alkoholische Gärung keine lebenden Hefezellen benötigt. Sie funktioniert auch, wenn man die Hefezellen vorher vollständig zerstört hat, so dass nur noch die Inhaltsstoffe der toten Zellen vorhanden sind. Das bewies, dass auch aufwendige Prozesse von Lebewesen einfach nur durch chemische Verbindungen bewirkt werden. Und wiederum haben wir das Problem der Entstehung des Lebens.

Niemand war dabei, als das Leben entstand, niemand hat es gesehen. Es gibt weder Protokolle noch Berichte von Reportern, noch nicht einmal Originalvideos auf YouTube... Die einzigen konkreten Überreste aus der Urzeit des Lebens sind sehr alte Abdrücke in Gesteinen, die von sehr frühen Bakterien hinterlassen wurden. Dazu kommen indirekte Indikatoren, aus denen auf frühe Wirkungen des Lebens geschlossen werden kann, beispielsweise die Isotopenzusammensetzung bestimmter Substanzen.

Daher sind wir gezwungen, unter Berücksichtigung der damaligen astronomischen und geographischen Gegebenheiten (soweit wir sie kennen) vom heute existierenden Leben die Wege abzuleiten, auf denen es entstanden sein könnte, dürfte, oder müsste. Unsere Aufgabe ist es, mit der nötigen strengen Logik die erforderlichen, wahrscheinlichen und möglichen Schritte herauszufinden. Niemand kann mit Sicherheit sagen, was im Detail geschah und wie es in der Wirklichkeit geschah, wir können nur aufzeigen, welche Prozesse möglich und wahrscheinlich waren, um die Entwicklung bis zum heutigen Stand zu erklären.

Die Wissenschaft kann eine Menge rekonstruieren, aber manchmal ist die Reihenfolge der Vorgänge recht unsicher, und erst recht sind es die Zeitpunkte. Auf jeden Fall kann man mit Bestimmtheit sagen, dass das Leben auf Chemie beruht. Das haben die Biologen schon vor längerer Zeit festgestellt, denn der Kopf einer Samenzelle (Spermium) ist sehr klein und enthält dennoch das gesamte vom Vater kommende Erbgut. Die Gene mussten demnach extrem klein sein, und die zwangsläufige Schlussfolgerung ist, dass es sich nur um große Moleküle handeln kann.

Das bringt uns dazu, dass die Entstehung des Lebens auf normalem, rationalem, natürlichem, chemischem und physikalischem Wege möglich war und auch so erfolgte. Auch der Chemiker Linus Pauling (zwei Nobelpreise!) stellte schon in den 1940er Jahren fest, dass die bekannten und bewiesenen Gesetze der Chemie – besonders der Chemie der Makromoleküle – ausreichen, um die Geheimnisse des Lebens zu ergründen. Wir versuchen hier eine Rekonstruktion der Entstehung des Lebens mit wissenschaftlichen Mitteln.

Diese Rekonstruktion bezieht sich aber nur auf die Vorgänge als solche, die chemischen Prozeduren und die physikalischen und chemischen Gesetze. Die Orte sind mit wenigen Ausnahmen höchstens ungefähr bestimmbar. Es gibt Zeitschriftenartikel, in denen phantastische exotische Landschaften abgebildet werden, aber das ist Science-Fiction. Auch vielen Wissenschaftlern scheint nicht bekannt zu sein, dass die von Sauerstoff freie Atmosphäre der frühen Erde eine so intensive Ultraviolettstrahlung auf der Erdoberfläche zur Folge hatte, dass diese eine Todeszone war und dass daher als Ort der Entstehung des Lebens nur das Meer infrage kommen konnte.

Der vorliegende Text kann keine erschöpfende Erklärung aller Vorgänge geben, er soll eher als „Reiseführer" dienen, der zumindest die wichtigeren Aspekte anspricht. Die wichtigsten Stationen auf dem Weg der Entstehung des Lebens sollen so detailliert angesprochen werden, dass die Vorgänge in ihren logischen Zwängen und in ihrer generellen Richtung der Entwicklung sichtbar werden. Auch wenn man Details der wissenschaftlichen Argumentation überschlägt, soll der Gesamtvorgang einleuchtend bleiben. Für diejenigen Leser, die die physikalischen und chemischen Grundlagen vermissen, werden im Anhang E und G einige Aspekte davon erläutert.

Diejenigen, denen das nicht ausreicht, müssen auf die entsprechenden Lehrbücher verwiesen werden.

Ein interessanter Aspekt der Geschichte des Lebens ist der zeitliche Verlauf seiner Entwicklung. Um diesen Aspekt kümmert sich mit großem Eifer eine erhebliche Zahl von Geologen. Das wird verständlich, wenn man bedenkt, dass die Charakterisierung von Gesteinen und Gesteinsschichten in ganz erheblichem Umfang von Fossilien abhängt, die in den Gesteinen eingeschlossen sind. Manche Kalkgesteine bestehen sogar vollständig aus Fossilien. Leider sind Fossilien in den ersten und längsten Phasen des Lebens extrem selten, da Bakterien und Archäen, die ältesten Formen von Lebewesen, nur sehr wenig Dauerhaftes und Identifizierbares hinterlassen.

Noch schlechter sieht es für die chemische Vorphase des Lebens aus, die präbiotische oder chemische Evolution, weil organisch-chemische Moleküle überhaupt keine dauerhaften Spuren hinterlassen. Für diese Periode kann man nur auf die astronomischen Rahmenbedingungen zurückgreifen. Zum Glück gibt es einen zeitlichen Fixpunkt, nämlich das erste Auftreten von flüssigem Wasser, das nach dem Abkühlen der glutflüssigen Erde aus Wasserdampf kondensierte. Vorher war gar nichts möglich, aber wir wissen nicht, wie lange es danach noch dauerte, bis die Entwicklung in Richtung wirkliches Leben einsetzte. Ein kritischer Punkt war zweifellos die Temperatur, die in einem gewissen Rahmen liegen musste und vor allem nicht zu hoch sein durfte.

Die Astronomie hatte vor einigen Jahren die Hypothese vertreten, dass ein massives Bombardement der Erde mit Meteoriten, Kometen und Asteroiden den Beginn der Entwicklung des Lebens verzögerte und um mehrere 100 Mio. Jahre hinausschob. Diese Hypothese, deren Begründung von Anfang an auf sehr schwachen Füßen stand (massive Überinterpretation von Daten der Mondgesteine), scheint jetzt zumindest in der Forschung definitiv vom Tisch zu sein. Der gesamte Zeitraum seit der Kondensation des Wasserdampfes zum Urmeer vor 4,3 Mrd. Jahren steht uns jetzt für unsere Überlegungen zur Verfügung.

Eine gewisse Schwierigkeit scheint für viele darin zu liegen, die Entstehung des Lebens als einen sehr langfristigen Prozess zu begreifen, bei dem es eine breite Zeitzone gibt, in der man nicht eindeutig sagen kann „jetzt sind wir noch im Unbelebten" oder „jetzt sind wir schon im Lebendigen". Das Bedürfnis nach exakten Zeitpunkten und exakt definierten Zuständen kann aber von der Naturwissenschaft in dieser Frage nicht erfüllt werden, die Datenlage der Natur gibt es nicht her. Der Leser wird dafür um Verständnis gebeten.

Im Grunde ist der Begriff „Leben" nicht so exakt definiert, dass man sein Auftreten zeitlich scharf fassen könnte. In diesem Text wird als Beginn des Lebens der Zeitpunkt bzw. Zeitraum angesehen, in dem „Metabolismus" (Stoffwechsel, hier die organische Chemie der Vorphase in der Ursuppe), „Individuum" (die Entstehung einzelner Zellen durch Lipidmembranen) und „Fortpflanzung" (durch autonome Zellteilung) entstanden waren und jetzt alle zusammen vorlagen (siehe Anhang C).

Man begegnet auch gelegentlich dem Einwand „Das Leben ist so kompliziert, seine Entstehung lässt sich überhaupt nicht erklären" (siehe Buddhismus!). Dieses Argument kommt üblicherweise von Menschen mit geringen oder keinen Kenntnissen der Chemie und Biochemie. Da muss man dann auf Parallelen der Technik verweisen, deren Endprodukte so kompliziert sind, dass der Laie ebenfalls von den Details überfordert ist. Man hört aber nie sagen, dass das moderne Auto oder der moderne Computer nicht erklärbar seien, obwohl beide ja nun wirklich so kompliziert sind, dass der Nichtfachmann die Details nicht versteht.

Wie das Leben haben auch diese Produkte der Technik eine Entwicklungsgeschichte, die vom Einfachen zum Komplizierten ging und deren Verlauf durch enorm viele Schritte mit meist sehr geringen Veränderungen pro Schritt charakterisiert ist. Die Entwicklung des Autos begann vor mehr als 6000 Jahren mit der Erfindung des Rades. Das Rad wurde aber nicht zu Transportzwecken erfunden, sondern nach archäologischen Ausgrabungen im Vorderen Orient als waagerecht drehbar gelagerte Plattform zur bequemeren Herstellung keramischer Gefäße. Jahrhunderte später kam eine senkrecht stehende Achse dazu und ein zweites Rad für den Antrieb durch die Füße, wir hatten die voll funktionsfähige Töpferscheibe, wie wir sie heute kennen. Noch später kam jemand auf die Idee, die ganze Konstruktion zu kippen und mit waagerecht liegender Achse und senkrecht stehenden Rädern zum Bau von Karren zu benutzen.

Die weitere Entwicklung verlief außerordentlich langsam. Nach Ochsenkarren mit Scheibenrädern für den Warentransport entstanden später in Südrussland und Zentralasien schnelle einachsige Jagdfahrzeuge mit Speichenrädern, wie man sie später aus der Antike als Streitwagen kennt. Dann wurden die für lange Zeit von menschlichen Trägern (Sklaven) bewegten Sänften auf Räder gesetzt, und es entstanden die Pferdekutschen. Als dann aber gegen Ende des 19. Jahrhunderts die Kutschen mit Benzinmotoren ausgestattet wurden, verlief alles sehr schnell bis hin zu den heutigen Formel-1-Rennfahrzeugen.

Ganz ähnlich müssen wir uns die Entwicklung des Lebens vorstellen. So manche „Erfindung" wurde später auch abgewandelt und für ganz andere Zwecke benutzt. Die biologische Evolution zeigte sich außerordentlich flexibel bei der Ausnutzung von vorhandenen Bausteinen für alle möglichen neuen Zwecke. Das erwies sich als besonders nützlich, als nach 3 Mrd. Jahren lediglich einzelligen Lebens sich vor ca. 800 Mio. Jahren die ersten Zellen zusammentaten und mehrzellige Lebewesen bildeten und das Leben sich vor allem nach der Entwicklung der sexuellen Fortpflanzung geradezu explosiv weiterentwickelte bis hin zum Menschen.

Ein Beispiel aus einer späteren Phase der Evolution betrifft die Wirbeltiere. Landwirbeltiere atmen den lebenswichtigen Sauerstoff durch die Lunge. Aber wie ist diese entstanden? Die Antwort ist unerwartet einfach. Die allermeisten Knochenfische besitzen eine Schwimmblase. Diese kann größer und kleiner gemacht werden und erlaubt es dem Fisch, in höhere Wasserschichten aufzusteigen oder sich in tiefere absinken zu lassen. Die Schwimmblase hat bei vielen Fischen aber auch eine zweite Funktion, die man beobachten kann, wenn man in großer Hitze an einem seichten Teich steht.

Das Wasser enthält unter diesen Bedingungen sehr wenig Sauerstoff, und da reicht die Kiemenatmung der Fische nicht mehr aus. Sie kommen daher an die Oberfläche und schnappen nach Luft. Diese Luft wird verschluckt und durch eine kurze Verbindung aus der Speiseröhre in die Schwimmblase gebracht. Die Haut der Schwimmblase enthält viele Adern und Kapillaren, die aus der Schwimmblase den Sauerstoff übernehmen. Die Fische haben also die Kiemenatmung mit einer Art Lungenatmung in der Schwimmblase ergänzt.

Dieses System wurde verbessert, und es entstanden die Lungenfische. Dabei wurde die große Blase aufgeteilt in kleine Bläschen, wodurch sich die Oberfläche vergrößerte. Nun war der Weg frei, auf die Kiemenatmung völlig zu verzichten und auf lange Sicht auch auf das Wasser, und auf Leben an Land umzusteigen. Dabei rutschte die Verbindung zur Speiseröhre immer weiter nach oben und wurde zur Luftröhre.

Auch wir Menschen haben noch eine Verbindung vom Ernährungssystem zur Lunge, die im Mund beginnt und durch den Rachen führt; wir können auch durch den Mund atmen. Neu angelegt wurde der direkte Ausgang der Luftröhre unmittelbar zur Außenwelt durch die Nase, er stammt nicht mehr von den Fischen. Das Ganze wurde durch Genanalysen bestätigt. Die Gene, die für Aufbau und Betrieb der Lunge verantwortlich sind, haben sehr große Ähnlichkeit mit den Genen, die bei Fischen für die Schwimmblase zuständig sind, und dürften aus diesen entstanden sein (Shubin, 2020).

In gewisser Weise kann die Entstehung des Lebens mit der Entstehung der Erdkruste verglichen werden. In beiden Fällen gab es eine Evolution auf Basis der Chemie, die nur von den physikalischen und chemischen Gesetzen bestimmt wurde. Diese Evolution betraf die Substanzen und Reaktionen der anorganischen Chemie und führte zu den Mineralien und zur Geologie, Bergen und Meeren (Bjornerud, 2018). Bei den Substanzen und Reaktionen der organischen Chemie führte sie zur Biochemie und zum Leben, zur Biologie.

Beide Evolutionen sind verbunden, was sehr deutlich auf vulkanisch entstandenen Inselgruppen wie z. B. Hawaii sichtbar wird. Schon Charles Darwin bekam auf den Galapagosinseln einen ersten Eindruck dieser Kopplung. Die Geschwindigkeit der biologischen Evolution hängt direkt mit der Geschwindigkeit der Veränderung der Biotope zusammen, also mit der Geschwindigkeit der geologischen Entwicklung. Noch früher begann die kosmologische Evolution des Universums, die ja die Ausgangsbasis für die geologische Evolution ist. Alle drei Evolutionen haben gemeinsam, dass sie so langsam verlaufen, dass sie für das menschliche Auge nicht direkt beobachtbar sind.

Die anorganische Chemie und die Geologie haben es mit den stabileren Systemen zu tun, so dass diese Systeme auf allen Planetensystemen existieren. Die empfindlicheren Systeme der organischen Chemie, der Biochemie und des Lebens sind dagegen auf Zonen mäßiger Temperatur beschränkt. Sie können nur existieren auf Planeten in „habitablen" (bewohnbaren) Zonen. Die Erde selbst wird es mit ihrer Geologie auch in sehr ferner Zukunft geben, auch wenn in der Hitze der immer weiter zunehmenden Sonnenstrahlung irgendwann das Leben untergegangen sein wird.

Die Mythen, die am Anfang unserer Kultur standen, haben immer noch ihre Wirkung. Die Philosophie und vor allem die Religionen und Kirchen bewirken, dass bis heute der Begriff „Leben" mit nichtnaturwissenschaftlichen Bedeutungen überladen ist (zum Beispiel „Würde des Lebens"). Für viele Menschen ist es nicht leicht, diesen ideologischen Überbau zu ignorieren und einer rein naturwissenschaftlichen Diskussion ohne Vorbehalte zu folgen.

Das Problem besteht in der Tendenz, den Begriff Leben sozusagen auf ein Podest zu stellen. Da spielen die Göttliche Schöpfung und andere Dinge, vor allem Humanismus, Moralphilosophie und Ethik, eine große Rolle. Das bedeutet im Grunde, dass das Wort „Leben" gefühlsmäßig zuerst einmal auf uns selbst, den Menschen, bezogen wird. Der Satz „Das Leben muss unverletzlich sein" bezieht sich aber ausschließlich auf den Menschen. Sonst würden wir weder Pflanzen noch Tiere essen, noch in unseren Gesetzen Tiere als „Sachen" behandeln. Der analytische Naturwissenschaftler darf sich aber nicht dazu verleiten lassen, dieser nur auf Menschen bezogenen Philosophie zu folgen und das Leben als etwas Besonderes, Spektakuläres, Einzigartiges, Erhabenes zu begreifen. Diese philosophischen Kategorien sind für ihn im Grunde eher belastend.

Der Molekularbiologe Jacques Monod setzte sich mit den unterschiedlichen philosophischen Ansätzen, die das Leben betreffen, detailliert auseinander und kam zu dem Schluss, dass sie allesamt nicht mit einer wissenschaftlichen Sichtweise vereinbar sind (Monod, 1973). Die wissenschaftliche Sichtweise ist dadurch bestimmt, dass die Natur völlig objektiv gesehen werden muss und dass keinerlei subjektive vorgefasste Ideen einfließen dürfen. Alle von ihm untersuchten religiösen und philosophischen Ansätze leiden darunter, dass sie als Ausgangs- und Mittelpunkt der Betrachtungen das Lebewesen als solches (vor allem den Menschen) stellen und trotz der Erkenntnisse von Charles Darwin und Gregor Mendel die Erbinformation ignorieren. Diese anthropozentrische Illusion ist immer noch nicht überwunden.

Das beginnt mit den zahlreichen Religionen mit ihren ebenso zahlreichen Schöpfungsgeschichten und geht über die Philosophien von Pierre Teilhard de Chardin und von Henri Bergson bis hin zum dialektischen Materialismus von Karl Marx und Friedrich Engels. Engels setzte der Wissenschaftsfeindlichkeit seiner Ideologie noch die Krone auf, indem er die Gültigkeit sowohl der Grundlage der Evolution in der Selektion als auch eines der wichtigsten Gesetze der Physik, des zweiten Hauptsatzes der Thermodynamik, in einer gegen den Positivisten Eugen Dühring gerichteten Streitschrift („Anti-Dühring") bestritt.

Die alten Denksysteme von den Religionen über die antike Philosophie bis hin zu einigen Vertretern der Philosophie der Neuzeit folgen der antiken griechischen Tradition des deduktiven Denkens („von oben nach unten"), während die Naturwissenschaften unter allen Umständen das induktive Denken („von unten nach oben") anwenden, ja anwenden müssen. Dabei bedeutet „oben" die Ursachen, die Gründe, die übergeordneten Pläne, Absichten und Ziele, während „unten" für die Erscheinungen, die Beobachtungen steht. Im Folgenden ein Beispiel: Die Bewegungen der Planeten.

Die Astronomie des Aristoteles ging davon aus, dass die Götter für den Himmel und die Regeln der Bewegung der Himmelskörper verantwortlich sind. Da nach der Überzeugung des Aristoteles die Götter nur das Vollkommene zulassen, mussten die Bahnen der Himmelskörper Kreisbahnen sein, da der Kreis die vollkommene Symmetrie aufweist. Und selbstverständlich stand die Erde im Mittelpunkt, um sie und die Menschen drehte sich schließlich alles.

Bei der Beobachtung von der Erde aus zeigten sich dann so seltsame Dinge wie kurzzeitige scheinbare Rückwärtsbewegungen der Planeten, und die am Himmel erscheinenden Bahnen legten sich gelegentlich in Schleifen. Diese Effekte begründete Aristoteles mit der Aktivität eines göttlichen „unbewegten Bewegers", der die Bewegung steuerte. Wir sehen heute einen Widerspruch darin, dass zwar die Form der Bahnen perfekt sein musste, aber Geschwindigkeit und Richtung der Planeten manipuliert werden konnten. Aristoteles störte das aber nicht. Die Götter („oben") setzten die unveränderlichen Regeln, und die Erscheinungen („unten") hatten sich anzupassen, alle Beobachtungen waren interpretierbar. Das ist deduktives Denken.

Im Gegensatz dazu denkt die moderne Wissenschaft induktiv. Die Beobachtungen sind die unveränderliche Basis, und unter Berücksichtigung der Rahmenbedingungen müssen sie rational interpretiert werden. Tycho Brahe hatte die für seine Zeit mit Abstand genauesten Messungen der Positionen von Planeten am Himmel vorgenommen, und sein Nachfolger Johannes Kepler berechnete daraus die wahren Bahnen. Er kam zu dem Schluss, dass die Bahnen nicht kreisförmig, sondern elliptisch sind, und dass in ihrem Zentrum (in einem der beiden Brennpunkte der Ellipsen) nicht die Erde, sondern die Sonne steht, so wie es schon von Nikolaus Kopernikus als Möglichkeit vorgeschlagen worden war. Für Kepler gab es keinerlei Notwendigkeit, auf „höhere Instanzen" Rücksicht zu nehmen, er richtete sich exakt nach der Beobachtung in der Natur und interpretierte diese in vollständig objektiver und rationaler Weise.

Der Unterschied: An den Thesen des Aristoteles bissen sich bis zum Ende des Mittelalters die (meist arabischen) Wissenschaftler die Zähne aus. Dagegen konnte Isaac Newton auf der Grundlage der Keplerschen Gesetze (zusammen mit den Gesetzen Galileis für den freien Fall) die Basis der modernen Physik entwickeln.

Der Naturwissenschaftler muss in seiner eigenen Betrachtungsweise auch das Leben als einfaches Faktum sehen, entstanden aus einer geradezu banalen Aneinanderreihung von ganz einfachen und selbstständig ablaufenden physikalischen und chemischen Reaktionen, bei denen eher zufällige geologische Konstellationen die Hauptrolle spielten. Der Leser ist aufgefordert, dem zu folgen und ganz rational im Stil und im Rahmen der Naturwissenschaften zu denken.

Vielleicht hilft es da, für diese Art der Betrachtung die höheren Lebewesen, die Endprodukte der Evolution und Objekte der Ethik, vollständig zu ignorieren und vorzugsweise die ältesten und einfachsten Lebewesen, die Prokaryonten (kernlose Zellen), also die Bakterien und die Archäen, als „Leben" anzusehen. Mit denen hat es vor etwa 4 Mrd. Jahren ja auch angefangen, und sie blieben 2 Mrd. Jahre lang alleine. Erst vor knapp 2 Mrd. Jahren entstanden dann die Eukaryonten, höher entwickelte Einzeller mit Zellkern und anderen inneren Strukturen, und vor nicht einmal einer Milliarde Jahren begann die Entwicklung mehrzelliger Lebewesen, die wir in unserer menschlichen Arroganz als „höheres" Leben bezeichnen.

„Was ist Leben?" ist der Titel eines Buches, das der Physiker Erwin Schrödinger im Dezember 1944 in England veröffentlichte (Schrödinger, 2019). Der Österreicher Schrödinger war ein Mitbegründer der Quantenmechanik, wofür er 1933 den Nobelpreis für Physik erhielt. Er ist der breiten Öffentlichkeit vor allem aufgrund von „Schrödingers Katze" bekannt, einer Figur, mit der er die Anhänger der statistischen Interpretation der Quantenmechanik verspottete. Sein Buch von 1944 enthält den Inhalt einer Serie von Vorträgen, die er 1943 im irischen Exil am Trinity College in Dublin gehalten hatte.

Das Buch behandelte hauptsächlich die Vererbung und die Thermodynamik (daraus speziell die Aspekte von Entropie und Ordnung) und war in seinem sachlichen Inhalt keineswegs über jeden Zweifel erhaben, was fachkundige Zeitgenossen auch bemängelten. Es stellte aber die richtigen (wichtigen) Fragen, die angegangen und beantwortet werden mussten, um die Wissenschaft vom Leben weiterzubringen.

Das zentrale Problem dieser Zeit, was das Leben betraf, war die Frage, wie Lebewesen ihre innere Ordnung aufbauen und erhalten können, obwohl alle unkontrollierten physikalischen Vorgänge spontan immer in Richtung Unordnung verlaufen. Es war das Problem des Zweiten Hauptsatzes der Thermodynamik, das Problem der Entropie. Schrödinger hatte erkannt, dass die Biologen mit ihrer damaligen weitgehenden Beschränkung auf Beschreiben und Einteilen von Arten die grundlegenden Fragen des Lebens nicht würden beantworten können, und rief daher die Physiker und die Chemiker auf, die Grundfragen und -probleme des Lebens zu erforschen, man brauchte eine Biologie der Moleküle.

Das Prinzip der Ordnung und ihres Aufbaus sowie der damit zusammenhängende physikalische Begriff der Entropie spielen auch heute noch eine Rolle in der Argumentation von Menschen, die die seit Schrödinger gewonnenen Erkenntnisse anzweifeln und angreifen. Man muss sich als ernsthafter Wissenschaftler immer wieder mit Esoterikern auseinandersetzen, die mit fehlerhafter Logik und Scheinargumenten über innere Ordnung und Entropie auftreten.

Die bedeutendsten Pioniere der molekularen Biologie in der ersten Hälfte des 20. Jahrhunderts waren der Chemiker und Mediziner Otto Warburg und der Physiker Max Delbrück. Viele Nachwuchsforscher lasen Schrödingers Buch und wandten sich daraufhin ebenfalls den Fragen des Lebens zu. Die bekanntesten von ihnen sind wohl der Zoologe James (Jim) Watson und der Physiker Francis Crick, die nach Vorarbeit der mit 37 Jahren leider viel zu früh verstorbenen Rosalind Franklin die Struktur des Erbguts (die DNA-Doppelhelix) entschlüsselten und zehn Jahre nach den Vorträgen Schrödingers im Jahr 1953 publizierten.

Weitere Pioniere, auch der zweiten Hälfte des 20. Jahrhunderts, waren die Chemiker Linus Pauling und Max Perutz, denen wir erste Kenntnisse und grundlegende Methoden zur Analyse der Struktur von Proteinen („Eiweißstoffen") verdanken. Unzählige andere folgten. Einer der Schüler von Max Perutz war Michael Rossmann, dessen Name in Kap. 20 („Dehydrogenasen und die Rossmann-Domäne") auftauchen wird. Der Verfasser des vorliegenden Textes ist ein Schüler von Michael Rossmann.

In der Folge hat die Molekularbiologie solche Fortschritte gemacht, dass heute alle grundsätzlichen Fragen des Lebens und seiner Entstehung beantwortet werden können. Der Zellbiologe und Nobelpreisträger Paul Nurse gibt in seinem lesenswerten Buch „Was ist Leben?" (Nurse, 2021), dessen Titel er, wie er freimütig einräumt, „schamlos von Schrödinger gestohlen" hat, eine allgemeine und weitgehend allgemeinverständliche Zusammenfassung der in den vergangenen mehr als 70 Jahren erarbeiteten Erkenntnisse. Dabei geht er nicht allzu tief auf Details ein und kommt ohne chemische Formeln aus. Er beschreibt die wichtigsten Prinzipien des Lebens in fünf Kapiteln aus fünf verschiedenen Perspektiven: Aus der Sicht der Zelle, der der Gene, der der Evolution, der der Chemie und der der Information.

Der vorliegende Text hat dagegen einen anderen Ansatz. Er verfolgt die Entstehung des Lebens auch in wissenschaftlichen Details der Physik und vor allem der Chemie, und berührt bei der zeitlichen Entwicklung des Lebens naturgemäß auch die fünf von Nurse dargestellten Bereiche und Perspektiven.

Selbstverständlich gibt es auch heute noch eine riesige Zahl von Problemen zu lösen, die sich jedoch hauptsächlich auf Detailfragen beziehen. Ein weites Feld ist vor allem die interne Steuerung mehrzelliger Lebewesen und ihrer Entwicklung, und ganz speziell die Funktionsweise des zentralen Steuerungsorgans der Tiere und des Menschen, des Gehirns.

Zum Eingewöhnen in diesen Text hier erst einmal eine Kurzfassung:

Kurzfassung

Das Leben ist Kopieren. Gewählter ausgedrückt: Leben ist Reproduzieren, Fortpflanzung. Leben ist Chemie, und Lebewesen bestehen aus einer Vielzahl von Arten großer Aggregate aus strukturell hoch geordneten chemischen Verbindungen. In diesen Aggregaten laufen komplexe chemische Reaktionen ab, die vor allem für die Zufuhr von chemischer Energie sorgen, die für die Aufrechterhaltung der inneren Ordnung unverzichtbar ist. Angefangen hat es auf der Erde vor über 4 Mrd. Jahren unter völlig anderen geologischen und chemischen Bedingungen, als sie heute herrschen, mit Molekülen der Klasse der Nukleotide. Dieser Name kommt daher, dass die Nukleinsäuren und die Nukleotide zuerst im Zellkern – lateinisch *nucleus* – gefunden wurden.

Diese Nukleotide haben die Eigenheit, dass sie durch Verkettung unterschiedlicher Elemente desselben Typs kürzere Oligomere oder längere Polymere (die Nukleinsäuren) bilden können, die aufgrund der Detailunterschiede (Variation) der Nukleotide Information enthalten, nämlich die über deren Reihenfolge. An so ein Oligomer oder Polymer lagern sich korrespondierende Nukleotide parallel an und lassen sich zu einem zweiten Oligomer oder Polymer verketten, das der „Negativabdruck" des ersten ist. Davon kann sich dann durch Wiederholung des Prozesses ein weiteres Exemplar bilden, das das Negativ des Negativs und damit wieder ein Positiv ist, somit eine exakte Kopie des Ausgangs-Oligomeren.

Niemand kann ermessen, wie viele Jahrmillionen und wie viele Versuche erforderlich waren, bis diese Entwicklung griff und sich die entscheidenden Fortschritte einstellten, die dazu führten, dass Kopieren und Reproduzieren bis heute erfolgreich weiter gingen.

Aus diesen ersten automatischen Kopiervorgängen in der „Ursuppe" der frühesten Meere haben sich in den etwa 4 Mrd. Jahren seit dem Beginn die höchst erstaunlichen Selbst-Reproduzier-Maschinen gebildet, die wir Lebewesen nennen. Und immer noch ist dieselbe chemische Substanzklasse das Objekt des Kopierens, die Nukleinsäuren, heute als unser Erbgut erkannt und auch Genom genannt. Die biologische Forschung erkannte erst um ca. 1970, dass man anstatt des (sterblichen) Körpers das (potenziell unsterbliche) Erbgut ins Zentrum der Betrachtungen stellen sollte: Der Ameisenforscher Edward O. Wilson prägte den Begriff „Soziobiologie" (Wilson *The Social Conquest of Earth*", 2013, deutsche Übersetzung: „Die soziale Eroberung der Erde"), der Evolutionsbiologe Richard Dawkins schrieb das Buch *The Selfish Gene*" (Dawkins, 2006, deutsche Übersetzung: „Das egoistische Gen").

Solange die Fähigkeit zur Selbstreproduktion besteht, läuft das Kopieren automatisch ab. Der Lebensdrang, der Fortpflanzungsdrang, die Freude an Kindern, sie alle sind nichts anderes als in den Genen fest eingebaute Optimierungen der Fortpflanzung. Charles Darwin und Gregor Mendel gebührt das Verdienst, die Prinzipien aufgedeckt zu haben, nach denen dieser optimierende Entwicklungsprozess (Evolution) abläuft.

Im Anfang war das Nukleotid.

Das Leben? Ist alles nur Chemie mit der Fähigkeit zum autonomen Selbstkopieren.

Teil I: **Die Vorbereitung des Planeten Erde**

1 Allgemeine Grundlagen

Wenn man über das Leben nachdenkt, muss man sich zu allererst darüber im Klaren sein, was denn ein lebendes Wesen ist, was es von toter Materie unterscheidet. Um unnötige Komplikationen zu vermeiden, betrachten wir für diese grundlegende Frage nicht die am höchsten entwickelten, sondern die allereinfachsten Lebewesen wie z. B. die Bakterien. Ein Lebewesen ist eine in Größe und Struktur definierte Anhäufung von bestimmten chemischen Verbindungen, in der in systematischer Weise gewisse chemische Reaktionen spontan ablaufen. Diese Reaktionen sind gekoppelt und beeinflussen sich gegenseitig. Sie sind ein riesiges Netzwerk, in dem die Produkte der einen Reaktion die Eingangssubstanzen für die folgenden sind. Ein Lebewesen ist eine hoch geordnete chemische Maschine, diese ist aufgebaut aus Molekülen. Für seine Funktion und die Aufrechterhaltung seiner inneren Ordnung benötigt dieses System die Zufuhr von Energie.

Diese Beschreibung eines momentanen Istzustandes reicht allerdings nicht aus. Wir müssen auch zeitliche Abläufe und Funktionen berücksichtigen. Im Biologiebuch findet man eine Reihe von Bedingungen, die wohl alle erfüllt sein müssen, bevor man etwas als Lebewesen anerkennen kann:

- Räumliche Abgegrenztheit, geschlossenes Volumen, Zelle, Individuum,
- Stoffwechsel, Energiezufuhr zur Aufrechterhaltung der Ordnung,
- Selbstorganisation,
- Fortpflanzung,
- Weitergabe der Information (Vererbung),
- Wachstum und Differenzierung,
- Wechselwirkung mit der Umwelt (über Sinnesorgane).

Diese Kriterien treffen auf die meisten Arten und Individuen des heutigen, voll entwickelten Lebens vollständig zu, aber bei der Entstehung des Lebens in Vorstufen in der Welt der Moleküle (*vor* dem Beginn der echten Biologie) können und müssen nicht alle erfüllt gewesen sein. In einer Welt der freischwimmenden Moleküle des Lebens im Urmeer hat das erste Kriterium keinerlei Bedeutung; Moleküle haben keine „Haut" und kein Innen und Außen. Sie besitzen auch weder Stoffwechsel noch Energiezufuhr und organisieren sich nicht selbst, da sie ja auch nicht wachsen und sich differenzieren und weiterentwickeln.

Wachstum und Strukturen mit Sinnesfunktionen sind auch nicht vorhanden, Wechselwirkungen mit der Umwelt erfolgen rein passiv aufgrund ihrer Eigenschaften. Das mit Abstand wichtigste Kriterium, das es am deutlichsten erlaubt, lebende Materie von toter zu unterscheiden, ist die *Fortpflanzung*. Was sich prinzipiell nicht fortpflanzen und vermehren kann, ist tot. Nur Lebewesen können sich fortpflanzen. Leben, und dabei speziell die Fortpflanzung, ist im Grunde autonomes Kopieren, vor allem Kopieren der Organisationsinformation für Struktur und innere Ordnung des Lebewesens.

https://doi.org/10.1515/9783110783155-002

Man liest immer wieder Einwände gegen die Kriterien, die den Begriff „Leben" definieren sollen. Besonders beliebt sind Einwände gegen das Prinzip Fortpflanzung, im Allgemeinen mit falscher Logik. Diese tauchen in mehreren Formen auf, von denen vor allem zwei populär sind:

a) „Maulesel, Maultiere und besonders die Arbeiterinnen in Insektenstaaten pflanzen sich nicht fort. Das sind aber zweifellos Lebewesen." Diese Behauptungen sind zweifellos richtig, gehen aber am Problem vorbei. Wenn das Leben durch Fortpflanzung definiert ist, bedeutet das nicht, dass notwendigerweise *alle* lebenden Individuen sich fortpflanzen müssen, sondern dass *nur* Lebewesen (derselben Art) sich miteinander fortpflanzen können. Im Übrigen betrifft das Argument nur die sekundäre Stufe der Fortpflanzung, die sexuelle. Die primäre Stufe, die Zellteilung der einzelligen Lebewesen, bleibt völlig unberührt.

b) „Wenn man in eine gesättigte Salzlösung einen Salzkristall wirft, bilden sich neue Salzkristalle." Das ist zwar richtig, hat aber mit Fortpflanzung nichts zu tun. Salzkristalle bilden sich in einer gesättigten Salzlösung auch dann, wenn kein Kristall hineingeworfen wird.

Alles Leben beruht auf Materie, also Atomen und Molekülen. In seinen Grundlagen ist das Leben eine Erscheinung der Chemie; den Sektor der Chemie, der sich mit dem Lebendigen beschäftigt, nennt man Biochemie. Die Chemie des Lebens beruht strukturell auf dem Element Kohlenstoff (C), genauer: auf Molekülgerüsten aus Kohlenstoff. Die wichtigsten weiteren Elemente in der Biochemie sind Wasserstoff (H), Sauerstoff (O), Stickstoff (N) und Phosphor (P). Wasserstoff ist das häufigste Element im Universum, Sauerstoff (nach Helium) ist das dritthäufigste und Kohlenstoff das vierthäufigste.

Kohlenstoffatome können direkt aneinander binden und dadurch Ketten beliebiger Länge erzeugen. Das Kohlenstoffatom ist „vierwertig", d. h. es kann mit Einzelbindungen an vier Partneratome binden. Es sind auch Doppelbindungen (eine doppelte Bindung an ein einzelnes Partneratom) und analog dazu sogar Dreifachbindungen möglich. Diese Vielfalt der Möglichkeiten führt dazu, dass es vom Kohlenstoff mehr unterschiedliche chemische Verbindungen gibt als von allen anderen Elementen zusammengenommen.

Es gibt asymmetrische Moleküle, die in ihrer räumlichen Struktur keine Symmetrie in Form einer Spiegelebene tragen, ähnlich den beiden Händen. Wenn man diese im Labor herstellt, entstehen immer beide Spiegelbilder (beide Enantiomere) in exakt der gleichen Menge. Die Natur hat in der Chemie des Lebens mittels uns noch nicht bekannter Kräfte und Mechanismen eine der beiden möglichen „Spiegelwelten" ausgewählt, so dass in natürlichen Systemen (Lebewesen) von allen asymmetrischen (chiralen) Molekülen immer nur eine der beiden Formen für einen bestimmten Zweck synthetisiert wird.

In der Chemie bedeutet die Weiterentwicklung von Molekülen durch autonomes Kopieren die Erstellung ähnlicher Moleküle (Varianten), die sich aber im Detail etwas unterscheiden müssen, so dass eine Präferenz für das „bessere" gegenüber dem „schlechteren" wirksam werden kann. Zwischen diesen Varianten kann die Natur dann eine Auswahl treffen. Da die gesamte Entwicklung automatisch und autonom vorgeht, also ohne externes Management und Überprüfung, kann das Qualitätskriterium (zumindest am Anfang) nur die Stabilität sein, d. h. die Überlebensdauer der Moleküle in ihrer feindlichen Umgebung.

Die Basismoleküle des Lebens müssen groß sein (Makromoleküle), damit sie auch ausreichend viele Details (Information) enthalten können, die für die Auswahl diskriminierend wirken. Sie dürfen also keineswegs über ihre ganze Länge hinweg homogen sein wie z. B. Kunststoffmoleküle, sondern sie müssen Variabilität enthalten, die aber gering genug sein muss, um das Gesamtsystem nicht zu beeinträchtigen, kompatibel mit dem Funktionieren des Systems. Dafür ist es erforderlich, dass die Variabilität auf „seitliche" Wirkung beschränkt ist (Basen in den Nukleinsäuren, Seitenketten der Aminosäuren), während die Verbindung der Monomeren miteinander nicht angetastet werden darf (Phosphatester bzw. Peptidbindung). Das ist vergleichbar mit einem Eisenbahnzug, bei dem die Kupplungen zwischen den Waggons ebenso wie die Spurweite immer gleich sein müssen, während der Aufbau der Waggons durchaus variieren kann.

In dieser Variabilität der Makromoleküle stecken Struktur und Information, die das (zukünftige) Leben bestimmen. Hierfür optimal sind Heteropolymere, d. h. aus Bausteinen desselben Typs aufgebaute große lineare Moleküle, deren Bausteine sich aber in solchen Details unterscheiden, die die Kopplung nicht beeinflussen. Variabilität und Kompatibilität sind die Voraussetzungen für jede Art von Entwicklung.

Damit das Basiskriterium des Lebens erfüllt ist, nämlich die Möglichkeit der Fortpflanzung, müssen die Moleküle, die am Anfang des Lebens stehen, die Fähigkeit haben, sich selbst zu kopieren. Das erfordert dann, dass sie miteinander in Wechselwirkung treten können, so dass ihre „Primärstruktur" (die Abfolge ihrer leicht verschiedenen Bausteine, ihre „Sequenz") abgelesen werden kann, um danach die neuen Exemplare zu synthetisieren.

Es ist ein großer Vorteil, wenn nicht gar unabdingbar, wenn die einzelnen Moleküle nicht durchgehend mit chemischen Bindungen gleichmäßiger Festigkeit aufgebaut werden, sondern in Modulbauweise konstruiert sind und somit auch einfach wieder abgebaut werden können. Diese Moleküle sollten demnach Polymere sein, d. h. aus zahlreichen verschiedenen stabilen Einzelbausteinen gleichen chemischen Typs aufgebaut. Diese Polymere *müssen* relativ leicht (dürfen aber nicht *allzu* leicht) wieder in ihre Monomere (Bausteine) zerlegt werden können. Wir benötigen demnach für die Chemie des Lebens drei Klassen von chemischen Bindungen:

1.) Sehr starke Bindungen, die den Monomeren, den Bausteinen der Makromoleküle, ihre innere Festigkeit geben, so dass sie immer als geschlossene Einheit verarbeitet werden können;

2.) Mittelstarke Bindungen, mit denen die Monomere zu Polymeren verknüpft werden. Sie müssen auftrennbar sein, um die Makromoleküle wieder zu zerlegen, aber nicht so schwach, dass dies ungewollt spontan geschieht;

3.) Schwache Bindungen, Wechselwirkungen zwischen Molekülen, die nur so stark sein dürfen, dass das für das Erkennen und Kopieren erforderliche „Abtasten des Originals" zuverlässig gelingt.

Diese allgemeinen Bedingungen gelten für alle möglichen Arten von Leben, die theoretisch auf beliebigen chemischen Systemen beruhen könnten (außerirdisch, *Science Fiction*, was auch immer). Wer über eine Art Leben auf anderer chemischer Basis als Kohlenstoff (z. B. in der Siliziumchemie) nachdenkt, muss die angegebenen Bedingungen für die Selbstkopierfähigkeit der Startmoleküle beachten, ohne deren Einhaltung entwicklungsfähiges Leben nicht möglich ist. Silizium ist kein brauchbarer Ersatz für Kohlenstoff, da seine Chemie sehr verschieden und deutlich einfacher als die Chemie des Kohlenstoffs ist. Wir werden uns in der Folge nur noch mit dem auf der Erde existierenden Leben auf Kohlenstoffbasis in Wasser als Medium beschäftigen.

Wie hat bei uns alles begonnen? Wir müssen uns zuerst über die einfachsten biochemischen Grundprinzipien des jetzigen Lebens klar werden und uns auch über die damalige geochemische Situation Gedanken machen, bevor wir Zusammenhänge und Abfolgen erörtern können. Die ersten Schritte können wir nur erahnen und unter Anwendung möglichst strenger Logik über sie spekulieren, über die späteren Stufen wissen wir etwas mehr. Über die zahllosen anfänglichen Fehlversuche der Natur mit ungeeigneten Molekülen wissen wir gar nichts, wir können nur die erfolgreichen Versuche mit denjenigen Molekülen zu beschreiben versuchen, die heute noch in der Natur verwendet werden.

Die Reihenfolge der Vorgänge ist recht gut etabliert, aber die Zeitangaben sind naturgemäß unpräzise. Zu Beginn des Jahres 2013 musste eine der molekularen „Uhren" (beruhend auf der Mutationsrate bei Vergleich des Erbguts) um den Faktor 2 korrigiert werden, sie läuft nur halb so schnell als vorher angenommen, manches erscheint jetzt deutlich älter. Mit derartigen Verschiebungen wird auch in Zukunft bei neuen Forschungsergebnissen zu rechnen sein.

2 Die Grundlagen der lebenden Zelle

Was sind die wichtigsten Grundlagen für das Funktionieren einer lebenden Zelle? Im Gegensatz zur üblichen anorganischen und organischen Chemie, die sich mit kleinen Molekülen von selten mehr als hundert Atomen befassen, ruht die Basis des Lebens auch auf Makromolekülen mit mehreren Tausenden bis hin zu Milliarden von Atomen. Unter Makromolekülen versteht man sehr große, meist linear aufgebaute Moleküle, die kettenartig aus kleinen Normbausteinen zusammengesetzt werden. Auch Kunststoffe sind Makromoleküle, aber im Gegensatz zu den biologischen bestehen sie immer aus nur einer einzigen Sorte von Monomeren. Alle biologischen Varianten von Makromolekülen entstehen formal durch chemische „Kondensation", Abspaltung von Wassermolekülen. In der belebten Natur gibt es drei Klassen von Makromolekülen:

Erstens, die Nukleinsäuren. Sie bestehen aus vier Typen von Nukleotiden, die chemisch sehr ähnlich sind und sich paarweise aneinanderlagern können, so dass (sofern sich immer die zusammenpassenden Typen gegenüberstehen) zwei „komplementäre" Ketten einen Doppelstrang bilden. Die Aneinanderlagerung der beiden Stränge erfolgt mit wenig Kraft, so dass sie mit relativ geringem Aufwand zu trennen sind. Die Nukleinsäuren sind der Informationsspeicher und das Langzeitgedächtnis der lebenden Zelle und bilden das Erbmaterial. Die Doppelstrangtopologie und die Komplementarität (Paarung der Nukleotide) sind die Grundlagen für das Kopieren der Information. Es gibt zwei Systeme (RNA und DNA) mit zusammen zweimal vier = acht Typen von Nukleotiden.

Zweitens, die Proteine. Sie bestehen aus über 20 Typen von Aminosäuren, die chemisch sehr verschieden sind. Aminosäuren sind „optisch aktive" (chirale) Moleküle, in Proteine werden nur L-Aminosäuren eingebaut. Die Kettenmoleküle der Proteine bleiben nicht gestreckt, sondern falten sich in einer in jedem Einzelfall genau definierten 3-dimensionalen Architektur. Die Faltung wird bestimmt durch Wechselwirkungen der chemisch unterschiedlichen „Seitenketten" der Aminosäuren, die für jedes Protein eine bestimmte Anordnung der Kette stabilisieren.

Die sogenannten Enzyme haben an ihrer Oberfläche eine solche Anordnung verschiedener spezieller chemischer Gruppen (funktionelle Gruppen), dass sie in der Lage sind, chemische Reaktionen an anderen Molekülen zu katalysieren, d. h. so stark zu beschleunigen, dass sie mit für das Leben brauchbarer Geschwindigkeit ablaufen. Die Enzyme sind die Arbeitsmaschinen der lebenden Zelle; beispielsweise können Enzyme die Nukleinsäuren kopieren und damit verdoppeln. Auch für den Stoffwechsel sind sie zuständig. Andere Proteine (Kollagen, Keratin, Tubulin u. a.) sind Strukturelemente, wieder andere (Hämoglobin, der rote Blutfarbstoff, u. a.) sind Transporteure, nochmal andere sind Signalgeber (Hormone, Wachstumsfaktoren), und so weiter.

Drittens, die Kohlenhydrate. Die makromolekularen Formen (Polysaccharide) sind homogen (immer derselbe Baustein) und bestehen aus Traubenzuckermolekülen. Zucker sind „optisch aktive" Moleküle, in der lebenden Natur tritt vom Traubenzucker nur die Variante D-Glukose auf. Als einziger Typ von biologischen Makromo-

https://doi.org/10.1515/9783110783155-003

lekülen können Polysaccharide in einzelnen Fällen auch verzweigt sein. Sie dienen entweder als Energiespeicher (Glykogen, Stärke) oder als Strukturelemente (Zellulose). Der Zucker Ribose ist Teil der Nukleotide, andere Zucker werden an Proteine angehängt und dienen mit ihrem spezifischen Muster der Erkennung von Zellen in einem Organismus.

Dazu kommen als *vierte* wichtige Substanzklasse noch die Lipide und Phospholipide, die zwar keine Makromoleküle sind, sich aber zu flachen Aggregaten zusammenlagern können (Membranen), die die Zellen zusammenhalten und „Innen" von „Außen" abgrenzen. Diese 2-dimensionalen Aggregate sind auch sehr groß (griechisch *makros*). Außerdem dienen Lipide in der Form von Fett als Energiespeicher.

Die Nukleinsäuren sind der Kern jedes Lebewesens. In ihnen sind alle Informationen gespeichert. Die Aminosäuresequenz der Proteine (die Reihenfolge der Aminosäuren, die die Proteinkette bilden) ist codiert in der Nukleotidsequenz von Genen, das sind Abschnitte der Nukleinsäuren. Die Nukleotidsequenz eines Gens wird abgelesen (Transkription), und entsprechend der darin enthaltenen Information wird das Protein synthetisiert (Translation). Die Proteine mit Enzymfunktion synthetisieren dann alles weitere, was die Zelle benötigt (Biosynthese der Zellbestandteile), und katalysieren auch den Stoffwechsel.

Der Stoffwechsel (Metabolismus) besteht aus Hunderten von chemischen Reaktionen, die auch der Energieversorgung dienen. Dabei geht es von der Zerlegung der Nahrungsbestandteile bis zu ihrer Oxidation mit dem eingeatmeten Sauerstoff. Die Zelle ist eine chemische Fabrik. Der größte Teil der Nukleinsäuren enthält keine Aminosäuresequenzen, sondern Informationen, die der Steuerung und anderen Funktionen der Zelle dienen, dem Management. Einer der wichtigsten Zwecke der Fabrik (Zelle) ist es, sich selbst zu verdoppeln.

Es ist bemerkenswert, dass in der lebenden Natur von allen möglichen Paaren von Enantiomeren („optisch aktiven" Molekülen; für Details über Chiralität siehe Anhang G.3.5 („Enantiomere"), auch Abb. A.4) immer nur ein Partner von jedem Paar realisiert ist. Alle zusammen ergeben aber ein stimmiges 3-dimensionales System. Auf der Erde bestehen die Proteine ausschließlich aus L-Aminosäuren, Traubenzucker, und alle seine polymeren Derivate (Stärke, Cellulose und Glykogen) beruhen auf D-Glukose, die Nukleotide enthalten D-Ribose.

Alle diese Moleküle des Lebens passen gut zusammen. Jedes, das ausschert (also das jeweilige Spiegelbildmolekül), ist im Prinzip eine Substanz mit einer völlig anderen Struktur. So benutzen Pilze die spiegelbildliche Aminosäure D-Serin als Waffe (Gift) gegen E. coli-Bakterien. Diese haben aber zu ihrer Verteidigung das Enzym D-Serin-Dehydratase entwickelt, das ganz spezifisch diese „falsche" Aminosäure vernichtet. Eine in allem spiegelbildliche Natur wäre möglich, vielleicht existiert sie auf anderen (extrasolaren) Planeten.

Warum das Leben auf der Erde diese Wahl getroffen hat, ist unbekannt. Irgendein Ereignis muss ganz zu Anfang eine Abweichung vom 1 : 1-Verhältnis der normalen

Chemie verursacht haben, und der Effekt durchdrang in der Folge das Ganze. Wir wissen aber nicht, was die Ursache war. Es gab immer wieder Spekulationen, darunter eine über leicht asymmetrisch zirkular polarisierte Höhenstrahlung, die die Aminosäure Tryptophan asymmetrisch zerstört. Die Hypothese konnte aber nicht verifiziert werden, auch nicht die mögliche Ursache der Asymmetrie der Zirkularpolarisation der Strahlung. Das Dilemma ist analog zum Dilemma der Kosmologie, nämlich der Frage, weshalb das Universum aus unserer gewöhnlichen Materie besteht und nicht aus der eigentlich gleich wahrscheinlichen Antimaterie.

Die großen sichtbaren Gestalten der Natur (Bäume, Menschen) haben aber oft annähernd Spiegelsymmetrie. Nur asymmetrische menschliche Erfindungen (z. B. die Schrift) erlauben es, Spiegelung zu erkennen, z. B. auf Photographien.

3 Die Entstehung der chemischen Elemente

Alle Materie und damit auch alles Lebendige besteht aus Atomen, die den jeweiligen Elementen zugehören. Entscheidend für alle Funktionen des Lebens sind die physikalischen Eigenschaften der Atome und damit die chemischen Eigenschaften der Elemente. Die unterste Grundlage für das Verständnis aller biochemischen und damit auch biologischen Vorgänge liegt in der Struktur der Atome und im „Periodensystem der Elemente" des Chemikers. Darauf baut sich die zweite Stufe auf, die der chemischen Verbindungen, die miteinander in Wechselwirkung treten und reagieren. In der dritten Stufe kommt dann die Biologie mit Zellen, Geweben, Organen, Organismen und Lebensräumen.

Wichtig ist die Häufigkeit der verschiedenen Elemente im Universum. Sehr seltene Elemente dürften beim Beginn des Lebens keine Rolle gespielt haben. Man muss die häufigeren Elemente in Betracht ziehen, da für komplizierte und seltene Ereignisse wie die Entstehung von Leben ein gewisser Überfluss des Ausgangsmaterials erforderlich ist, damit sie überhaupt möglich werden.

Die Sonne ist ein Stern der dritten Generation. Wasserstoff und Helium entstanden beim „Urknall" am Beginn des Universums, in den entstandenen Galaxien hatten die sehr großen und kurzlebigen Sterne der ersten Generation fast dieselbe Zusammensetzung, die der zweiten ein wenig mehr schwerere Elemente (Malkan & Zuckerman 2020). Die Hauptmenge der übrigen in größerer Menge vorkommenden Elemente (schwerer als Helium) wurden aber später durch Kernfusion in Sternen der dritten Generation mit mehr als 8 Sonnenmassen gebildet:

$$_1H^1 \rightarrow {}_2He^4 \rightarrow\rightarrow {}_6C^{12} \rightarrow {}_8O^{16} \rightarrow {}_{10}Ne^{20} \rightarrow {}_{12}Mg^{24} \rightarrow {}_{14}Si^{28} \rightarrow {}_{16}S^{32} \rightarrow\rightarrow {}_{20}Ca^{40}$$

und so weiter bis hin zu Eisen, Nickel und Zink entstehen durch das normale Brennen der Sterne (für eine Erklärung der stellaren Fusionsprozesse wird auf die Physiklehrbücher verwiesen). Die erste Fusionsstufe von Wasserstoff zu Helium läuft bei ca. 16 Mio. Grad (Sonne), die zweite vom Helium zum Kohlenstoff bei ca. 100 Mio. Grad. Bei ca. 600 Mio. Grad können auch zwei Kohlenstoffkerne direkt fusionieren, wobei sowohl Magnesium ($_{12}Mg^{24}$) entstehen kann als auch (unter Heliumabspaltung) Neon ($_{10}Ne^{20}$). Ab ca. 1,5 Mrd. Grad passiert dasselbe mit Sauerstoffkernen, die Schwefel ($_{16}S^{32}$) und (wieder unter Heliumabspaltung) Silizium ($_{14}Si^{28}$) bilden.

Von da an geht es aber (ab ca. 2,7 Mrd. Grad) nur noch mit der regulären Anlagerung von einzelnen Heliumkernen weiter bis zum Eisen und mit abnehmender Ausbeute zu Nickel und Zink. Man beachte, dass die Massenzahlen der in großer Menge erzeugten primären Produkte der Fusionen alle durch 4 teilbar sind (die Ordnungszahlen durch 2), da für sie alle das Helium (zwei Kernladungen, vier Masseeinheiten) der Grundbaustein ist (Alphaprozess). Durch nukleare Nebenreaktionen der Atomkerne entstehen daraus in geringerer Menge die anderen Elemente, aber nicht über das Zink hinaus.

https://doi.org/10.1515/9783110783155-004

Die Elemente jenseits des Zinks (höhere Ordnungszahl als $_{30}$Zn) werden – in geringeren Mengen – durch Neutroneneinfang in Riesensternen und bei Supernovaexplosionen gebildet. Eine weitere Quelle ist die Verschmelzung von Neutronensternen. Auf die dominante Rolle des Heliums als Grundbaustein weist hin, dass die Elemente mit gerader Ordnungszahl (durch 2 teilbare Anzahl der Kernladungen) deutlich häufiger vorkommen als ihre Nachbarn mit ungerader Ordnungszahl, auch bei den aus Neutroneneinfang, Supernovaexplosionen und Neutronensternfusionen entstandenen Elementen mit höheren Ordnungszahlen als der des Zinks.

Bei der Entstehung der Elemente ist in Betracht zu ziehen, dass das Universum seit dem Urknall eine Entwicklung durchlief, während der sich der Anteil der verschiedenen Elemente erheblich änderte. Am Anfang gab es kaum etwas anderes als Wasserstoff und Helium, die Bildung der schwereren Elemente benötigte eine erhebliche Zeit. Man kann davon ausgehen, dass die Elemente, die für komplexes Leben erforderlich sind, in jeder Galaxie in ausreichender Menge frühestens nach 3–4 Mrd. Jahren zur Verfügung standen.

Da man dann für die Entwicklung von Leben von den chemischen Uranfängen bis zur Erreichung wirklicher Intelligenz ca. 4 Mrd. Jahre in Anschlag bringen muss (zumindest auf der Erde war das so), ergeben sich 10–12 Mrd. Jahre bis zum Auftreten der ersten intelligenten Lebensformen. Da unsere Milchstraße zwischen 10 und 12 Mrd. Jahre alt sein dürfte (das Universum insgesamt ist erst 13,8 Mrd. Jahre alt), darf man annehmen, dass wir Menschen noch zu den relativ frühen Vertretern gehören. Die Konkurrenz von „intelligenten Außerirdischen" dürfte also überschaubar sein.

Die chemische Basis des Lebens auf der Erde besteht vor allem aud den folgenden fünf Elementen: Der Urstoff Wasserstoff (H), aus dem in den Sternen durch Fusion produzierten „Sternenstaub" die beiden Primärprodukte Kohlenstoff (C) und Sauerstoff (O), und die beiden Sekundärprodukte Stickstoff (N) und Phosphor (P). Stickstoff entsteht auch durch den CNO-Prozess (Bethe-Weizsäcker-Zyklus) durch Heliumsynthese am Kohlenstoffkern. Die Gesamtformel des Lebens, die Zusammenfassung aller lebenden Materie auf der Erde als chemische Summenformel, ist $C_{40}H_{70}O_{15}N_{10}P$. Dazu kommen in wesentlich geringeren Mengen Schwefel (S), Eisen (Fe), Calcium (Ca), Magnesium (Mg), die Bestandteile der Salze des Ozeans Natrium (Na), Chlor (Cl), Kalium (K), und eine Reihe von weiteren Elementen in sehr kleiner Menge.

Wenn man diese Gesamtsummenformel (die das Verhältnis der Zahl der Atome jedes Elements angibt) in Gewichte umrechnet, indem man mit dem jeweiligen Atomgewicht multipliziert, ergibt sich folgendes Bild:

C:	$40 \cdot 12 = 480$	entsprechend	49,95 %	nach Gewicht
H:	$70 \cdot 1 = 70$	"	7,28 %	"
O:	$15 \cdot 16 = 240$	"	24,97 %	"
N:	$10 \cdot 14 = 140$	"	14,57 %	"
P:	$1 \cdot 31 = 31$	"	3,23 %	"

Das Gewichtsverhältnis der hauptsächlichen Elemente des Lebens ist also

C : H : O : N : P = 480 : 70 : 240 : 140 : 31

4 Die junge Erde

Die Erde entstand als Teil des Sonnensystems, als vor ca. 4,567 Mrd. Jahren (nach neuesten Altersbestimmungen) ein Gas- und Staubnebel begann, sich zu verdichten und zusammenzustürzen, wobei ein Stern (die Sonne) und eine Reihe von Planeten gebildet wurden. Der Auslöser des Kollapses könnte eine Supernovaexplosion in der Nähe des Nebels gewesen sein. Für astronomische Details wird auf das Buch „Astronomie, die kosmische Perspektive" verwiesen (Bennett, Donahue, Schneider & Voit, 2010).

Die bei ihrer Bildung auf die Erde entfallende Masse und damit ihre Schwerkraft waren zu gering, um die leichtesten Elemente Wasserstoff und Helium in größerer Menge festzuhalten. Daher besteht die Erde ebenso wie die anderen inneren („terrestrischen") Planeten vor allem aus schwereren Elementen. Aufgrund der Nähe zur Sonne und der dadurch hohen Temperatur lag die Geschwindigkeit der leichtesten Gasmoleküle über der Fluchtgeschwindigkeit, so hoch, dass sie die Erde verlassen und sich im Weltraum verteilen konnten.

Die Erde und ihr Nachbarplanet Venus sind sehr ähnlich in Größe, Masse und chemischer Zusammensetzung. Der hauptsächliche Unterschied liegt in ihrer Entfernung zur Sonne. Venus ist um so viel näher an der Sonne, dass die Intensität der Sonnenstrahlung dort doppelt so hoch ist wie hier auf der Erde. Venus war daher immer heißer als die Erde. Die frühe Geschichte der beiden Planeten dürfte sehr ähnlich verlaufen sein. Beide wurden im Zeitraum von vor 4,54–4,41 Mrd. Jahren aus „Planetesimalen" (kleinplanetenartigen Aggregaten der Materie des Urnebels) gebildet und bestanden ursprünglich aus fast 2000 °C heißen Kugeln aus geschmolzenem Gestein (Silikate). Bei dieser Temperatur (sobald es über 900 °C hinausgeht) ist Kalkgestein (Karbonat) instabil und zersetzt sich, wobei das freiwerdende Kohlendioxid als Gas in die Atmosphäre gelangt. Wasser ist bei solchen Temperaturen sowieso gasförmig.

Bei der Abkühlung der ursprünglich etwa 1800 °C (2100 K) heißen geschmolzenen Erdkugel (4,44–4,32 Mrd. Jahre) fanden chemische Prozesse statt, die vor allem dazu führten, dass aller vorhandene Sauerstoff an andere Elemente (Silicium, Calcium, Magnesium, Aluminium, Kohlenstoff, Phosphor, Schwefel und so weiter) gebunden wurde. Die gasförmigen Oxide blieben in der Atmosphäre, aus den anderen bildeten sich der flüssige Erdmantel und etwas später (ab 4,4 Mrd. Jahre) die kristallinen Gesteine der Erdkruste, als die Oberfläche zunehmend erkaltete und fest wurde. Sehr große Mengen von Eisen und Nickel waren unoxidiert geblieben und sammelten sich aufgrund ihrer hohen Dichte im zum großen Teil flüssigen Erdkern.

Sehr früh in ihrer Geschichte hatte die Erde eine heftige Kollision mit dem etwa marsgroßen Protoplaneten Theia, wobei eine erhebliche Menge Material aus der Erde herausgeschleudert wurde. Viel von diesem Material vereinigte sich und bildete den Mond, der dieselbe chemische Zusammensetzung hat wie Erdmantel und Erdkruste. Da der Mond viel kleiner ist als die Erde, kühlte er schneller ab, und Vulkanismus spielte auf ihm eine recht geringe Rolle. Die ältesten auf dem Mond gefundenen Gesteine sind ca. 4,45 Mrd. Jahre alt.

https://doi.org/10.1515/9783110783155-005

Wahrscheinlich durch diesen Zusammenstoß wurde die Rotationsachse der Erde stark abgelenkt und steht seitdem schief, ca. 23 ° von der Senkrechten in Bezug auf die Ebene der Umlaufbahn um die Sonne. Diese Abweichung ist verantwortlich für die Jahreszeiten auf der Erde. Der Mond besitzt zwar nur ca. 1,2 % der Masse der Erde, aber das ist schwer genug, um zusammen mit der Erde ein zweiteiliges Umlaufsystem zu bilden, das aufgrund seiner Trägheit und Ausdehnung den Umlauf der beiden Körper um die Sonne stabilisiert. Die Bahn der Erde ist also weniger als die der anderen kleinen Planeten durch die Wechselwirkung mit anderen Himmelskörpern beeinträchtigt, was die Stabilität ihres Klimas erhöht und damit auch die biologische Evolution stabilisiert.

Die ältesten bisher *gefundenen* Gesteine der Erde sind erst wenig über 4 Mrd. Jahre alt. Die frühesten Kristalle aus der Schmelze (die den geologischen Umbau ihrer ursprünglichen Gesteine überlebten und heute in jüngeren Gesteinen eingebettet sind) haben ein mit der Zirkonmethode bestimmtes Alter von 4,4 Mrd. Jahren. Aus der Zusammensetzung anderer, fast 4,3 Mrd. Jahre alter Kristalle muss geschlossen werden, dass bei deren Entstehung bereits flüssiges Wasser vorhanden war.

Bereits in der ursprünglichen Gas- und Staubwolke lag Wasser gebunden an komplexe Ionen, aber auch als Wasserdampf vor. In der Astronomie gibt es die Idee, dass der Sonnenwind erhebliche Mengen Wasserdampf und andere Gase weggeblasen haben dürfte und sich später die Atmosphären wieder aus dem Inneren der Planeten neu gebildet haben. Das sind aber lediglich Ergebnisse von Computermodellen, die zum größten Teil nicht durch Beobachtungen oder Messungen belegt sind. Wasser kann auch aus Wasserstoff und Sauerstoff entstanden sein, die in der Atmosphäre durch UV-Licht-Zersetzung von Methan und Kohlendioxid gebildet wurden. Was auch immer der Fall war, es gab genügend Wasserdampf, der bei geeigneten Bedingungen kondensieren konnte.

Als im Laufe der Zeit die Temperatur der Erde weit genug gesunken war, kondensierte der Wasserdampf zu flüssigem Wasser und bildete die Meere (vor ca. 4,3 Mrd. Jahren). Entscheidend für die Existenz von flüssigem Wasser ist, dass die Temperatur niedriger ist als die sogenannte kritische Temperatur des Wassers, die bei 374 °C liegt. Oberhalb dieser Temperatur ist Wasser ein permanentes Gas und kann nicht verflüssigt werden. Die Temperatur der Venus blieb wohl immer über dieser Marke.

Alle Himmelskörper befinden sich in einem Energiegleichgewicht mit ihrer Umgebung. Für die Planeten des Sonnensystems bedeutet das, dass sie (falls sie keine zusätzliche innere Energiequelle besitzen) im Gleichgewicht dieselbe Energiemenge pro Zeiteinheit abstrahlen, die sie von der Sonne erhalten, wenn auch mit anderer Wellenlänge. Nach Stefan und Boltzmann ist die Temperatur T (in Kelvin) eines (schwarzen) Körpers proportional zur 4. Wurzel des Energieflusses (Verdoppelung der Temperatur erfordert 16-fache Energie).

Unser Nachbarplanet Venus, etwa gleich groß wie die Erde, ist der Sonne näher und empfängt von ihr daher doppelt so viel Strahlenenergie wie die Erde. Aufgrund des zur Zeit nach der Planetenbildung herrschenden gigantischen Treibhauseffekts (durch über 80 bar Kohlendioxid in der Atmosphäre) war die Oberflächentemperatur der Venus zu Beginn ca. 410 °C und liegt heute bei 460 °C, da die Strahlungsintensität der Sonne in der Zwischenzeit um ein Drittel zunahm.

Bei diesen Temperaturen ist Karbonat immer noch etwas labil. Später dazukommender Kalk (z. B. von Asteroiden) zersetzte sich, wenn auch langsamer als bei 900 °C. Die Temperatur der Venus dürfte immer über der kritischen Temperatur von Wasser gelegen haben, so dass dort niemals Wasser in flüssiger Form existieren konnte. Daher konnte das Kohlendioxid der Venus nie in einem Meer durch Ausfällung als Karbonatgestein aus der Atmosphäre entfernt werden, und der riesige Treibhauseffekt wirkt ununterbrochen bis heute.

Aufgrund der größeren Sonnenentfernung der Erde lag deren Gleichgewichtstemperatur (bei angenommen identischem Treibhauseffekt wie auf der Venus) nur bei 310 °C, also unterhalb der kritischen Temperatur des Wassers. Daher konnte auf der Erde Wasserdampf kondensieren, das Kondensat sammelte sich auf der Erdoberfläche im Urmeer, und in dem entstandenen flüssigen Wasser konnte das Kohlendioxid entfernt werden. Hätte das nicht geklappt, wäre die Temperatur der Erdoberfläche heute bei ca. 350 °C, und das Leben hätte nicht entstehen können.

Wenn wir annehmen, dass die Erde damals beispielsweise die Hälfte ihres heutigen Bestandes an flüssigem Wasser hatte, damals natürlich in der Form von Gas (Wasserdampf), hätte der Wasserdampfpartialdruck damals bei etwa 135 bar gelegen und der Kondensationspunkt des Wassers bei ca. 335 °C. Mehr Wasser könnte später durch Asteroiden (und Kometen?) herbeigeschafft worden sein, die auf die Erde stürzten. Der chemisch reaktionsträge Stickstoff und das vorhandene Kohlendioxid bildeten eine Atmosphäre, die aufgrund des Vorhandenseins von Wasserdampf zwar sehr feucht war, aber keinen elementaren Sauerstoff enthielt.

Sobald das Wasser der Erde in flüssiger Form im Meer gesammelt war, bildeten sich Wetterkreisläufe aus. Meerwasser verdunstete im Sonnenlicht, bildete Wolken, und regnete wieder ab. Der auf Land fallende Regen konnte das Gestein erodieren und Mineralien auswaschen und ins Meer transportieren, dessen Salzgehalt im Laufe der Jahrmillionen und -milliarden beständig anstieg. Bei der Verwitterung des Gesteins spielte das Kohlendioxid der Luft die wichtigste Rolle und bewirkte, dass unlösliche Silikate in wasserlösliche Hydrogenkarbonate umgewandelt wurden (vor allem des Calciums und des Magnesiums), die das Regenwasser bis ins Meer mittrug.

Wenn tief im Meer der Partialdruck des Kohlendioxids dann niedriger war, wandelten sich die Hydrogenkarbonate in Karbonate um, wobei die Hälfte des Kohlendioxids wieder freigesetzt wurde, und die unlöslichen Karbonate sanken zum Grund und bildeten Sedimente aus Karbonatgestein. Die bekanntesten sind Kalk, Dolomit, Kreide, Marmor und Travertin. Dieser Prozess war so erfolgreich, dass heute die in Gesteinen gebundene Menge Kohlendioxid das 160.000-Fache der in der Atmosphäre vorhandenen ausmacht (Stand 2020: 413 ppm CO_2 in der Atmosphäre).

Über viele Jahrmillionen kühlte sich die Erde aufgrund der Entfernung von Kohlendioxid durch die Sedimentation von Karbonaten ab. Der Treibhauseffekt verminderte sich erheblich, dabei sank die Temperatur der Erdoberfläche um ca. 300 °C bis zu einer Gleichgewichtstemperatur etwas über dem Gefrierpunkt des Wassers. Bei einer solchen Temperatur konnte Leben entstehen. Bei diesem Sinken der Temperatur änderte sich das Spektrum der chemischen Reaktionen auf der Erde, und vor allem die Lage der Reaktionsgleichgewichte verschob sich.

Die sedimentierten Gesteine wurden dann durch Bewegungen in der Erdkruste auch zu tiefer liegenden, heißen Zonen im Erdinneren gebracht. Dort zersetzten sich die Karbonate wieder zu Metalloxiden und Kohlendioxid, und das entstandene Kohlendioxid wurde durch Vulkane in die Atmosphäre zurückgebracht. Die freigesetzten Metalloxide konnten sich wieder mit Kieselsäure zu Silikaten verbinden. So entstand der Kreislauf des Kohlendioxids über Vulkanismus, Verwitterung und Sedimentation, der bis heute andauert.

Das Meer bewahrte also die Erde vor dem Schicksal unseres Nachbarplaneten Venus, der zu heiß blieb (sonnennäher, Temperatur immer *über* dem kritischen Punkt des Wassers), um ein Meer zu bilden, in dem Kohlendioxid hätte beseitigt werden und Leben entstehen können. Wegen des daher dort herrschenden Treibhauseffektes und der 460 °C heißen Venusoberfläche existiert dort heute kein Wasser, und Leben ist nicht möglich.

Das gasförmige Wasser auf der Venus, der Wasserdampf, stieg in der Venusamosphäre bis in die höchsten Bereiche und konnte dort in den vergangenen 4,6 Mrd. Jahren durch die UV-Strahlung der Sonne in Sauerstoff und Wasserstoff zerlegt werden. Der leichte Wasserstoff konnte durch die Schwerkraft der Venus nicht festgehalten werden und entschwand in den Weltraum; der Sauerstoff diente zum Oxidieren anorganischer Materialien.

Astronomen diskutieren auch andere Szenarien, die aber lediglich auf Computermodellen beruhen. In manchen dieser Modelle sei Venus in ihrer Frühzeit lebensfreundlich gewesen und habe flüssiges Wasser besessen. Oder am Anfang seien die terrestrischen Planeten trocken gewesen, Wasser soll später mit Kometen und Asteroiden (Sonnenwindbeteiligung?) gekommen sein. Diese Szenarien beruhen jedoch meist nicht auf Messdaten, sondern auf vielen unbewiesenen Annahmen und theoretischen Rechnungen. Viele sind nicht kompatibel mit den bei Wasser von fremden Himmelskörpern gefundenen Isotopenverteilungen. Wissenschaftler am Institut für Planetenforschung in Berlin publizierten, die Herkunft des Wassers und seine Verteilung auf die Planeten sei nicht geklärt (Jaumann et al., 2018), eine ehrliche Feststellung. Nicht alle Modelle der Astronomie sind generell akzeptiert. Bei der Frage des Wassers kommt aber wieder Bewegung in die Modelle (Lichtenberg, 2021).

Dasselbe Problem wie beim Wasserdampf gibt es auch beim Kohlendioxid. Wo kam es her, wo ging es hin? Wann war auf Venus genug davon für den Riesentreibhauseffekt? Auch hier gibt es unterschiedliche Ansichten und Modelle. Auf jeden Fall steht fest, dass heute Venus und Erde im Rahmen der Messgenauigkeit gleich viel Kohlendioxid besitzen, dass es sich auf der Venus in der Atmosphäre befindet, und dass es auf der Erde im Kalkstein weggesperrt ist.

Modellrechnungen („Simulationen im Computer", Anhang H) bilden nicht die Natur ab, sondern unsere aktuelle Vorstellung davon, unseren gegenwärtigen Kenntnisstand mit zusätzlichen Ideen in Vereinfachung. Wenn aber die Ergebnisse von Computerprogrammen nicht mit den Gesetzen der Chemie vereinbar sind, darf man sie getrost ignorieren. Auf jeden Fall war auf der Erde ausreichend Wasser vorhanden, um ein Meer zu bilden, egal woher es kam.

5 Die Chemie auf der jungen Erde

In diesem ursprünglich salzarmen Meer in sauerstofffreier Atmosphäre konnte sich eine Chemie entfalten, die heute auf der Erdoberfläche nicht mehr möglich ist. Ohne Sauerstoff wurden oxidationsempfindliche Verbindungen nicht zerstört, blieben also stabil und konnten sich zu erheblichen Konzentrationen ansammeln.

Zuerst müssen wir die Ausgangsstoffe für diese Chemie betrachten. (Für Leser, die mit Chemie und Molekülen nicht vertraut sind, werden einige Grundlagen im Anhang G und im Glossar erklärt.) Im Universum allgemein, und damit auch in der Gas- und Staubwolke, aus der sich das Sonnensystem bildete, auf Kometen des Sonnensystems und folglich auch direkt in der Uratmosphäre der Erde fanden sich zahlreiche chemische Verbindungen. Eine kleine Auswahl:

Kohlenmonoxid (CO; C≡O), Kohlendioxid (CO_2; O=C=O), Stickstoff (N_2; N≡N), Wasser (H_2O; H–O–H), Acetylen (C_2H_2; H–C≡C–H), Dicyan (C_2N_2; N≡C–C≡N), Methan (CH_4), Ammoniak (NH_3), Glycin (NH_2–CH_2–COOH) und viele andere.

Die Moleküle des Methans konnten leicht durch die UV-Strahlung der Sonne gespalten werden. Unter anderem entstand dabei zusätzliches Acetylen, und unter Beteiligung von Stickstoff auch Blausäure (HCN; H–C≡N). Zu bedenken ist, dass aufgrund des Fehlens von Sauerstoff in der Erdatmosphäre die UV-Strahlung der Sonne fast ungehindert bis auf die Oberfläche dringen konnte und damit zumindest in der Oberflächenschicht des Meeres auch im Wasser zahllose UV-induzierte chemische Photoreaktionen möglich waren. Das sind Reaktionen, bei denen das Licht als Energielieferant eine Rolle spielt.

Die entstehenden Bruchstücke der Methanmoleküle sind energiereich und daher sehr reaktiv (Radikale = Verbindungen mit einem ungepaarten Elektron), reagieren mit Kohlendioxid und lagern sich spontan zu größeren Molekülen zusammen (im ersten Schritt z. B. zu Essigsäure), die sich im Meer ansammeln. Aus Methan (CH_4) und Kohlendioxid (CO_2) können z. B. zwei Moleküle Formaldehyd (H_2CO) gebildet werden, das einfachste Kohlenhydrat. Der Name „Kohlenhydrat" (= Kohlenstoffhydrat) bedeutet, dass diese Substanzen nur aus den Elementen Kohlenstoff, Wasserstoff und Sauerstoff bestehen, wobei das Verhältnis von Wasserstoff- zu Sauerstoffatomen immer exakt 2 : 1 ist, also dem Verhältnis dieser Elemente im Wasser entspricht. Die allgemeine Summenformel von Kohlenhydraten ist also $C_mH_{2n}O_n$.

Durch chemische Addition mehrerer Formaldehydmoleküle können Zucker entstehen, beispielsweise Ribose aus 5 oder Glukose aus 6 Formaldehydmolekülen. Bei diesen Einfachzuckern (Monosacchariden) ist in der oben angegebenen allgemeinen Summenformel m = n. Ribose ist also $C_5H_{10}O_5$, und Glukose (Traubenzucker) ist $C_6H_{12}O_6$, ebenso wie Fruchtzucker (Fruktose), der sich in der Anordnung der Atome (Strukturformel) von Traubenzucker unterscheidet (Abb. A.5). Reine Ribose ist labil und wurde wahrscheinlich als Verbindung mit anderen Molekülen synthetisiert (siehe unten, Kap. 7, „Nukleotide, die Moleküle des Lebens"). Hier eine kleine Auswahl

https://doi.org/10.1515/9783110783155-006

chemischer Reaktionen und ihrer Produkte auf der jungen Erde:

Kohlendioxid + Methan → 2 Moleküle Formaldehyd:

$$O=C=O + CH_4 \rightarrow 2 H_2C=O$$

Formaldehyd + Ammoniak → Formamid + Wasserstoff:

$$H_2C=O + NH_3 \rightarrow O=CH-NH_2 + H_2$$

Kohlendioxid + Wasserstoff → Ameisensäure:

$$O=C=O + H_2 \rightarrow \quad \begin{matrix} H-C-O-H \\ \| \\ O \end{matrix}$$

Kohlendioxid + Methan → Essigsäure:

$$O=C=O + CH_4 \rightarrow \quad \begin{matrix} H_3C-C-O-H \\ \| \\ O \end{matrix}$$

Acetylen + 2 Wasser → Glykol:

$$H-C\equiv C-H + 2 H_2O \rightarrow HO-CH_2-CH_2-OH$$

Glykol + Formaldehyd → Glyzerin:

$$HO-CH_2-CH_2-OH + H_2C=O \rightarrow HO-CH_2-CHOH-CH_2-OH$$

Dicyan + Ammoniak → Blausäure + Cyanamid:

$$N\equiv C-C\equiv N + NH_3 \rightarrow H-C\equiv N + N\equiv C-NH_2$$

Acetylen + Methan + Ammoniak → Propylenamin + Wasserstoff:

$$H-C\equiv C-H + CH_4 \rightarrow H_2C=C=CH_2 + H_2$$

$$H_2C=C=CH_2 + NH_3 \rightarrow H_2C=CH-CH_2-NH_2$$

Neben der erwähnten „Normalchemie" in Urmeer und Uratmosphäre gab es noch eine gelegentlich auftretende Hochenergiechemie. Bei den am Anfang der Erdgeschichte gar nicht so seltenen Einschlägen von Asteroiden und Kometen (man schaue sich nur einmal das Narbengesicht des Mondes an!) wurden aufgrund der großen Masse und hohen Geschwindigkeit der einschlagenden Körper riesige Energien freigesetzt. Damit ergaben sich in der näheren Umgebung der Einschlagsorte kurzzeitig Zonen, in denen geradezu außerirdische äußere Bedingungen (vor allem höchster Druck und extreme Temperaturen) herrschten. In diesen Zonen waren chemische Reaktionen möglich, die unter den normalerweise herrschenden Bedingungen niemals abgelaufen wären.

Außerdem bringen Kometen auch gewisse Substanzen mit, die während des Beginns des Eintauchens in die Erdatmosphäre (vor der großen Erhitzung durch die Luftreibung) an die Luft abgegeben werden können. So wurden z. B. auf dem Kometen 67P/Tschurjumow–Gerasimenko, kurz „Tschuri", vom Massenspektrometer der Raumsonde Rosetta Alkohole, Amine, die Aminosäure Glycin, Amide, Blausäure,

Nitrile (Cyanverbindungen), Methylisocyanat, Aceton und Propanal gefunden. Die beiden letzteren sind Umlagerungsprodukte des auch im fernen Universum entdeckten Propylenoxids, das wegen seiner „optischen Asymmetrie" vor mehreren Jahren in der Presse Wellen schlug.

Die bei manchen Astronomen beliebte Vorstellung, die „Grundstoffe des Lebens" seien prinzipiell von Kometen (und Asteroiden) auf die Erde gebracht worden, ist allerdings ein frommer Glaube; das meiste, was die Kometen an organisch-chemischen Substanzen bei sich trugen, wurde beim Eintritt in die Atmosphäre durch die Hitze zerstört. Außerdem war die Erde mit ihrer Atmosphäre und der starken UV-Strahlung der Sonne eine perfekte Chemiefabrik, die die mitgebrachten milden Gaben nun wirklich nicht nötig hatte.

Seit Stanley Miller in den 1950er Jahren werden Versuche angestellt, mithilfe einer simulierten Ursuppe in einer synthetisch gemischten „Uratmosphäre" durch Energiezufuhr (elektrische Entladungen, UV-Licht, Laserpulse) Reaktionen zu induzieren, wie sie möglicherweise im Urmeer hätten stattfinden können. Zahlreiche Versuche ergaben, dass eine Ursuppe aus klarem Wasser mit Inhaltsstoffen nicht sehr viel weiter führt als zu Aminosäuren. Als man der Suppe aber eine Suspension von Ton beigab (trübe Suppe, mit Lehm verunreinigt, also durchaus realistisch), lagerten sich die wichtigen Moleküle so an der Oberfläche und in den Poren der Tonpartikel an, dass sie sich dort lokal erheblich konzentrierten und tatsächlich zahlreiche der erwarteten Reaktionen und Synthesen eintraten. Die poröse Tonoberfläche dürfte dabei auch als Reaktionsbeschleuniger (primitiver Katalysator) gedient haben.

Dennoch blieben die Ergebnisse für Jahrzehnte unbefriedigend. Erst vor Kurzem ergaben Experimente mit Hochleistungslasern, dass Formamid (das Amid der Ameisensäure; $H-CO-NH_2$), in radikalisches $\cdot NH$ und $\cdot CN$ (extrem reaktive Moleküle) gespalten werden kann, die über mehrstufige Folgereaktionen auch zur Bildung „aromatischer Heterozyklen" führen können, darunter auch aller in Nukleinsäuren vorkommender Basen.

Man darf bei der Interpretation der Ergebnisse solcher Versuche nicht außer Acht lassen, dass diese natürlich unter Laborbedingungen und vor allem in Laborzeiträumen durchgeführt werden müssen, die Natur aber Hunderte von Millionen Jahren Zeit hatte, um ihren Chemikalienkasten für das Leben aufzufüllen. Die junge Erde war eine wunderbare Syntheseanlage, „Moleküle des Lebens" aus dem Weltraum waren völlig überflüssig.

Diese „Ursuppe" der frühen Erde enthielt die meisten Verbindungen, die im Chemiebuch zu finden sind, und somit alles, was zur Entstehung des Lebens notwendig war. Auch Energie gab es genug. Die heißen Flanken der Vulkane, die Blitze in den zahlreichen Gewittern und die UV-Strahlung der Sonne (es gab keinen Sauerstoff in der Luft und keine Ozonschicht) ermöglichten auch energiefressende chemische Reaktionen.

Und neben den Vulkanen gab es noch die unterseeischen Minivulkane „Schwarze Raucher" und „Weiße Raucher" (saure bzw. alkalische hydrothermale Quellen), die sowohl lokale Temperaturunterschiede, als auch durch das ausgeschiedene Material Unterschiede in pH (Säuregrad) und Salzzusammensetzung lieferten (Lane, 2017). Insgesamt war das Urmeer basischer (alkalischer) als der heutige Ozean; sehr groß kann der Unterschied aber nicht gewesen sein, da sonst die ersten Biomakromoleküle gleich wieder durch alkalische Hydrolyse (Spaltung durch Wasser) in ihre Monomere zerlegt und damit zerstört worden wären. Natürlich gab es auch Abweichungen und Variationen in einzelnen Bereichen (Buchten) des Meeres.

6 Wasser

Wasser ist die Schlüsselsubstanz des Lebens. (Die vielen in der *Science-Fiction-*Literatur herumschwirrenden alternativen Arten von „Lebenschemie" wie z. B. Leben bei hoher Temperatur in geschmolzenem Silikat sind von der Logik der Chemie her nicht haltbar, überhaupt ist *Science Fiction* meist ein großer Haufen *Fiction* [Erfindung] und recht wenig *Science* [Wissenschaft].)

Ein Wassermolekül besteht aus einem Atom Sauerstoff (O), dem dritthäufigsten Element im Universum, und zwei Atomen Wasserstoff (H), dem häufigsten Element. Die äußerste Elektronenschale des Sauerstoffatoms wird dabei von acht Elektronen gebildet, die paarweise in vier sp^3-hybridisierten Orbitalen (Hybride aus einer s- und drei p-Elektronenbahnen) untergebracht sind, die sich vom Sauerstoffatomrumpf etwa tetraedrisch nach außen strecken. An zwei dieser Orbitale binden Wasserstoffatome. Aufgrund der annähernd tetraedrischen Geometrie ist das Wassermolekül H_2O abgeknickt mit einem Winkel von 105 ° (Abb. 6.1).

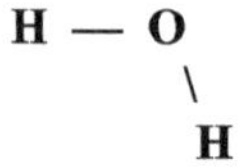

H — O
 \
  H

Abb. 6.1: Wassermolekül.

Zwei Orbitale des Wassermoleküls enthalten Wasserstoffkerne (Protonen) und sind Wasserstoffbrücken-„Donoren" (Protonenspender), die anderen beiden sind „leer" (sogenannte nichtbindende Elektronenpaare) und damit Wasserstoffbrücken „Akzeptoren" (Protonenempfänger). Damit ist das Wassermolekül ein elektrischer Dipol: die Seite mit den Wasserstoffkernen ist elektrisch leicht positiv, die Gegenseite mit den nichtbindenden Elektronenpaaren leicht negativ geladen.

Aufgrund dieser elektrischen Teilladungen bindet Wasser an Ionen, d. h. es löst Salze auf, deren Ionen in Lösung mit relativ fest gebundenen Wassermolekülen umgeben sind (Hydrathülle). Bei (elektrisch negativ geladenen) Anionen liegt am Ion die Donorseite der Wassermoleküle an, bei (positiv geladenen) Kationen die Akzeptorseite (Abb. 6.2). Die leicht positiven Donororbitale eines Wassermoleküls können auch an die leicht negativen Akzeptororbitale eines anderen Moleküls binden und dadurch die sogenannten Wasserstoffbrücken bilden. Sauerstoff ist das einzige Element in der zweiten Reihe des Periodensystems, dessen Wasserstoffverbindung zwei mit Protonen belegte und zwei „unbenutzte" Orbitale hat. Mit zwei H-Donoren und zwei H-Akzeptoren hat es sozusagen zwei Haken und zwei Ösen, und damit kann Wasser ein von Wasserstoffbrücken zusammengehaltenes 3-dimensionales Netzwerk bilden.

In Abb. 6.3 sind drei Wassermoleküle in einer linearen Verbindung dargestellt, bei der nur wenige Orbitale benützt werden. In Wirklichkeit sind aber alle Orbitale betei-

https://doi.org/10.1515/9783110783155-007

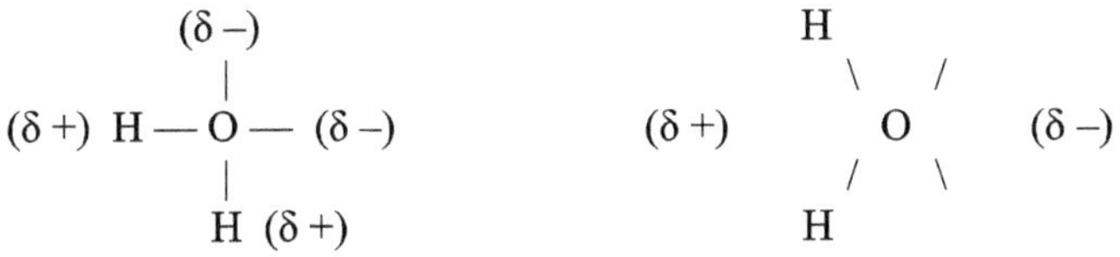

$$
\begin{array}{cc}
(\delta-) & \\
| & \\
(\delta+)\ \mathrm{H} - \mathrm{O} - (\delta-) & \\
| & \\
\mathrm{H}\ (\delta+) &
\end{array}
\qquad\qquad
(\delta+)\quad
\begin{array}{c}
\mathrm{H}\quad\ \ \\
\backslash\ \ /\\
\mathrm{O}\quad (\delta-)\\
/\ \ \backslash\\
\mathrm{H}\quad\ \
\end{array}
$$

Abb. 6.2: Das Wassermolekül als Dipol.

ligt, und es entsteht ein 3-dimensionales Netzwerk, das durch das ganze Volumen des Wassers reicht.

Diese gepunkteten Brückenbindungen sind nicht fest, sondern sie fluktuieren, so dass das Wasser seine Beweglichkeit als Flüssigkeit behält. Das bedeutet, dass sich die einzelnen Wasserstoffbrücken laufend bilden, lösen, in einer anderen Richtung wieder bilden und so weiter. Auf diese Weise kann eine erhöhte Konzentration an Protonen schnell „per Relais" im ganzen Volumen verteilt werden. Das ist wichtig für die Energie speichernden Protonengradienten (siehe unten, S. 38 ff).

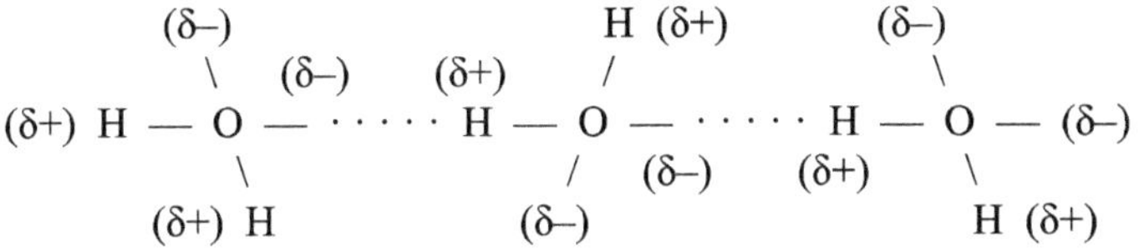

$$
\begin{array}{ccccc}
(\delta-) & & \mathrm{H}\ (\delta+) & (\delta-) & \\
\backslash\ (\delta-)\ \ (\delta+) & / & & \backslash & \\
(\delta+)\ \mathrm{H} - \mathrm{O} - \cdots\cdot\ \mathrm{H} - \mathrm{O} - \cdots\cdot\ \mathrm{H} - \mathrm{O} - (\delta-) \\
\backslash & /\ (\delta-)\ \ (\delta+) & \backslash & \\
(\delta+)\ \mathrm{H} & (\delta-) & \mathrm{H}\ (\delta+) &
\end{array}
$$

Abb. 6.3: Wasserstoffbrücken.

Dieses Netzwerk von Wasserstoffbrücken ist verantwortlich für den im Vergleich zu den analogen Wasserstoffverbindungen der im Periodensystem benachbarten Elemente Stickstoff, Kohlenstoff und Fluor, nämlich Ammoniak, Methan und Fluorwasserstoff, sehr hohen Schmelz- und Siedepunkt des Wassers. Ebenso ist die Verdampfungswärme des Wassers (die Energie, die erforderlich ist, um die in der Flüssigkeit zusammenhängenden Moleküle beim Sieden voneinander zu trennen) höher als die der anderen Substanzen (Tab. 6.1).

Tab. 6.1: Wasserstoffverbindungen 2. Reihe Periodensystem.

	Methan CH$_4$	Ammoniak NH$_3$	Wasser H$_2$O	Fluorwasserstoff[*] HF $\leftrightarrow$ (HF)$_n$[*]	
Molekulargewicht:	16	17	18	19 (38 .. ??)	
Schmelzpunkt:	−182,5	−77,7	**0,0**	−83,1	°C
Siedepunkt:	−164,0	−33,4	**100,0**	19,5	°C
Verdampfungswärme:	115	328	**539**	89,3	kcal/kg

[*]Fluorwasserstoff steht in einem Assoziations-Dissoziations-Gleichgewicht bis n = 4

Man könnte denken, dass die zum Wasser analogen Moleküle der Elemente in den folgenden Reihen des Periodensystems aufgrund ihres höheren Molekulargewichts vielleicht das Bild verändern, aber das ist nicht der Fall (Tab. 6.2, ohne Angabe der Verdampfungswärme). Alle angeführten Substanzen sind bei 0 °C, am Gefrierpunkt des Wassers, bereits gasförmig. Die Zahlenwerte stammen aus Robert C. Weast (Hrsg.) *"Handbook of Chemistry and Physics"*, 1975.

Tab. 6.2: Wasserstoffverbindungen 3. Reihe Periodensystem.

	Silan SiH_4	Phosphin PH_3	Schwefelwasserstoff H_2S	Chlorwasserstoff HCl	
Molekulargewicht:	32	34	34	36,5	
Schmelzpunkt:	−185	−138	−85,5	−114,8	°C
Siedepunkt:	−111,8	−87,7	−60,7	−84,9	°C

Der Grund dafür liegt im Unterschied der Konfiguration der 2. und der 3. Elektronenschale, entsprechend der 2. und 3. Reihe im Periodensystem. Zusätzlich zu den Elektronenbahnen „s" und „p" der 2. Schale kommt bei der 3. Schale noch die Bahn „d" dazu, was eine unterschiedliche Hybridisierung der realen Bindungsorbitale ergibt, die Energie der Orbitale ist anders als in der 2. Schale. Außerdem sind die Atomradien der Atome der 3. Schale größer, und die äußeren Elektronen werden zusätzlich durch die darunter liegenden der 2. Schale von der elektrisch positiven Ladung des Atomkerns abgeschirmt, was sie stärker polarisierbar und damit elektrisch „weicher" macht.

Hoher Schmelz- und Siedepunkt des Lösungsmittels, in dem das Leben abläuft, bedeuten, dass sich die chemischen Reaktionen des Lebens in Lösung bei relativ hoher Temperatur abspielen können. Dadurch erreichen sie eine brauchbare Geschwindigkeit, da chemische Reaktionen bei Temperaturerhöhung um 10 °C im Mittel doppelt bis 4-mal schneller ablaufen (van't Hoff-Regel). In flüssigem Ammoniak wären die Reaktionen des Lebens etwa tausendfach bis millionenfach langsamer als in flüssigem Wasser, womit ein Leben, wie wir es kennen, quasi unmöglich wäre, alle biochemischen Vorgänge würden in Ultrazeitlupe ablaufen. Die 13,8 Mrd. Jahre der Existenz des Universums hätten schon zur Entstehung dieser Art Leben gar nicht ausgereicht.

Auf einem Himmelskörper, der so kalt ist, dass das Ammoniak in flüssiger Form vorliegt, wäre man nach 4 Mrd. Jahren noch auf der Stufe, die in Kap. 3 („Die Chemie auf der jungen Erde") beschrieben ist. Falls es doch zur Entstehung von Lebewesen käme, müsste das Zusammenspiel der Reaktionen im Stoffwechsel ganz anders reguliert sein, als wir es auf der Erde kennen.

Zudem ist die Struktur des Wassermoleküls der Grund dafür, dass Eis weniger dicht ist als Wasser und deshalb im Falle Wasser der Festkörper auf der Schmelze schwimmt, im Gegensatz zu allen anderen bekannten Substanzen. Das hat zur Folge, dass beim Gefrieren von Gewässern die darin lebenden Wesen nicht in der Tiefe im Eis eingefroren werden, sondern im Gegenteil durch die isolierende Eisschicht an der Oberfläche vor Erfrierung geschützt sind.

Die Wasserstoffbrücke ist eine sehr schwache und leicht wieder lösbare chemische Bindung. Sie beruht darauf, dass O–H- und N–H-Bindungen elektrisch polarisiert sind mit H als dem *positiven* Ende. Dagegen sind C–O-, C=O- und C–N-Bindungen polarisiert mit dem O bzw. N als dem *negativen* Ende. Ebenso wie O besitzt auch N in Aminen ein nichtbindendes Elektronenpaar in ebenfalls tetraedrisch angeordnetem (sp^3-hybridisiertem) Orbital, weshalb das N-Atom ebenfalls zum H-Akzeptor wird und woraus eine schwache negative Ladung am N-Atom und damit Dipolarität entsteht.

Eine Wasserstoffbrücke ist eine schwache Wechselwirkung zwischen einem elektrisch leicht positiven H und einem leicht negativen O oder N, z. B. zwischen Peptidbindungen: C=O <··· H–NH–C. Sie ist für das Leben unerlässlich, da praktisch alle chemischen Reaktionen, Strukturen und Prozesse der Biochemie darauf zurückgreifen; auch die beiden Ketten der DNA-Doppelhelix werden damit zusammengehalten, und Proteinmoleküle sind beim Aufbau ihrer räumlichen Struktur auf sie angewiesen. Wasserstoffbrücken sind auch der Grund dafür, dass Zuckerlösungen (und die Pfötchen Eis essender Kinder) klebrig sind.

Als hydrophil (wasserfreundlich) bzw. lipophob (fettabstoßend) wird eine Substanz bezeichnet, die ionisch oder über Wasserstoffbrücken mit den Wassermolekülen Kontakt halten kann und sich deshalb in Wasser löst. Das Gegenteil ist hydrophob (wasserabstoßend) bzw. lipophil (fettfreundlich) für Substanzen, die sich wie Öle verhalten und nicht in Wasser lösen.

Das Wassermolekül kann auch „dissoziieren", d. h. sich aufspalten in ein elektrisch positiv geladenes Wasserstoffion H^+ und ein negativ geladenes „Hydroxyl"-Ion OH^-. Diese Dissoziation steht in einem Gleichgewicht, das sehr stark zugunsten des nicht dissoziierten Wassermoleküls verschoben ist.

$$H_2O \rightleftharpoons H^+ + OH^-$$

In reinem Wasser sind die Konzentrationen der Ionen (eckige Klammern bezeichnen die Konzentration) gleich:

$$[H^+] = [OH^-] = 10^{-7} \text{ molar}$$

Das Produkt der Konzentrationen der beiden Ionen (das „Ionenprodukt") ist konstant und beträgt 10^{-14} molar^2. Die positiven Wasserstoffionen (Protonen) werden im Mund als sauer empfunden; Substanzen, die in Wasser eine hohe Konzentration von Protonen verursachen, nennt man Säuren. Der Säuregrad einer Lösung wird gekennzeichnet durch den pH-Wert. Der pH ist der negative dekadische Logarithmus der Konzentration der positiven Wasserstoffionen. Reines Wasser ist neutral und hat einen pH von 7,0; je niedriger der pH, desto saurer ist die Lösung. Überwiegen die Hydro-xylionen, nennt man diesen Zustand alkalisch oder basisch (Laugen). Dieser Bereich betrifft die pH-Werte höher als 7. So hat 1,0-molare Salzsäure pH 0, 1,0-molare Natron-lauge hat pH 14.

Wasserstoff ist das einzige Element, dessen positives Ion H^+ (positiv elektrisch geladene Form des Wasserstoffs nach der Abgabe eines Elektrons) kein voluminöser Atomrumpf ist, sondern der winzige nackte Atomkern, das Proton. In wässriger Lö-sung bindet es sofort an ein Wassermolekül und bildet ein Hydroniumion:

$$H^+ + H_2O \rightarrow H_3O^+$$

Damit kann die beschriebene Dissoziationsreaktion in ihrer realen physikalischen Form formuliert werden:

$$H_2O + H_2O \rightleftarrows H_3O^+ + OH^-$$

Es wird also nicht ein Wassermolekül aufgeteilt, sondern es springt lediglich ein Pro-ton aus dem Orbital des einen Moleküls in ein nichtbindendes Orbital des anderen. Der analoge Vorgang findet statt, wenn Ammoniakgas in Wasser gelöst wird. Dann springt ein Proton des Wassers an das nichtbindende Orbital eines Ammoniakmole-küls und bildet ein Ammoniumion, es entsteht eine Lösung von Ammoniumhydroxid, die im täglichen Leben „Salmiakgeist" genannt wird.

$$NH_3 + H_2O \rightleftarrows NH_4^+ + OH^-$$

Ähnliches geschieht, wenn Chlorwasserstoff in Wasser gelöst wird. Vom HCl-Molekül wird ein Proton abgespalten, das an Wasser bindet. Es entsteht Salzsäure.

$$H_2O + HCl \rightleftarrows H_3O^+ + Cl^-$$

Salmiakgeist und Salzsäure gab es früher in jedem Haushalt. Den chemischen Charak-ter des Salmiakgeists dominiert die mittelhohe Konzentration des OH^--Anions, wes-halb Salmiakgeist eine Lauge darstellt. Den chemischen Charakter der Salzsäure do-miniert hingegen das hoch konzentrierte H_3O^+-Kation, was die Lösung zur starken Säure macht.

Nun ein paar Worte zum „Protonengradienten". Er tritt in der Natur (Kap. 14, „In-dividuen") und in allen Lebewesen (Kap. 19, „Energieversorgung und Nukleinsäuren") auf. Aber was ist das überhaupt? Ein Gradient ist ein Schritt oder eine Stufe (latei-nisch: *gradus*). Der Protonengradient ist ein abrupter Wechsel der Konzentration von Protonen an einer Membran, die zwei verschiedene Volumina voneinander trennt, beispielsweise den Innenraum einer Zelle von der Außenflüssigkeit. Aufbau und Auf-rechterhalten des Konzentrationsunterschieds erfordert Energie, somit kann ein Gradient als Energiespeicher dienen. Wenn diese Energie abgerufen wird, verringert sich der Konzentrationsunterschied wieder.

Entsprechend dem in Abb. 6.3 dargestellten Wasserstoffbrückenmechanismus kann H^+ extrem schnell zwischen Wassermolekülen verschoben werden. Man beachte, dass die Konzentration der Protonen auch als Säuregrad bezeichnet und in der Form des pH-Wertes dargestellt wird. Viele Protonen = sauer (niedriger pH), wenige Protonen = alkalisch (hoher pH).

Die Möglichkeit, dass sich Protonen in einem Relaissystem (das einzelne Proton überspringt nur eine einzige Lücke, stößt dabei aber das nächste an usw.) schnell bewegen können, macht Wasser zu einem echten antielektrischen Leiter. In Abb. 6.3 würde sich H^+ von rechts nach links bewegen. Man braucht in der Abbildung nur die gepunkteten Linien der elektrischen Anziehung durch linksgerichtete Pfeile der Bewegung zu ersetzen. Der Wasserstoff flitzt also über seine eigene Brücke. Im Gegensatz zu unserer regulären technischen Elektrizität (wo negativ geladene Elektronen über metallische Leiter bewegt werden) bewegen sich in der „Antielektrizität" des Wassers positiv geladene Protonen. Die beiden Systeme sind nicht kompatibel, in der Welt der regulären technischen Elektrizität ist reines Wasser ein Isolator.

Vergleichen wir einmal zwei Flüssigkeiten (beide haben hohe Oberflächenspannung):
- Quecksilber als elektrischer Leiter bewegt negativ geladene Elektronen,
- Wasser als antielektrischer Leiter bewegt positiv geladene Protonen.

Beide Mechanismen benutzen Relaissysteme. Protonen hüpfen über Wasserstoffbrücken von ihrem Orbital des einen Wassermoleküls zu einem unbesetzten Orbital des nächsten und schieben eines der Protonen des zweiten Moleküls zum dritten, und so weiter. Bei elektrischer Leitung schiebt das elektrische Potential (die Spannung) die Elektronen weiter. Die individuellen Elektronen bewegen sich sehr langsam. Nach Anschalten des Lichts erreicht der Spannungsimpuls die Glühbirne in einer Millisekunde oder weniger, aber das individuelle Elektron am Schalter kann Stunden oder Tage brauchen (bei Gleichstrom), bevor es an der Glühbirne ankommt. Bei beiden Mechanismen ist der „Druck"-Impuls (Spannungsimpuls) sehr schnell, der materielle Transport aber sehr langsam.

Zurück zum Protonengradienten. An keinem anderen Gradienten von Ionen ist eine so hohe Geschwindigkeit der Einstellung möglich wie am Protonengradienten, denn bei allen anderen ist der Impuls verbunden mit individuellem materiellem Transport, mit Diffusion. Jedes Natriumion müsste sich auf seinem Weg „höchstpersönlich" durch die ganze Menge von Wassermolekülen durchdrängen, die ihm im Weg stehen, und sie auf die Seite stoßen, um vorwärts zu kommen, und dann so weit wandern, dass die Ionen in der ganzen Flüssigkeit gleichmäßig verteilt sind. Elektrizität und echte Antielektrizität hängen davon ab, dass der Ladungsträger Bestandteil der Leitersubstanz ist. Freie Elektronen sind zahlreich in jedem Metall, Protonen sind ein natürlicher Bestandteil des Wassers.

Das elektrische Gegenstück zum Protonengradienten ist der Kondensator, zwei Elektroden getrennt durch eine Isolatorschicht. Je dünner die isolierende Schicht, desto größer die Kapazität des Kondensators bei einer akzeptablen Spannung. Und wenn wir an Elektrolytkondensatoren denken, sind wir zurück in der Chemie und haben Isolierschichten, die dünner sein können als eine biologische Membran. Wasser entspricht dem elektrischen Leiter, der Protonengradient dem Kondensator, die pH-Differenz entspricht der Spannung und das energietragende Molekül ATP der Batterie. Das Leben ist (anti)elektrisch (und manchmal elektrisierend).

Die Benutzung von Protonengradienten in lebenden Zellen ist eine einmalige und großartige Errungenschaft der Evolution.

Wir wissen nicht, ob ein anderer Mechanismus die Energieerfordernisse ebenso gut oder gar besser regeln könnte, aber bisher liegen mögliche Alternativen nicht auf der Hand. Die ganze Sache muss natürlich erfunden worden sein, bevor das Leben übermäßig komplex geworden war. Vielleicht haben frühe Zellen das System an den weißen Rauchern der Tiefsee abgeguckt. Ein guter Start hätte auch sein können, Licht zu benutzen, um Protonen über eine Membran zu schaufeln, wie es durch Bacteriorhodopsin in halophilen Bakterien gemacht wird.

7 Nukleotide, die Moleküle des Lebens

Wie schon in Kap. 2 („Die lebende Zelle") erwähnt sind die Nukleinsäuren Polymere, die formal aus einzelnen Nukleotiden durch Wasserabspaltung (Kondensation) gebildet wurden. Ihren Namen bekamen sie, weil sie zuerst in Zellkernen (Kern = lateinisch *nucleus*) gefunden wurden. Systematisch gesehen besteht ein einzelnes Nukleotid aus drei Teilen, die chemisch kovalent verbunden sind: einer heterozyklischen Base, einem Zucker (zusammen: Nukleosid) und einem Molekül Phosphorsäure. Chemisch betrachtet sind Nukleinsäuren Polyester aus Phosphorsäure und dem Zucker Ribose, der in 1′-Stellung mit einer aromatischen Base vom Pyrimidin- oder Purintyp substituiert ist.

Purine sind Moleküle, die aus zwei „kondensierten" (verschmolzenen) Ringen bestehen, einem 6-gliedrigen und einem 5-gliedrigen Ring. In jedem Ring sind zwei Stickstoffatome enthalten. Purinabkömmlinge sind auch die natürlich auftretende Purpursäure und die synthetische Barbitursäure (Schlaf- und Narkosemittel Veronal, Evipan usw.). Pyrimidine bestehen nur aus einem einzigen 6-gliedrigen Ring, der ebenfalls zwei Stickstoffatome enthält. Abkömmlinge des Pyrimidins sind die Pflanzeninhaltsstoffe Coffein und Theobromin (im Kakao), ebenso die Harnsäure, die in den Gelenken Gicht hervorruft.

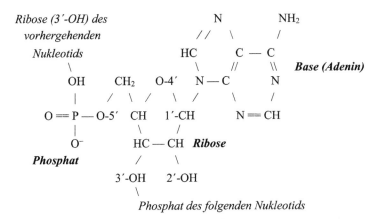

Abb. 7.1: Adenosinmonophosphat (AMP, Adenylsäure, Ribonukleotid A).

Als Beispiel das Ribonukleotid AMP (Abb. 7.1, Adenosin = Adenin + Ribose), das zur Familie der Purinabkömmlinge gehört. Wie können so komplizierte Moleküle spontan entstehen? Die chemische Synthese der Nukleotide im Urmeer der Vorzeit des Lebens lief keineswegs so ab, dass die beschriebenen drei Komponenten der Systematik (Base, Ribose, Phosphat) lehrbuchmäßig einzeln hergestellt und dann zusammengefügt wurden. Das ist nicht möglich, da reine Ribose in alkalischer Lösung (Meerwasser) nicht stabil ist. Die Nukleotide müssen vielmehr „am Stück" synthetisiert worden sein

https://doi.org/10.1515/9783110783155-008

über Zwischenstufen, deren Atome dann teils in der Ribose und teils in der Base landeten.

Modellversuche (Ricardo & Stoszak, 2016) haben einen plausiblen Weg für die Synthese aufgezeigt. Im Folgenden wird als Beispiel ein Überblick über die Synthese des Nukleotids Cytosin angegeben. Die Synthese beruht zum Teil auf Photoreaktionen und benötigt viel Licht (auf der frühen Erde gab es ausreichend UV-Licht von der Sonne). Die Bindung zwischen C-1′ der Ribose und dem N der Base (fett gedruckt) wird schon im ersten Schritt bei der Kopplung von Glykol und Cyanamid zu 2-Aminooxazol gebildet (Abb. 7.2).

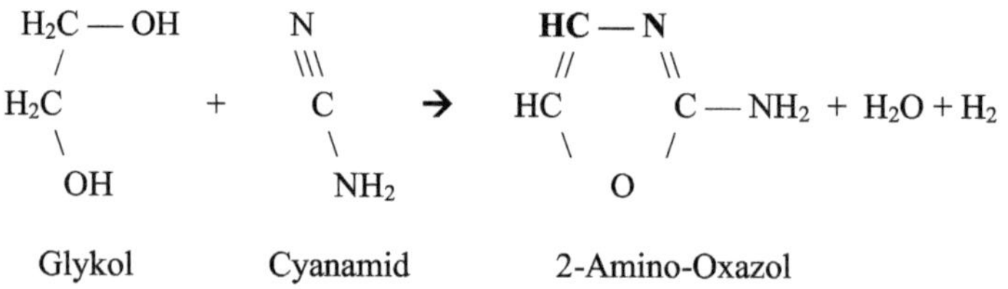

Abb. 7.2: Glykol kondensiert mit Cyanamid zu 2-Aminooxazol.

Bei dieser chemischen Addition wird die Dreifachbindung des Cyanamids in eine Doppelbindung umgewandelt, und die freigewordenen Elektronen des dritten Elektronenpaars der Dreifachbindung werden nach außen gerichtet und binden derart an das andere Molekül, dass ein Ring geschlossen wird, wobei ein Wassermolekül abgespalten wird. Diese Reaktion läuft unter Energiegewinn leicht ab, sobald sie einmal gestartet ist. Der bei der Reaktion freiwerdende Wasserstoff könnte von Kohlendioxid übernommen werden, wobei dann Ameisensäure entsteht, oder an Kohlenmonoxid binden mit Entstehung von Formaldehyd. Im nächsten Schritt wird zum Hauptprodukt 2-Aminooxazol dann Glyzerin dazu addiert (Abb. 7.3).

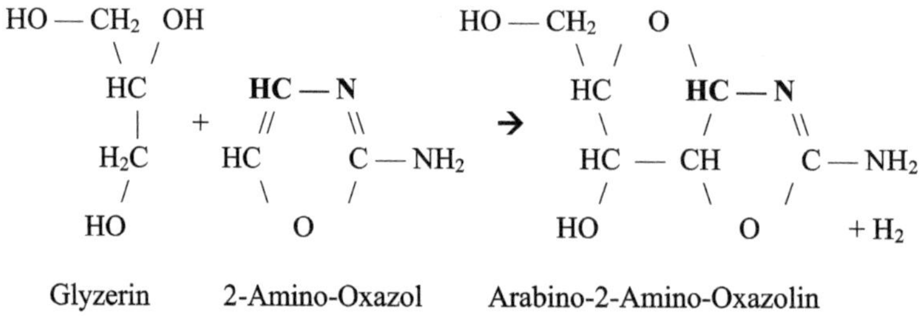

Abb. 7.3: 2-Aminooxazol addiert Glyzerin zu Arabino-2-Aminooxazolin.

Hier wird eine Doppelbindung des 2-Aminooxazols in eine Einfachbindung umgewandelt, und ein zweiter Ring wird geschlossen. Auch hier wird ein Elektronenpaar der

Doppelbindung aufgeteilt, und die Elektronen binden an das Glyzerinmolekül, diesmal ohne Freisetzung eines Wassermoleküls. Auch diese Addition verläuft schnell und spontan unter Energiegewinn. Wie vorher könnte auch bei diesem Schritt der entstehende Wasserstoff auf Kohlendioxid oder auch auf Kohlenmonoxid übertragen werden. Im nächsten Schritt wird dann an das Produkt Arabino-2-Aminooxazolin noch Propylenamin addiert, und auch Phosphorsäure kommt dazu (Abb. 7.4).

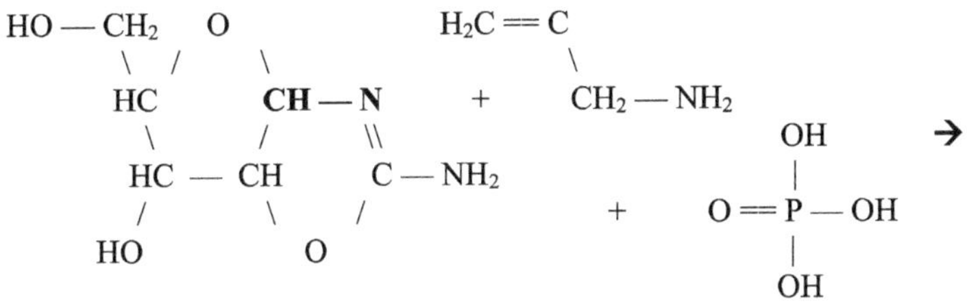

Arabino-2-Amino-Oxazolin　　Propylenamin　　Phosphorsäure

Abb. 7.4: Arabino-2-Aminooxazolin addiert Propylenamin, und bei Anlagerung von Phosphorsäure....

Dabei entsteht intermediär ein System aus drei Ringen, von denen der mittlere aber sofort von der Phosphorsäure wieder gespalten wird (Phosphorolyse). Fertig ist (in diesem Beispiel) Cytidinmonophosphat (Abb. 7.5, Cytidin = Cytosin + Ribose), wobei wieder Wasserstoff frei wird und von anderen Molekülen übernommen werden kann. Welche das sind, ist nicht bekannt, die Chemiefabrik Erde hatte sicher Verwendung für alles Mögliche. Der wahrscheinlichste Kandidat ist Kohlendioxid, das zu Ameisensäure reduziert werden könnte, aber auch Kohlenmonoxid ist möglich, es würde in Formaldehyd umgewandelt. Die entstandene Base Cytosin gehört zur Familie der Pyrimidinabkömmlinge.

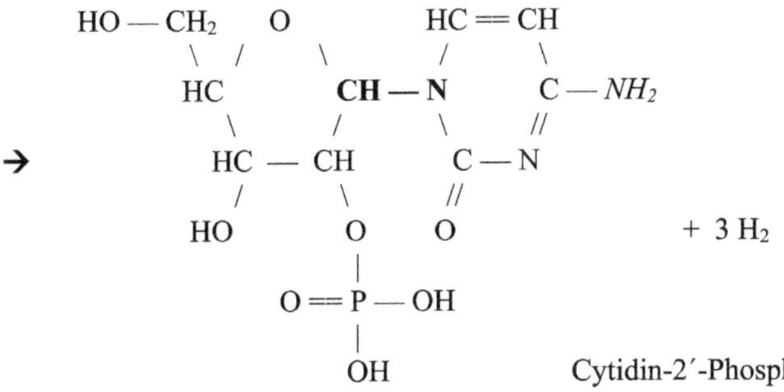

Cytidin-2′-Phosphat

Abb. 7.5: ... wird die Arabinose in Ribose umgewandelt.

Nun muss noch die Phosphatgruppe von der 2′-Position an die 5′-Position gebracht werden, aber das ist kein großes Problem; eine Um-Phosphorylierung kostet so gut wie keine Energie und geht leicht. In den obigen Strukturformeln (Abb. 7.2–7.5) wurde die Verbindung zwischen C-1′ der Ribose und dem N der Base fett gedruckt, um zu demonstrieren, dass sie vom ersten Schritt an existiert, wodurch das Auftreten von freier Ribose vermieden werden kann. Dass Phospat an C-2′ von Ribose hängen kann, erscheint ungewöhnlich, aber eine 2′-Phosphatgruppe gibt es auch heute noch im Coenzym NADP.

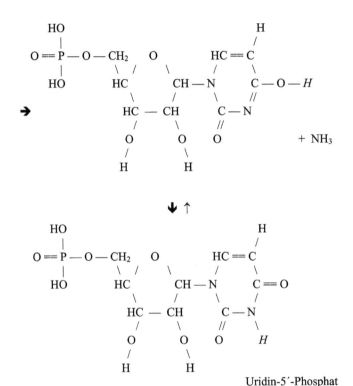

Uridin-5′-Phosphat

Abb. 7.6: Das zweite Nukleotid: Uridinmonophosphat.

Die freie Aminogruppe am Kohlenstoffatom C-4 der Base (in Abb. 7.5 kursiv, ganz rechts) kann durch Hydrolyse (das passiert auch spontan) abgespalten werden (Desaminierung). Die entstandene Base untergeht eine tautomere Umlagerung (Abb. 7.6), wobei das Enol (–OH-Gruppe neben Doppelbindung) durch die Wanderung des Wasserstoffatoms H (kursiv) vom O zum N in ein Keton übergeht, und aus Cytosin entsteht Uracil (Uridin = Uracil + Ribose). Die tautomere Umlagerung wird im Anhang G.3.4 („Isomerie, Tautomerie, Mesomerie") erklärt.

Das war nur ein Beispiel für eine Nukleotidsynthese. Die Synthese der Nukleotide vom Purintyp (AMP, GMP) ist noch nicht im Detail aufgeklärt, aber der Weg wird dem hier aufgezeigten für den Pyrimidintyp sehr ähnlich sein. Es ist zu bemerken, dass diese Synthesen nicht nur mit einfachem Phosphat stattfinden können, sondern dass sie auch mit Oligophosphaten (Pyrophosphat, Triphosphat etc.) gelingen.

Es ist das ewige Problem dieser Art von Forschung, dass man die Originalvorgänge vor 4 Mrd. Jahren nicht kennen kann und daher mögliche und wahrscheinliche Möglichkeiten dafür erdenken muss, die allen physikalischen und chemischen Gesetzen folgen. Wenn dann Tests ersonnen werden, die erfolgreich ausfallen, so hat man noch immer keine Sicherheit dafür, dass es früher tatsächlich so war, aber man hat immerhin die Möglichkeit dieser Prozesse bewiesen, und es gibt dann eine hohe Wahrscheinlichkeit, dass sie in der Natur auch stattfanden.

Teil II: **Die Entstehung des Lebens, bis zur ersten Zelle**

8 Der Beginn: Nukleinsäuren kopieren

Wenn man als Biochemiker über die Entstehung des Lebens nachdenkt, begegnet man schnell dem Dilemma von der Henne und dem Ei. Was kam zuerst? Ohne Nukleinsäuren ist keine Information für den Bau der Proteine vorhanden, und ohne Proteine (Enzyme) kann die Nukleinsäure nicht kopiert werden. Wenn alles mit den Proteinen angefangen hätte, müssten die sich selbst vervielfältigt haben. Bis heute gibt es aber in der ganzen Welt des Lebendigen keinerlei Hinweis auf ein natürliches System (auch kein Laborsystem), das Proteine direkt kopiert, also ein natives gefaltetes Proteinmolekül auffalten, seine Aminosäuresequenz ablesen und das Molekül nachbauen könnte.

Es *muss* mit Nukleinsäuren angefangen haben. Francis Crick publizierte 1958 das „zentrale Dogma der Molekularbiologie", das besagt, dass Information nur in der Richtung von den Nukleinsäuren zu den Proteinen fließen kann, nicht in der Gegenrichtung und auch nicht von Protein zu Protein. Der Ausdruck „Dogma" mag unglücklich gewählt sein, aber in der Sache hat Crick Recht behalten. Wie kann man sich aber den Anfang vorstellen, was hat die Reaktionen katalysiert? Der Durchbruch kam gegen Ende des 20. Jahrhunderts.

Wenn ein (aus Desoxyribonukleinsäure bestehendes) Gen abgelesen wird, wird zuerst eine Arbeitskopie (der „*Messenger*") aus Ribonukleinsäure hergestellt. Diesen Vorgang nennt man Transkription (Um-Schreibung). Bei Eukaryonten (das sind Organismen mit Zellkern, also Tiere, Pflanzen und Pilze) muss der Messenger dann noch durch Enzyme editiert werden (engl. *splicing*, unnötige Teile werden herausgeschnitten). Überraschenderweise funktioniert das in gewissen Fällen auch in Abwesenheit von Enzymen.

Nach intensiver Analyse fand man in vielen Ribonukleinsäurestücken (aber *nicht* in *Desoxy*ribonukleinsäure) die Fähigkeit, einige chemische Reaktionen der Biochemie zu katalysieren und gab ihnen in Analogie zu den Enzymen den Namen Ribozyme. Demnach waren die Ribonukleinsäuren wohl die alleinigen Starter des Lebens, die Proteine waren am Anfang nicht beteiligt. Spontan entstandene Aminosäuren und kurze Peptide waren zweifellos schon von Anfang an vorhanden, spielten aber ursprünglich keine entscheidende Rolle.

Alle Reaktionen, die zu biologischen Makromolekülen führen, beruhen darauf, dass die molekulare Kette mit einem neuen Monomer verlängert wird, indem formelmäßig durch Abspaltung eines Wassermoleküls eine chemische Bindung hergestellt wird (chemische „Kondensation"). Dieser Vorgang erfordert Energie, z. B. Wärme, die an den Abhängen von unterseeischen und meernahen Vulkanen reichlich vorhanden war. Dass es in der Wirklichkeit ganz anders funktionierte, nämlich über Umwege, werden wir im folgenden Kapitel sehen. In diesem Kapitel beschränken wir uns auf die einfache Darstellung formaler klassischer Kondensation mit Abspaltung von Wassermolekülen.

https://doi.org/10.1515/9783110783155-009

Nukleotide können paarweise über Wasserstoffbrücken aneinander binden, die viel weniger fest sind als reguläre (kovalente) chemische Bindungen und durch erhöhte Temperatur wieder gelöst werden können. Übliche Doppelstrangnukleinsäuren „schmelzen" bei 60–90 °C (bei Heißwasserbakterien höher), d. h. die Wasserstoffbrücken gehen auf, und die beiden Stränge der Nukleinsäuren lösen sich voneinander. Die erwarteten Reaktionen verlangen also einen Wechsel der Bedingungen, mal heiß, mal gemäßigt, aber wenn man viele Mio. Jahre Zeit hat, wird es trotz aller Probleme oft genug klappen. Wie gesagt, mehr über die reale Situation gibt es im folgenden Kapitel.

Wir wissen nicht, wie viele Typen von Nukleotiden es in der Ursuppe gab, aber heute, 4 Mrd. Jahre später, sind nur acht von Bedeutung. Wie oben beschrieben (Abb. 7.1) enthalten Nukleotide eine Base (einen zum Alkalischen tendierenden Molekülteil), einen Zucker und einen Phosphorsäureteil. Zwei Zuckerarten kommen infrage, Ribose und 2-Desoxyribose (= Ribose, der das Sauerstoffatom am Kohlenstoffatom C-2′ fehlt). An der Kondensation von Nukleotiden zu Polynukleotiden sind der Zucker- und der Phosphorsäureanteil beteiligt, die Basen sind frei für die Ausbildung von Wasserstoffbrücken und völlig unabhängig von der Strangbildung.

Heute besteht das Erbgut aus Desoxyribosenukleotiden (Desoxyribonukleinsäure, DNA), während die Messenger aus Ribosenukleotiden (Ribonukleinsäure, RNA, engl. _ribonucleic acid_) bestehen. Am Anfang des Lebens dürfte allerdings die DNA keine Rolle gespielt haben, sie ist eine später gefundene Verbesserung der Stabilität der Gene. Das DNA-Molekül ist mechanisch steifer als RNA und bevorzugt die Konformation einer spiraligen Anordnung der Doppelstränge, die Doppelhelix Typ B.

Bei den Ribonukleotiden treten vier Basen auf: Adenin, Cytosin, Guanin und Uracil (A, C, G und U). Durch Wasserstoffbrücken können sich die komplementären Paare A:U (2 Wasserstoffbrücken, Abb. 8.1) und G:C (3 Wasserstoffbrücken, Abb. 8.2) ausbilden.

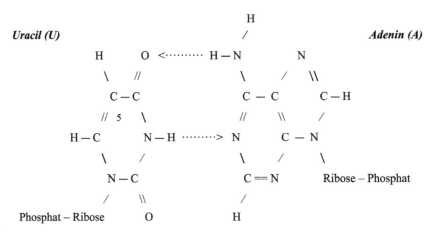

Abb. 8.1: A:U-Paar.

Bei den Desoxyribonukleotiden ist Uracil durch Thymin (T) ersetzt, dort gibt es also ebenfalls vier Nukleotide, aber A:T-Paare treten an die Stelle von A:U-Paaren.

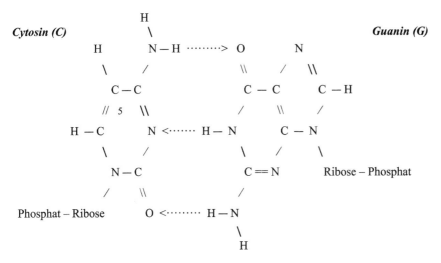

Abb. 8.2: G:C-Paar.

Wenn wir nun annehmen, irgendwie (am Vulkanabhang?) habe sich ein Oligonukleotid A–G–U–A–C–C gebildet, dann können sich parallel an die Kette die Nukleotide U, C, A, noch einmal U und zuletzt zweimal G anlagern:

A–G–U–A–C–C

U C A U G G

Diese Anlagerung ist aus Gründen der Stereochemie (Raumausfüllung der Moleküle) nur effizient, wenn die angelagerten Nukleotide „rückwärts" zeigen. Nukleotide haben eine Polarität der Richtung, ein vorn und ein hinten. Vorwärts bindet ein Nukleotid am Sauerstoffatom 3′ der Ribose (3′-OH); das vorhergehende hängt dann am Sauerstoffatom 5′ (5′-OH). Vorwärts ist also die Richtung der Kette freies 5′-Ende → freies 3′-Ende. Das ist auch die Richtung, in der die kopierenden Enzyme arbeiten.

Wenn nun dieses Aggregat in eine Umgebung gerät, in der die lose angelagerten einzelnen Nukleotide durch Wasserabspaltung zu einer neuen Kette kondensiert werden (auf welchem Weg auch immer), haben wir einen Doppelstrang, wobei die beiden Stränge in entgegengesetzte Richtung zeigen:

A–G–U–A–C–C (5′ → 3′)

U–C–A–U–G–G (3′ ← 5′)

Nach Trennung der Stränge kann dann anhand des neuen Oligonukleotids UCAUGG auf dieselbe Weise ein zweites Molekül AGUACC synthetisiert werden. Voilà, wir haben eine perfekte Kopie von AGUACC in zwei Schritten über das „Negativ" UCAUGG. Das 2-strängige Hexanukleotid unseres Beispiels ist schematisch vereinfacht in Abb. 8.3 dargestellt. So muss jeder Kopierschritt in zwei Stufen stattfinden. Das Dazwischenschalten eines Negativs erhöht die Sicherheit der Datenspeicherung, da immer eine „negative Reserve" vorliegt.

Generell gesehen benötigt Kopieren einen Träger (z. B. Papier) und die zu kopierende Information (z. B. Wörter). Es ist wichtig, dass Träger und Information zwar miteinander verbunden aber strukturell voneinander unabhängig sind, sich also nicht gegenseitig beeinflussen. Das ist bei den Nukleinsäuren gegeben, denn die Struktur des Trägers (der Kette aus Phosphat und Ribose) wird von der Struktur der Information (der Basen und ihrer Reihenfolge) nicht beeinflusst; ebenso wenig die Paarbildung der Basen durch den Träger. Für Proteine sind diese Bedingungen *nicht* erfüllt, auch gibt es keine Komplementarität bei den Aminosäuren.

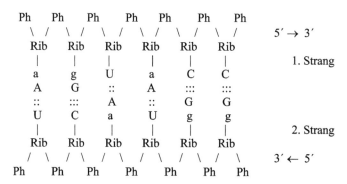

Abb. 8.3: RNA Hexamerdoppelstrang. Ph steht für Phosphat, Rib für Ribose, A, C, G, U für die Basen; die Darstellung aA für A und gG für G symbolisiert die größere Ausdehnung der Doppelringbasen (Purin-Typ) A und G gegenüber den Einringbasen (Pyrimidin-Typ) C und U; die Doppelpunkte stellen Wasserstoffbrücken dar (zwei bei A:U, drei bei G:C).

Wozu ist denn das alles gut? Diese Frage stellt sich die Natur nicht; das, was passieren kann, passiert. Wenn Chemikalien miteinander reagieren können, tun sie es auch, sobald sie zusammenkommen. Naturgesetze (die Gesetze der Physik und der Chemie) funktionieren spontan und zwangsläufig und mit absoluter Konsequenz. Die sogenannten Gesetze der Biologie (z. B. die Mendelschen Gesetze) sind dagegen eher Sammlungen von Erfahrungen und damit nicht immer absolut zwingend. Die Chemie verlangt dagegen: Wenn das Kopieren einmal in Gang gekommen ist, geht es immer weiter. Es hört erst auf, wenn sich die Bedingungen so verändern, dass die Prozesse nicht mehr funktionieren.

Nun werden sich spontan ganz verschiedene Oligonukleotide gebildet haben, von unterschiedlicher Länge und auch unterschiedlicher Stabilität, beispielsweise gegen Hydrolyse, also Aufspaltung durch Wassermoleküle, oder gegen Zerstörung durch UV-Strahlung. Die stabileren Varianten werden in der unwirtlichen Umgebung der frühen Erde länger leben als die labileren und sich dementsprechend mehr ansammeln. Schon hier haben wir also das Darwin-Prinzip vom *"survival of the fittest"*, dem Überleben der Geeignetsten.

9 Reaktionsenergie zum Polymerisieren

Nun wollen wir von der formalen „Papierchemie" des vorigen Kapitels zu den nach den Gesetzen von Chemie und Physik wirklich möglichen und tatsächlich ablaufenden Reaktionen und ihren Mechanismen kommen.

Man muss bei allen chemischen Reaktionen berücksichtigen, dass sie (mit ganz wenigen Ausnahmen) nicht nur in eine Richtung verlaufen, sondern konkurrierend vorwärts *und* rückwärts. Die Reaktionsgeschwindigkeit hängt ab von der Konzentration der jeweiligen Ausgangssubstanzen. Wenn wir annehmen, dass eine Substanz A mit einer Substanz B derart reagiert, dass die Substanzen C und D entstehen, wobei die Menge freie Energie ΔG freigesetzt wird, dann sieht die Reaktionsgleichung so aus:

$$A + B \rightleftharpoons C + D + \Delta G$$

Dabei wird immer ein Gleichgewicht zwischen zwei Zuständen eingestellt. Wenn man mit einem Gemisch von A und B startet, ist die Vorwärtsreaktion anfangs schnell, und rückwärts passiert praktisch nichts. Wenn aber im Laufe der Zeit immer mehr von den Produkten C und D entsteht und damit deren Konzentration zunimmt, nimmt auch die Rückreaktion Fahrt auf, und die Vorwärtsreaktion wird langsamer, weil die Konzentration von A und B abnimmt (Konzentration = Menge/Volumen). Im Verlauf der Reaktion gleichen sich Vorwärts- und Rückwärtsreaktion an, und wenn sie beide gleich schnell geworden sind, ändert sich unterm Strich nichts mehr, ein Gleichgewicht wurde erreicht.

Dieses Gleichgewicht ist im Allgemeinen unsymmetrisch, d. h., die Konzentrationen von A und B sind nicht gleich den Konzentrationen von C und D. Die Lage dieses Gleichgewichts hängt von der umgesetzten Reaktionsenergie ab. Bei gleicher Konzentration ist die schnellere Reaktion die in der Richtung, in der chemische Energie freigesetzt wird, die langsamere die in der Richtung, in der Energie verbraucht wird. Das spiegelt sich in der Verteilung der Konzentration der Substanzen auf beiden Seiten der Reaktionsgleichung wider. Die Lage des Gleichgewichts wird durch die Gleichgewichtskonstante K_G angegeben. Die eckigen Klammern symbolisieren die Konzentration der jeweiligen Substanzen:

$$K_G = ([C] \cdot [D])/([A] \cdot [B])$$

Die Lage der Reaktionsgleichgewichte ist außerdem mehr oder weniger temperaturabhängig, was uns hier aber nicht weiter interessiert. Im Anhang G.2 („Reaktionskinetik und Reaktionsenergie") ist beschrieben, wie die Energiewerte in Gleichgewichtskonstanten umgerechnet werden können. Die Gleichgewichtskonstante steht in Zusammenhang mit der freien Energie ΔG über die Beziehung:

$$\Delta G = -R \cdot T \cdot \ln K_G \quad \text{bzw.} \quad K_G = \exp(-\Delta G/(R \cdot T))$$

https://doi.org/10.1515/9783110783155-010

Dabei ist R die Allgemeine Gaskonstante ($8{,}314\,\mathrm{J\,Mol^{-1}\,K^{-1}}$) und T die absolute Temperatur (Kelvin, $293\,\mathrm{K} = 20\,°\mathrm{C}$). Der Zusammenhang zwischen Energie und Gleichgewichtskonstante ist logarithmisch, was bedeutet, dass bei einer Verdoppelung der Energie die Gleichgewichtskonstante vervielfacht wird. Etwas mehr Detail zur Theorie findet sich im oben erwähnten Anhang G.2. Das „Minus"-Zeichen in beiden Formeln beruht auf der wissenschaftlichen Konvention, dass die Energie den Ausgangssubstanzen zugerechnet wird. Wir benutzen hier aber die ältere bürgerliche Konvention, betrachten die Energie als Produkt der Reaktion und ignorieren für unsere Rechnungen daher das „Minus".

Wenden wir das nun auf die Synthese von Nukleinsäuren an, d. h. auf den Schritt der Kettenverlängerung. Der erste Schritt ist die Dimerisierung:

$$\text{Monomer A} + \text{Monomer B} \rightleftharpoons \text{Dimer AB} + \text{Wasser} + \Delta G$$

mit der Reaktionsgleichung (p = Phosphat, N = Nukleosid)

$$\mathrm{pN} + \mathrm{pN} \rightleftharpoons (\mathrm{pN})_2 + \mathrm{H_2O} \quad \textbf{– 9\,kJ/Mol}$$

Mit einer zu investierenden Energie von 9 kJ/Mol ergibt sich die Gleichgewichtskonstante zu **0,025**.

Die Reaktionsenergie ΔG ist negativ, die Gleichgewichtskonstante ist kleiner als 1, d. h. der hydrolytische Abbau von Nukleinsäuren zu Nukleotiden (die Rückreaktion) ist begünstigt. Dazu kommt noch der Beitrag der Konzentration der Reaktionspartner zur Reaktionsgeschwindigkeit, und der ist hier entscheidend. Alle chemischen Reaktionen der Biochemie finden in Wasser statt, und sobald dieses an der Reaktion direkt beteiligt ist, spielt die Konzentration der Wassermoleküle in flüssigem Wasser eine entscheidende Rolle. Diese Konzentration ist konstant 55 molar und damit millionenfach höher als die der biochemischen Substanzen.

Die Dimerisierung – Einsetzen von A = B (beides Mononukleotide) und der Konzentration des flüssigen Wassers von [D] = 55 molar in die Gleichung

$$K_G = [\mathrm{C}] \cdot [\mathrm{D}]/([\mathrm{A}] \cdot [\mathrm{B}]) = 0{,}025$$

ergibt

$$K_G/55 = [\mathrm{C}]/([\mathrm{A}] \cdot [\mathrm{A}]) = 0{,}00045$$

Das Konzentrationsverhältnis von Produkt zu Ausgangssubstanz [C]:[A] ist demnach das Produkt 0,00045·[A]. Das bedeutet, dass nur 0,045 % der Ausgangssubstanzen umgesetzt wird, falls sich die Konzentration von [A] im Bereich von 1 molar bewegt. In Wirklichkeit ist im Urmeer mit deutlich weniger als einem Tausendstel davon zu rechnen, der tatsächliche Umsatz liegt demnach in einem Bereich von unter ppm (*parts per million*). Die Kondensation (Synthese) hat also gegen die Hydrolyse (Spaltung) keine

Chance. Und selbst wenn sich einige wenige Dimere bilden könnten, würde das nicht weiterführen, da das Leben lange Stränge braucht.

Wir haben also zwei Probleme: Zum einen muss in den Aufbau Energie investiert werden, und zum zweiten darf das Wasser keine Rolle als Reaktionsprodukt spielen, damit die Ausbeuten der Reaktionen hoch sind und große Kettenlängen erreichbar werden. Woher bekommen wir die Energie, um die Aufbaureaktion anzutreiben?

Auf jeden Fall nicht direkt an den heißen Vulkanflanken! In der Hitze findet dort eine recht unsaubere Chemie statt mit vielen Nebenreaktionen, die zu Verunreinigungen der Systeme führen und manche Produkte schädigen. Und manchmal sind für den einen Schritt Bedingungen erforderlich, die das Ergebnis des vorhergehenden wieder völlig zerstören. Wenn wir also die Entwicklung chemischer Reaktionen (später nennen wir das dann Biochemie) in der ruhigen Ursuppe stattfinden lassen wollen, benötigen wir einen Mechanismus, der die benötigte Energie von den Vulkanen in die allgemeine Ursuppe überführt.

Ein brauchbarer Energiespeicher ist Phosphorsäure. Wenn Phosphorsäure auf über 200 °C erhitzt wird (beispielsweise an den erwähnten Vulkanflanken), so verbinden sich zwei Moleküle zu einem Pyrophosphorsäuremolekül, wobei Energie verbraucht und ein Molekül Wasser abgespalten wird:

$$H_2O_3P-O-H + H-O-PO_3H_2 \rightarrow H_2O_3P-O-PO_3H_2 + H_2O$$

Das kann bei über 300 °C auch weitergehen bis hin zu ziemlich langen Polyphosphorsäureketten, wie man sie auch heute noch in Hefezellen findet (dort natürlich ohne Hitze biochemisch hergestellt). Bei einer späteren Hydrolyse der Pyrophosphorsäure oder der Polyphosphorsäuren wird die bei ihrer Bildung aufgenommene Energie wieder freigesetzt. Summa summarum wird also die Wärmeenergie des Vulkans in Form von chemischer Energie durch Pyrophosphorsäure oder Polyphosphorsäuren in die Ursuppe transportiert und kann dort ohne Hitzebelästigung und Nebenreaktionen verwendet werden.

Bei der Nukleotidsynthese muss nun anstatt eines Phosphorsäuremoleküls ein *Pyro*phosphorsäuremolekül an die Ribose angehängt werden (beide reagieren chemisch sehr ähnlich). Dann haben wir ein Nukleotid mit doppelter Phosphorsäureausstattung, ein Nukleosiddiphosphat (ein Nukleo**s**id ist die Bezeichnung für ein Nukleo**t**id ohne Phosphorsäure, also nur Base und Ribose). In heutigen lebenden Zellen wird das sogar noch weitergetrieben; es wird *Tri*phosphat (Dreifachphosphat) an das Nukleosid angehängt. Auch das Molekül, mit dem in allen Lebewesen chemische Energie für alle möglichen Zwecke in der Zelle verteilt und transportiert wird, ist Adenosintriphosphat, ein Adenin mit einer Ribose und *drei* aneinander kondensierten Phosphorsäureresten in einer Reihe in der 5'-O-Position der Ribose, ein hoch aktiviertes Nukleotid.

Es ist leicht vorstellbar, dass die relativ einfache Methode, Energie mittels kondensierter Phosphorsäure zu speichern und zu verteilen, in der Natur schon sehr früh

auftrat. Die im vorangehenden Kap. 8 („Der Beginn: Nukleinsäuren kopieren") angeführten Reaktionen können in der Realität gar nicht so abgelaufen sein, wie es in sche-
matischer „Papierchemie" beschrieben wurde, sondern es müssen von Anfang an die
Energie liefernden Pyro-, Oligo- und Polyphosphorsäuren beteiligt gewesen sein. Bei
Kondensationen wurden also nicht Wassermoleküle abgespalten, sondern Phosphat
oder Pyrophosphat oder möglicherweise auch höhere Oligophosphate, es handelte
sich um eine „aktivierte Kondensation". Auf diese Weise haben wir auch das Wasser
ausgeschaltet, zumindest für die Syntheserichtung.

Um Nukleinsäuren von einiger Länge herzustellen (und zu kopieren), müssten also Nukleotide mit zwei oder gar drei kondensierten Phosphorsäuregruppen zur Synthese verwendet werden, wobei bei der Nukleotidkopplung die überschüssige Phosphorsäure oder Pyrophosphorsäure abgespalten wird und die bei dieser Phosphor-
säurespaltung freiwerdende Energie die Reaktion antreibt. Falls Pyrophosphorsäure
abgespalten wird, kann diese in einer Folgereaktion unter weiterem Energiegewinn
zu zwei Molekülen einfacher Phosphorsäure hydrolysiert werden, was die gelieferte
Gesamtenergie weiter erhöht (Abb. 9.1).

1) Ph–Ph–Ph–5'-Ribose–Base1 + Ph–Ph–Ph–5'-Ribose–Base2

  ➔   Ph–Ph–Ph–5'-Ribose-3'–Ph–5'-Ribose-3'–OH + Ph–Ph
                    | |
                  Base1   Base2

2)   Ph–Ph + H_2O ➔   Ph + Ph

Abb. 9.1: Dimerisierung von Nukleosidtriphosphat.

Wir haben eine Energie verbrauchende Reaktion mit Wasserabspaltung durch Kopplung des Nukleosids mit einer Pyrophosphorsäure- oder Triphosphorsäurespaltung in
eine Energie liefernde umgewandelt und damit das Reaktionsgleichgewicht zugunsten der Synthese und Kettenverlängerung verschoben. In Abb. 9.2 ist ein Vergleich
dreier Mechanismen für Kettenverlängerungen mit Reaktionsenergien und Gleichgewichtskonstanten dargestellt (N = Nukleosid, p = Phosphat).

Betrachten wir die erste Reaktionsstufe für die Bildung dieser Ketten, die Dimerisierung, wobei die Ausgangssubstanzen A und B dieselben sind, [A]·[B] also durch $[A]^2$
ersetzt werden kann. Da auch die Konzentration der Produkte C und D gleich ist, kann
auch hier $[C]·[D] = [C]^2$ gesetzt werden. Für den Fall **A)** in wässriger Lösung ist dieses
System nicht anwendbar, wie oben im Detail gezeigt wurde. Es wäre aber auf Fall **A)**
anwendbar, sofern die Reaktion in wasserfreier Umgebung abläuft. Ulrich Schreiber
schlug das vor (Schreiber, 2019) und hält diese Synthese in Erdspalten großer Tiefe
bei hohem Druck für möglich, in überkritischem Kohlendioxid als Lösungsmittel, das
sich wie eine hydrophobe Flüssigkeit verhält. In Fall **C)** ist dieses System nur für die
erste der beiden hintereinander ablaufenden Reaktionen anwendbar.

A) Nukleosid-Monophosphate (reguläre Nukleotide, z.B. AMP):

$$(pN)_n + pN \;\rightleftharpoons\; (pN)_{n+1} + H_2O \qquad - 9 \text{ kJ/Mol} \quad \mathbf{K_G = 0{,}025}$$

Energie wird verbraucht, Umsatz maximal 2 %, ermöglicht nur Dimere, dazu kommt: Wasser dominiert → Reaktion **nicht möglich**

B) Nukleosid-Diphosphate („Pyrophosphat-Nukleotide", z.B. ADP):

$$(pN)_n + ppN \;\rightleftharpoons\; (pN)_{n+1} + p \qquad \mathbf{+ 16 \text{ kJ/Mol} \quad K_G = 712}$$

geringer Energieüberschuss → Ketten **mittlerer** Länge möglich

C) Nukleosid-Triphosphate (heute in der Natur verwendet, z.B. ATP):

$$
\begin{aligned}
(pN)_n + pppN &\;\rightleftharpoons\; (pN)_{n+1} + pp & + 22 \text{ kJ/Mol} \quad K_G &= 8.300 \\
pp + H_2O &\;\rightleftharpoons\; p + p & \underline{+ 25 \text{ kJ/Mol}} \quad K_G &= 28.600 \\
& & \mathbf{+ 47 \text{ kJ/Mol}} \quad \mathbf{K_G} &= \mathbf{240 \text{ Mio.}}
\end{aligned}
$$

großer Energieüberschuss → **sehr lange** Ketten möglich

Abb. 9.2: Kettenverlängerung von Nukleosidphosphaten.

Die Formel für die Gleichgewichtskonstante ($K_G = ([C] \cdot [D])/([A] \cdot [B])$) vereinfacht sich mit den angegebenen Ersetzungen zu: $K_G = [C]^2/[A]^2$. Daraus kann nun nach Einsetzen der Zahlenwerte für K_G leicht durch Wurzelziehen das Verhältnis von Produkt zu Ausgangssubstanz abgeleitet werden.

Fall **A)** (nichtwässrig): $\qquad\qquad\qquad K_G = [C]^2/[A]^2 = 0{,}025$
Konzentrationsverhältnis nach Wurzelziehen: $[C]/[A] = 0{,}158 : 1$

Die Gesamtkonzentration der ursprünglich vorhandenen Ausgangssubstanz ist die Summe aus nicht umgesetztem Anteil und Produkt, in diesem Falle also $0{,}158 + 1 = 1{,}158$. Somit ergibt sich der Umsatz zu

$$U = 0{,}158/1{,}158 = 0{,}136 = \mathbf{13{,}6\,\%}$$

Das ist zwar deutlich mehr als die in wässriger Lösung erzielbaren Millionstelmengen, aber mit so geringer Ausbeute im ersten Einzelschritt sind längere Ketten nicht in vernünftiger Menge erzeugbar. Die Ausbeuten sinken mit jedem Verlängerungsschritt erheblich, da eine der beiden Ausgangssubstanzen ja das Produkt des vorhergehenden Schritts ist.

Fall **B)**: $\qquad\qquad\qquad\qquad\qquad K_G = [C]^2/[A]^2 = 712$
Konzentrationsverhältnis nach Wurzelziehen: $[C]/[A] = 26{,}7 : 1$

Die Gesamtkonzentration der ursprünglich vorhandenen Ausgangssubstanz ist hier
26,7 + 1 = 27,7. Somit ergibt sich der Umsatz zu

$$U = 26{,}7/27{,}7 = 0{,}964 = \mathbf{96{,}4\,\%}$$

Damit können durchaus Ketten mittlerer Länge synthetisiert werden, wir wissen aber
nicht, ob diese Länge zum Start des Lebens ausreichte.

Fall **C)** (erster Reaktionsschritt): $K_G = [C]^2/[A]^2 = 8.300$
Konzentrationsverhältnis nach Wurzelziehen: $[C]/[A] = 91{,}1 : 1$

Die Gesamtkonzentration der ursprünglich vorhandenen Ausgangssubstanz ist hier
91,1 + 1 = 92,1. Somit ergibt sich der Umsatz zu

$$U = 91{,}1/92{,}1 = 0{,}9891 = \mathbf{98{,}91\,\%}$$

Die Ketten können jetzt nochmals länger werden, die Chancen steigen.

Der entscheidende Schritt bei Fall **C)** ist jedoch der direkt folgende zweite Reaktionsschritt, bei dem das im ersten Schritt entstandene Pyrophosphat durch Hydrolyse
zu zwei Molekülen Phosphat entfernt wird. Diese Kombination ist umso effektiver, je
schneller der zweite Schritt auf den ersten folgt. In der heutigen Situation werden beide Schritte unmittelbar zusammen von einem Enzympaar durchgeführt, wir wissen
aber nicht, in welchem Stadium der Evolution diese enge Kopplung einsetzte.

Schauen wir nun auf den zweiten Schritt. Er liefert noch mehr Energie als der erste, und obwohl die oben beschriebene Formel für die Berechnung des Konzentrations-
verhältnisses hier nicht anwendbar ist, können wir davon ausgehen, dass bei schnell
aufeinanderfolgender Ausführung beider Teilschritte der Gesamtumsatz pro Kettenverlängerung die 99,99 % übersteigt. Wasser wirkt hier zugunsten der Synthese, indem es mit seiner Konzentration von 55 molar voll für die Pyrophosphathydrolyse zur
Verfügung steht.

Wenn man alternativ die beiden Reaktionsschritte zusammenzieht und rein theoretisch als eine einzige Reaktion mit 3 Ausgangsmolekülen (die beiden Monomere
und Wasser) und 3 Produktmolekülen (Dimerprodukt und 2 Phosphatmoleküle) betrachtet, tritt in den Formeln das Zwischenprodukt Pyrophosphat nicht mehr auf. Die
Berechnung des Normalumsatzes über die Kubikwurzel der Gleichgewichtskonstanten (analog zu oben, S. 58, Fall **A)** und Fall **B)**, über die Quadratwurzel) funktioniert
hier aber nicht, weil wieder Wasser beteiligt ist, dessen Gesamtkonzentration sich
nicht merklich ändert. Wie erwähnt ist es hier im Gegensatz zu Fall **A)** aber *Aus-
gangs*substanz (der zweiten Teilreaktion) und wirkt damit *zugunsten* des Umsatzes.
Wie immer man es nimmt, unter realen Bedingungen dürfte der Umsatz allemal
99,99 % überschreiten.

Wenn wir beachten, dass die Reaktionen die Dimere Stück für Stück weiter verlängern zu Trimeren, Tetrameren und so weiter, sind in der Tat bei **B)** durchaus respektable Molekülgrößen der Endprodukte zu erwarten, und bei **C)** bleiben vor allem bei enger Kombination der beiden Teilschritte keinerlei Wünsche mehr offen. Tatsächlich nähern sich die Kettenlängen in unseren Chromosomen bereits der Milliardengrenze. Eine weitere Verlängerung der Phosphatketten der Ausgangsnukleotide auf vier oder mehr ist nicht erforderlich.

Die ganze Betrachtung gilt genauso für das *Kopieren* von Nukleinsäuren, denn auch dabei muss ja eine Kette verlängert werden. Mit diesem Energieschub können dann sehr lange Ketten synthetisiert und kopiert werden.

Es sind auch noch andere Hypothesen zur Gewinnung von Energie für die Polymerisierung der Nukleotide im Umlauf. Zum Beispiel wird auch den pH-Gradienten an den alkalischen hydrothermalen Quellen (weiße Raucher in der Tiefsee) eine große Rolle zugeschrieben. Die anderen Möglichkeiten sind alle diskussionswürdig, aber die Energielieferung durch Oligophosphate ragt aus dem Grunde besonders hervor, dass die Natur diesen Mechanismus auch heute noch in allen Lebewesen verwendet. Die Natur ist konservativ, und was sich bewährt hat, bleibt mit hoher Wahrscheinlichkeit erhalten. Heute sind in allen lebenden Systemen pH-Gradient und Energieverteilung durch Oligophosphate gekoppelt, sie dürften also beide von Anfang an eine Rolle gespielt haben.

Obwohl die Energiefrage gelöst war, existierte weiterhin ein anderes Problem, die Anfälligkeit für Kopierfehler. Bei der freien Synthese von Oligo- oder Polynukleotiden ist die Fehlerrate sehr hoch (nach Eigen & Schuster, „The Hypercycle", 1979, zwischen 1 % und 10 %), da die physikalischen Kräfte, die die reagierenden Moleküle zusammenhalten, recht gering sind. Bei freien chemischen Reaktionen treffen die reagierenden Moleküle irgendwie aufeinander, und ob eine Reaktion erfolgt, hängt davon ab, mit welcher Stoßenergie sie aufeinandertreffen und ob sie so orientiert sind, dass die Reaktion von der Geometrie her korrekt ablaufen kann. „Produktive" Stöße sind sehr selten.

Bei völlig ungelenktem Aufeinandertreffen ist also mit Fehlern und damit mit einer großen Zahl von Varianten zu rechnen, da die lenkenden Kräfte der Wasserstoffbrücken relativ klein sind. Optimale Evolution erreicht man aber nach Manfred Eigen mit *einer* Abweichung pro Kette, die tolerable Fehlerrate muss also mit steigender Kettenlänge fallen. Bei 1 % Fehlerrate hat eine Kette der Länge 100 im Mittel einen Fehler, aber das ist für eine funktionierende Entwicklung zu kurz. Mit brauchbarer Genauigkeit sind mit spontanchemischen Reaktionen also nur kurze Ketten kopierbar, die für die Evolution wertlos sind.

Für die Evolution ausreichend lange Ketten sind demnach aufgrund mangelhafter Kopiergenauigkeit, d. h. der großen Zahl von Fehlern, unbrauchbar. Eine Lösung dieses Problems bringt die im Folgenden beschriebene Katalyse. Dabei sind neben den Reaktionspartnern auch Katalysatoren am reagierenden Molekülkomplex beteiligt, und die Gruppen dieser Katalysatormoleküle üben zusätzliche physikalische Kräfte aus, steuern daher die Orientierung und verbessern die Passung (mit Zurückweisen eventuell auftretender falscher Partner). Das Kopieren wird zuverlässiger, und es können fehlerfreie (oder zumindest weniger fehlerbehaftete) Ketten größerer Länge synthetisiert werden.

10 Erste Erweiterung: Katalyse

Chemie ist die angewandte Physik der äußeren Elektronenschale der Elemente, schauen wir also auf die Elektronen. Um die Katalyse verstehen zu können, müssen wir zuerst den chemischen Mechanismus der nicht katalysierten Reaktion betrachten. Unter dem chemischen Mechanismus versteht man die Vorgänge der Veränderung der Bindungselektronen, die dann zu Änderungen der Bindungen zwischen den Atomen und Molekülen führen.

Der Einfachheit halber wird hier in Abb. 10.1–10.3 schematisch die Synthese (Dimerisierung) mit Nukleosiddiphosphaten dargestellt (der Fall **B**) im vorhergehenden Kapitel und in Abb. 9.2). Im Ausgangszustand gibt es eine Wasserstoffbrücke zwischen dem Sauerstoffbrückenatom der Phosphatreste des Nukleotids 2 und der 3′-OH-Gruppe der Ribose von Nukleotid 1, was die Reaktionspartner mit geringer Kraft zusammenhält. Dann verschieben sich die vier beteiligten Elektronenpaare im Uhrzeigersinn im Kreis:

1.) Das nichtbindende Elektronenpaar am O der Ribose 1 (links) bindet zum P am ersten Phosphat des Nukleotids 2 (rechts).
2.) Die Bindung des P zum Brücken-O des Pyrophosphats wird gelöst, das Elektronenpaar bleibt nichtbindend am O.
3.) Das ehemals nichtbindende Elektronenpaar am Brücken-O (H-Brücke) bindet kovalent an H.
4.) Das bindende Elektronenpaar zwischen Ribose-O und H wird nichtbindend und bleibt am O. Es gibt eine neue Wasserstoffbrücke zwischen dem O, das jetzt die beiden Nukleotide verbindet, und dem abgespaltenen Phosphat (Abb. 10.2). Die Rückreaktion erfolgt genau umgekehrt.

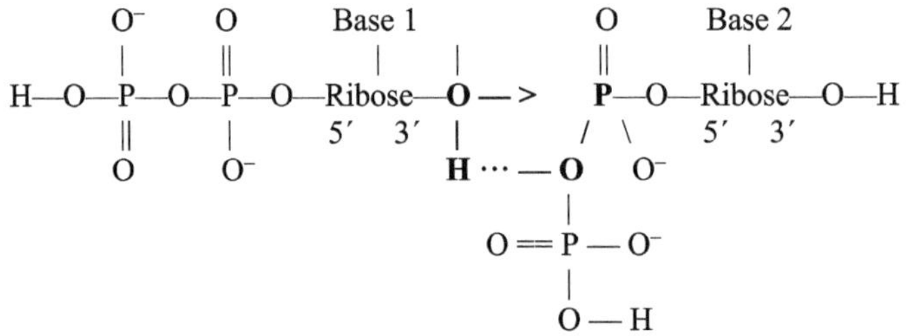

Abb. 10.1: Reaktionskomplex Dimerisierung, vorher.

Die Geometrie des „Übergangszustands" ist in diesen schematischen Darstellungen ein Viereck mit den Ecken O, P, O und H. Das ist eine recht ungünstige Konfiguration, da die normalen Bindungswinkel aller beteiligter Atome etwa dem Tetraederwinkel

https://doi.org/10.1515/9783110783155-011

von 109° entsprechen. Eine so starke Verzerrung wie zum Viereck benötigt viel Energie, da dabei der Winkel im Durchschnitt 90° und eine Verbiegung um 19° energetisch sehr aufwendig ist.

Die mechanische Spannung wäre zu vermeiden durch einen quasi flachen 5-Ring oder einen gewellten 6-Ring (bevorzugt: Sesselform). Ein 6-Ring wäre erreichbar, wenn in der Position der Wasserstoffbrücke in Abb. 10.1 noch ein zusätzliches Wassermolekül eingebaut würde. Welche Komplikation die Effizienz der Reaktion mehr beeinträchtigt, die mechanische Spannung des Vierecks oder der Einbau eines zusätzlichen Wassermoleküls, ist schwer zu sagen. Das hängt auch von der Dauer der Reaktion ab. Je kürzer der Übergangszustand dauert, desto eher ist die Verspannung des Vierecks zu tolerieren.

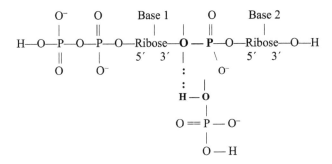

Abb. 10.2: Reaktionskomplex Dimerisierung, nachher.

Nun kommen wir zur Katalyse; zuerst einmal diskutieren wir allgemein das Beispiel der Hydrolyse, also die Spaltung eines Moleküls durch Wasser. Diese kann entweder durch Säure oder alkalisch (durch Basen, Laugen) beschleunigt werden. Wenn dies nicht einfach durch den Säuregrad des Wassers (pH-Wert) geschieht, sondern durch andere Moleküle, deren saure oder basische Gruppen dicht an die hydrolysierbare Bindung gebracht werden, spricht man von katalysierter Hydrolyse und nennt die Hilfsmoleküle Katalysatoren. Katalysatoren wirken auf die Elektronen ihrer Zielmoleküle (Substrate) ein und verschieben die elektrischen Felder innerhalb der Moleküle und Molekülkomplexe, so dass die Reaktion schneller abläuft. Katalysatoren gehen aus den von ihnen katalysierten Reaktionen unverändert hervor, stehen also sofort für die nächste Aktion wieder zur Verfügung.

Die spontanen Reaktionen von Nukleinsäuren laufen recht langsam ab, da das „Anstoßen" der Reaktion viel Energie erfordert (Aktivierungsenergie). In der Ursuppe befinden sich jedoch zahlreiche Substanzen, die saure und basische Gruppen enthalten: Einmal die Nukleotide und Nukleinsäuren selbst mit ihren Basen und ihren Phosphorsäuregruppen, die allerdings nur mittelstark basisch bzw. sauer sind; dann die Aminosäuren, die – wie schon der Name sagt – basische *und* saure Gruppen tragen; dann ein wüstes Chaos anderer Substanzen, die wir hier ignorieren, weil sie für unser Thema ohne Bedeutung sind.

Wie erwähnt, muss man bei allen chemischen Reaktionen berücksichtigen, dass sie im Allgemeinen nicht nur in eine Richtung verlaufen, sondern vorwärts *und* rückwärts. Es wird immer ein Gleichgewicht zwischen zwei Zuständen eingestellt. Das bedeutet für die Katalyse, dass die Beschleunigung der Spaltung einer Bindung auch die Beschleunigung der Knüpfung dieser Bindung bewirkt.

Das bedeutet, dass die Nachbarschaft saurer oder basischer Gruppen sowohl die Spaltung der Bindung zwischen Nukleotiden durch Wasser fördern kann als auch die Kondensation, also die Synthese bzw. Verlängerung von Nukleinsäuren durch Wasserabspaltung (wir haben gesehen, dass das so gut wie gar nicht funktioniert), ebenso wie durch Abspaltung von Phosphat oder Pyrophosphat. Die Beschleunigung durch Katalyse ist für Vorwärts- und Rückwärtsreaktion gleich, so dass die Lage eines Reaktionsgleichgewichts durch die Katalyse nicht verändert wird.

Auch ein Nukleotid kann die Synthese oder die Spaltung eines Nukleinsäuremoleküls etwas beschleunigen, wenn eine chemisch aktive Gruppe (sauer oder basisch) die Nukleinsäure am richtigen Punkt der Bindung angreift. Auch ganze Nukleinsäuremoleküle können gegenseitig ihre Synthese oder Spaltung fördern. Oder ein Nukleinsäuremolekül kann selbst die Spaltung einer seiner eigenen Bindungen beschleunigen, wenn die Kette so lang ist, dass sie sich auf sich selbst zurückbiegen kann.

Allgemein funktioniert die Katalyse nur gut, wenn die katalysierende Gruppe bzw. die katalysierenden Gruppen ausreichend fest und lange genug mit der zu hydrolysierenden Bindung in Kontakt sind, und das ist nicht immer so einfach zu erreichen. Es kommt darauf an, die Elektronenstruktur der umzusetzenden Moleküle (der „Substrate") so zu verändern, dass die Reaktion zum Start weniger Aktivierungsenergie benötigt. Der Effekt der Katalyse von Reaktionen der Nukleinsäuren durch Nukleinsäuren ist in der beschriebenen Form nicht sehr stark ausgeprägt, aber er funktioniert so halbwegs.

Auch die Reaktion, deren Anfangszustand in Abb. 10.1 und deren Endzustand in Abb. 10.2 schematisch dargestellt ist, verläuft recht langsam. Sie wird aber beschleunigt („katalysiert"), wenn zusätzliche chemische Substanzen (Katalysatoren) oder einzelne Gruppen von ihnen in die Nähe des Reaktionskomplexes kommen und an den Elektronen ziehen oder schieben, die verändert werden.

Im Beispiel, das in Abb. 10.3 dargestellt ist, schiebt sich ein nichtbindendes Elektronenpaar einer Base (hier die 6-Aminogruppe von Adenin) in Richtung des von der Ribose 1 abzulösenden Wasserstoffatoms, ein elektrisch positiv geladenes Wasserstoffion zieht an den Elektronen des abzuspaltenden Phosphatrestes von Nukleotid 2. Dadurch wird der Start der oben (zwischen Abb. 10.1 und 10.2) beschriebene Kreisbewegung der Elektronen erleichtert. Die beiden Aktionen durch Säure und durch Base wären auch jede für sich wirksam, aber in geringerem Ausmaß. Gemeinsam und gleichzeitig ist effektiver.

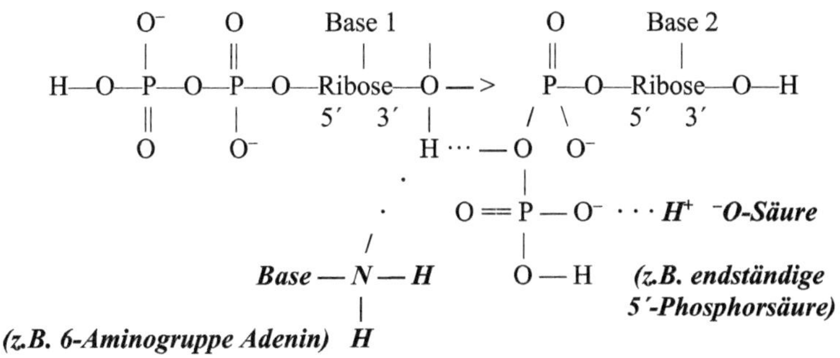

```
       O⁻      O        Base 1              O         Base 2
       |       ‖        |    |              ‖         |
  H—O—P—O—P—O—Ribose—O—>        P—O—Ribose—O—H
       ‖       |        5′  3′  |          /  \       5′  3′
       O       O⁻               H ··· — O  O⁻
                           ·                |
                          ·       O ══ P — O⁻  ··· H⁺  ⁻O-Säure
                         /                  |
              Base — N — H          O — H       (z.B. endständige
                         |                       5′-Phosphorsäure)
(z.B. 6-Aminogruppe Adenin)  H
```

Abb. 10.3: Reaktionskomplex Dimerisierung, *RNA-katalysiert*.

Am besten funktioniert es, wenn beide katalytischen Gruppen von einem einzigen Molekül zur Verfügung gestellt werden. In unserem Beispiel wäre das ein Oligonukleotid, das eine solche Konformation annehmen können muss, dass es beide Katalyseaktionen gleichzeitig wahrnehmen kann. Es muss also groß genug sein, um sich in der Weise um den Reaktionskomplex herumwinden zu können, dass der Phosphorsäurerest und die Aminogruppe gleichzeitig am optimalen Ort sind. Ein so großer Katalysator (in diesem Fall ein Ribozym) kann dann auch den Reaktionskomplex zusammenhalten und stabilisieren.

Mit dieser Unterstützung wird die Reaktionsgeschwindigkeit einerseits durch die Einwirkung auf das elektrische Feld der Elektronen erhöht, andererseits aber auch dadurch, dass aufgrund der vergrößerten Masse des Reaktionskomplexes die molekularen Bewegungen (die Brownsche Molekularbewegung) träger werden und dadurch die Dauer des Zusammenhalts des Komplexes erhöht wird. Wie wichtig das sein kann, erkennt man daran, dass bei den meisten chemischen Reaktionen Tausende von Zusammenstößen der Reaktionspartner stattfinden, bevor einer „produktiv" ist und die Reaktion in Gang kommt. Zeit spielt da eine Rolle. Durch die Beteiligung zusätzlicher Gruppen wird auch der Platz eingeschränkt, was eine gewisse Einengung des Bereichs der Reaktionspartner und damit eine Verbesserung der Spezifität der Reaktion bewirken kann.

Unter Spezifität eines Ribozyms/Enzyms versteht man den Grad, in dem es nur die „planmäßigen" Moleküle umsetzt und nicht ähnliche und verwandte. Hohe Spezifität (im Extremfall nur eine einzige Reaktion) erfordert große Katalysatormoleküle, damit möglichst viele Strukturelemente zur Verfügung stehen, um möglichst viele unerwünschte Moleküle von Bindung und Reaktion auszuschließen, im optimalen Fall alle, so dass nur noch das eine erwünschte Molekül in seiner einen erwünschten Reaktion umgesetzt wird. Spezifität betrifft zwei Aspekte: Zum einen die Substrate, zum anderen die durchgeführten Reaktionen. Um hohe Spezifität zu erreichen, muss das richtige Substrat zuerst korrekt ausgewählt und dann für die Reaktion am Enzym korrekt positioniert und orientiert werden.

Zu Anfang der Entwicklung waren die Ribozyme und die Enzyme zweifellos sehr einfach und hatten geringe katalytische Wirkung und eine geringe Spezifität, d. h. sie setzten nicht nur eine einzige Art von Molekülen um, sondern ganze Familien mit ähnlicher Struktur. Je größer die strukturellen Abweichungen vom Sollmolekül, desto ineffizienter im Allgemeinen die Katalyse. Im Laufe der Entwicklung verbesserten sie sich so weit, dass heute die allermeisten Enzyme quasi absolut spezifisch arbeiten, also in einer einzigen Reaktion ausschließlich eine einzige Molekülsorte bearbeiten. Das war verbunden mit einer Zunahme der Größe der Enzymmoleküle.

Ein Katalysator beschleunigt naturgemäß nur diejenigen Reaktionen, für die er geeignet ist. Das bedeutet für optimierte Ribozyme und noch viel mehr für die später zu behandelnden Enzyme auf Proteinbasis mit ihrer sehr hohen Spezifität, dass sie nur zu einer einzigen Katalysereaktion fähig sind. Das ist enorm wichtig für die Erkenntnis, dass das Leben ohne Katalyse nicht funktionieren würde. Man könnte sich denken, ohne Katalyse geht es halt langsamer, das macht doch nichts, aber das wäre ein fundamentaler Fehlschluss.

Jeder Chemiker und jeder andere, der schon einmal in der organischen Chemie Reaktionen durchgeführt und Präparate hergestellt hat, weiß aus eigener Erfahrung, dass keine Reaktion ohne Verluste verläuft. Neben der geplanten Hauptreaktion laufen immer auch unerwünschte Reaktionen ab („Nebenreaktionen"), und das führt dazu, dass am Ende im Allgemeinen ein gelbbraun gefärbtes Gemisch entstanden ist, aus dem man die gewünschte Substanz mit viel Mühe und teilweise aufwendiger Technik isolieren muss. Die Ausbeuten am gewünschten Produkt sind von der jeweiligen Reaktion abhängig und variieren im Allgemeinen zwischen 5 % und 95 %.

In der allgemeinen Brühe des Urmeers können Nebenprodukte akzeptiert werden, da sie sich im gesamten Volumen des Meeres verdünnen können. Man stelle sich aber vor, was im begrenzten Volumen einer lebenden Zelle los wäre, in der z. B. die Glykolyse (Abbau von Traubenzucker bis zum Stadium der Brenztraubensäure) abläuft, wenn die dafür erforderlichen zehn hintereinandergeschalteten Reaktionen alle nur mit beispielsweise 70 % Effizienz abliefen. Die Gesamtausbeute wäre dann nur noch 3 %, aber der wirklich entscheidende Effekt wäre, dass die daneben entstandenen 97 % an undefinierbaren Nebenprodukten die Zelle im Handumdrehen vergiften und lahmlegen würden.

Wenn nun aber ein Ribozym oder ein Enzym die Reinform einer Reaktion um einen Faktor von z. B. 100.000 beschleunigt, dann erlangt das Produkt gegenüber den Nebenprodukten einen 100.000-fachen Überschuss. Statt 30 % Nebenprodukten hat man 0,0003 % = 3 ppm. Damit kann die Zelle fertig werden, auch wenn es nach 10 Reaktionsschritten insgesamt 30 ppm werden. Wir ersehen daraus, dass das Leben mit seinen langen Stoffwechselwegen (viele Reaktionen hintereinander) nur möglich ist, wenn alle Reaktionen effizient katalysiert werden und Nebenreaktionen bedeutungslos sind.

Wie im vorhergehenden Kapitel ausgeführt, beschleunigt Katalyse nicht nur, sondern aufgrund der Steuerung durch mehr physikalische Kräfte beim Fixieren der Substrate senkt sie auch die Fehlerrate bei der Synthese von Nukleinsäuren. Damit sind jetzt auch längere Ketten mit ausreichender Genauigkeit kopierbar, mit denen die Evolution brauchbare Fortschritte erzielen kann. Je genauer das Kopieren ist, desto länger dürfen die Ketten werden, desto mehr Information passt in den Speicher, desto mehr Möglichkeiten hat die Evolution für die weitere Entwicklung. Ist die Fehlerrate zu hoch, gibt es keinen Informationszuwachs, keine Entwicklung; ist sie zu niedrig, wird die Evolution sehr langsam und sehr ineffizient.

Die Moleküle des Lebens werden jetzt autonom, sie können sich selbst bearbeiten. Manche Nukleinsäuren spezialisieren sich auf katalytische Aufgaben, wir nennen sie Ribozyme. Katalyse ist möglich mit RNA, aber die theoretisch ebenfalls denkbaren analogen Desoxyribozyme aus DNA sind nicht bekannt. Die DNA liegt immer als Doppelhelix vor, und die ist recht steif und könnte nicht die nötigen engen Biegungen vornehmen, um den Zielbereich des Substrats (des zu bearbeitenden Moleküls) zu erreichen. Allgemein sind biologische Katalysatoren sehr viel größer als ihre Substrate, genauso wie Werkzeugmaschinen immer sehr viel größer sind als die Werkstücke, die man mit ihnen bearbeitet.

Die am RNA-Kopieren beteiligten einzelnen Ribozyme könnten im Laufe der Zeit so verändert worden sein, dass sich Bindungskräfte zwischen ihnen ausbildeten. Sie müssten sich dann für die Zusammenarbeit nicht mehr jedes Mal neu zusammenfinden, sondern bildeten einen langlebigen Komplex, der wiederholt für dieselbe Aufgabe eingesetzt werden kann. Damit hätten wir den ersten Multiribozymkomplex bzw. Multienzymkomplex, die Urform der wohl ersten molekularbiologischen Maschine, des Ribosoms.

11 Hilfstruppen: Proteine, Enzyme

Die Säure- bzw. Basenstärke der Gruppen, aus denen Nukleotide bestehen, ist nur mittelstark, daher ist die katalytische Kraft der Ribozyme begrenzt. Eine andere Stoffklasse in der Ursuppe bringt da bessere Voraussetzungen mit, die Aminosäuren. Ihre Oligomere nennt man Peptide, und wenn die Molekülketten lang sind (Polymere), heißen sie Proteine. Proteine haben auch den Vorteil, dass sie in ihren Möglichkeiten der Faltung im Raum sehr viel variabler sind als RNA (von DNA ganz zu schweigen), weil sie durch Rotation um benachbarte Bindungen (Abb. 11.5) viel komplexere 3-dimensionale Strukturen annehmen können.

Die Aminosäuren der Biochemie bestehen aus Molekülen der 2-Amino-Essigsäure (Glycin), die in Position 2 (am α-Kohlenstoffatom) sogenannte Seitenketten tragen, in denen sie sich unterscheiden. Proteine sind chemisch gesehen Polyamide. Zu ihrem Aufbau wird durch chemische Kondensation die Säuregruppe der einen Aminosäure an die Aminogruppe einer anderen angekoppelt („Peptidbindung"). Die am C_α-Atom in der Mitte zwischen Amino- und Säuregruppe hängende Seitenkette beeinträchtigt die Verbindung zwischen den Aminosäuren nicht.

In wässriger Lösung liegen Aminosäuren meist als sogenannte Zwitterionen vor. Das positiv geladene Wasserstoffion ist von der Säuregruppe zur Aminogruppe gewandert. Daher sind diese Zwitterionen sowohl an der Aminogruppe als auch an der Säuregruppe ionisiert und tragen somit eine positive und eine negative Ladung. Damit sind sie insgesamt elektrisch neutral und dennoch aufgrund der Ladungen grundsätzlich hydrophil, also wasserfreundlich.

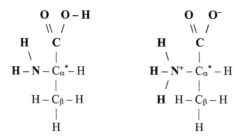

Abb. 11.1: L-Alanin, links in Normaldarstellung, rechts als Zwitterion.

Die Aminosäure Alanin hat als „Seitenkette" eine Methylgruppe (C_β), die in Abb. 11.1 unten am Molekül sichtbar ist. Asparaginsäure und Glutaminsäure haben Seitenketten, die in einer Säuregruppe enden, Asparagin und Glutamin sind ihre Säureamide; Arginin und Lysin tragen stark basische Gruppen.

Das Histidin hat als Teil seiner Seitenkette einen basischen Imidazolring, der mit der zwischen seinen beiden Stickstoffatomen liegenden verschiebbaren Doppelbindung sehr effizient Protonen verschieben kann (Abb. 11.2), was von vielen Enzymen

https://doi.org/10.1515/9783110783155-012

Glutaminsäure:

$$\underset{O}{\overset{O^-}{\underset{\diagdown}{\diagup}}}C - C_\alpha H - C_\beta H_2 - C_\gamma H_2 - \underset{O^-}{\overset{O}{C}}$$

Lysin:

$$C - C_\alpha H - C_\beta H_2 - C_\gamma H_2 - C_\delta H_2 - C_\varepsilon H_2 - NH_3^+$$

Histidin:

$$C - C_\alpha H - C_\beta H_2 - C_\gamma H$$

Abb. 11.2: Drei wichtige Aminosäuren: Glu, Lys, His.

benützt wird, Histidin wird oft in Aktiven Zentren verwendet. Mit Ausnahme von Alanin und der Säureamide haben die eben genannten Aminosäuren noch eine zusätzliche Ladung, sind also nicht elektrisch neutral.

Serin und Threonin sind Alkohole und damit wasserfreundlich, Valin, Leucin und Isoleucin sind hydrophob und damit wasserabstoßend, Cystein (ein Thioalkohol) und Methionin enthalten Schwefel, Phenylalanin, Tyrosin und Tryptophan sind „aromatisch" (Ringe mit konjugierten Doppelbindungen); Prolin ist ein geschlossener Ring und daher besonders steif, und Glycin (ohne Seitenkette) ist besonders flexibel. Es gibt also eine große chemische Vielfalt bei den Aminosäuren. Alle Strukturen findet man in Anhang G.4.1 („Aminosäuren").

Die –S–H Gruppen zweier räumlich benachbarter Cysteinseitenketten (in der Sequenz der Polypeptidkette können sie weit voneinander entfernt sein) können durch Oxidation (außerhalb der Zelle ist die Sauerstoffkonzentration höher als innerhalb) zu einer Disulfidgruppe (–S–S–) verbunden werden. Das Disulfid verbindet verschiedene Sektionen der Polypeptidkette, so dass neben der Hauptkette zusätzliche Querverbindungen entstehen, wodurch die Proteinkette durch „Verspannung" zusätzliche Stabilität erhält.

Die Cysteinreste der in der Zelle geschützten Proteine sind im Allgemeinen im chemisch reduzierten Zustand (–S–H Gruppe), während die der aus der Zelle sekretierten und im Blut frei umlaufenden Proteine (z. B. Hormone wie Insulin, oder die Immunglobuline) oder die der Verdauungsenzyme im Darm praktisch immer zu Disulfid oxidiert und die Moleküle damit stabilisiert sind. So sind für Proteine sehr viele chemische und mechanische Möglichkeiten realisierbar.

Zum Beispiel wird das Proteinhormon Insulin in der Bauchspeicheldrüse als eine einzige Polypeptidkette synthetisiert. Dann wird es oxidiert, es entstehen drei Disulfidbrücken. Diese Form ist nicht als Hormon aktiv. Aus der Kette wird dann durch eine spezifische Protease ein Stück herausgeschnitten, und damit entsteht das aktive Hormon. Obwohl es jetzt aus zwei getrennten Ketten besteht, kann das Molekül nicht auseinanderfallen, weil zwei der Disulfidbrücken diese Ketten verbinden und so das Ganze zusammenhalten.

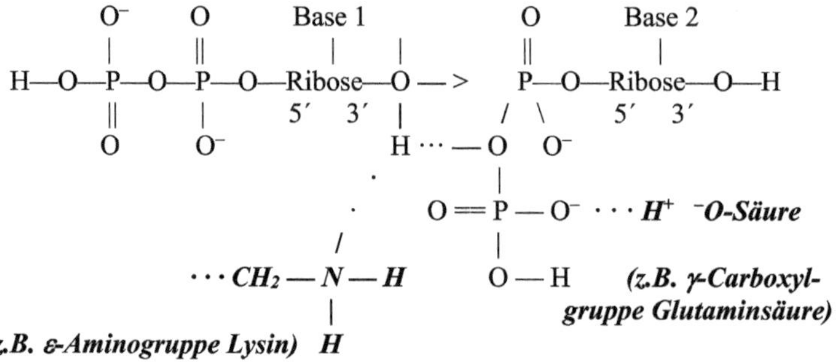

$$
\begin{array}{llll}
& \text{O}^- & \text{O} & \text{Base 1} & & \text{O} & \text{Base 2}\\
& | & \| & | & & \| & |\\
\text{H—O—P—O—P—O—Ribose—O} & \longrightarrow & \text{P—O—Ribose—O—H}\\
& \| & | & 5'\ 3'\ | & & /\ \backslash & 5'\ 3'\\
& \text{O} & \text{O}^- & \text{H} \cdots \text{—O} & \text{O}^-
\end{array}
$$

$$
\text{O} = \text{P} - \text{O}^- \cdots \boldsymbol{H^+}\ \ \boldsymbol{^-O\text{-}Säure}
$$

$$
\boldsymbol{\cdots CH_2 - N - H} \qquad \text{O—H} \qquad \boldsymbol{(z.B.\ \gamma\text{-}Carboxyl\text{-}}
$$
$$
\qquad\qquad\qquad\qquad\qquad\qquad \boldsymbol{gruppe\ Glutaminsäure)}
$$

$$
\boldsymbol{(z.B.\ \varepsilon\text{-}Aminogruppe\ Lysin)}\ \ \boldsymbol{H}
$$

Abb. 11.3: Nukleotiddimerisierung, *aminosäurekatalysiert*.

Wenn sich nun eine oder mehrere Aminosäuren mit ihren effizienten Gruppen an ein Substrat (in unserem Falle die Nukleotide und Nukleinsäuren) anlagern (Abb. 11.3), können sie die möglichen chemischen Reaktionen sehr stark beschleunigen, immer vorausgesetzt, dass der Kontakt fest genug ist und lange genug dauert. Diese Bedingungen sind von einzelnen isolierten Aminosäuren nicht so ohne weiteres zu erfüllen, aber diese können zu Oligopeptiden zusammengesetzt werden (Abb. 11.4), so dass sich eine größere Struktur ergibt, die fester an die Substrate binden kann (Abb. 11.6).

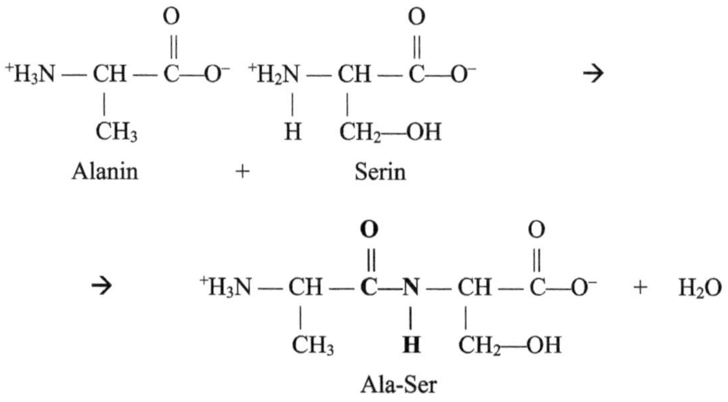

$$
\begin{array}{cccc}
& \text{O} & & \text{O}\\
& \| & & \|\\
^+\text{H}_3\text{N — CH — C—O}^- & & ^+\text{H}_2\text{N — CH — C—O}^- & \longrightarrow\\
| & & |\quad\ \ |\\
\text{CH}_3 & & \text{H}\ \ \text{CH}_2\text{—OH}\\
\text{Alanin} & + & \text{Serin}
\end{array}
$$

$$
\begin{array}{c}
\qquad\qquad \textbf{O} \qquad\qquad \text{O}\\
\qquad\qquad \| \qquad\qquad\ \ \|\\
\longrightarrow \quad ^+\text{H}_3\text{N — CH — } \textbf{C—N} \text{ — CH — C—O}^- \ + \ \text{H}_2\text{O}\\
| \qquad\ \ |\qquad\ |\\
\text{CH}_3 \qquad \textbf{H}\ \ \text{CH}_2\text{—OH}\\
\text{Ala-Ser}
\end{array}
$$

Abb. 11.4: Synthese des Dipeptids Alanin-Serin.

Wie sind denn Aminosäuren mittels der „Peptidbindung" verbunden, wie sieht die Kopplung aus? Wie Oligonukleotide werden auch die Oligopeptide durch die chemische Reaktion der „Kondensation" synthetisiert. Aminosäuren werden an die wachsende Kette chemisch angehängt, indem formal ein Wassermolekül entfernt wird (Abb. 11.4, Peptidbindung in Fettdruck). Und wie bei den Oligonukleotiden fand das möglicherweise (?) in frühen Stadien durch Wärme (beispielsweise an Vulkanflanken) statt.

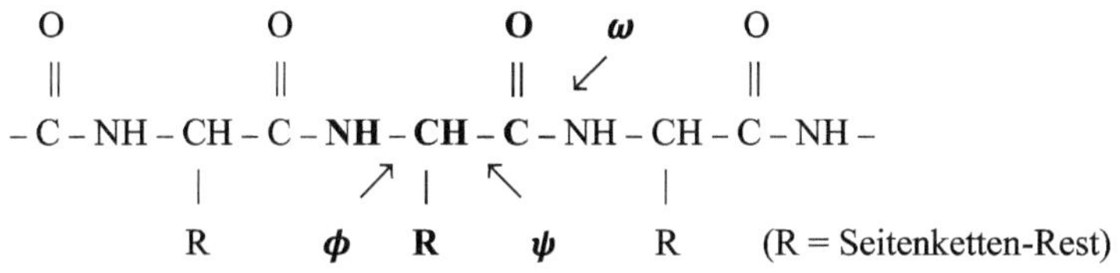

$$
\begin{array}{c}
\text{O} \qquad\quad \text{O} \qquad\quad\ \text{O} \ \ \omega \qquad\ \text{O} \\
\| \qquad\quad\ \| \qquad\quad\ \| \ \swarrow \qquad\ \| \\
-\,\text{C}-\text{NH}-\text{CH}-\text{C}-\textbf{NH}-\textbf{CH}-\textbf{C}-\text{NH}-\text{CH}-\text{C}-\text{NH}- \\
\qquad\quad\ | \qquad\ \ {\nearrow}\,| \ \ {\nwarrow} \qquad\quad\ | \\
\qquad\quad\ \text{R} \quad \phi \ \ \textbf{R} \ \ \psi \qquad\ \text{R} \qquad (\text{R}=\text{Seitenketten-Rest})
\end{array}
$$

Abb. 11.5: Abschnitt eines Oligopeptids.

Abbildung 11.5 zeigt einen Ausschnitt aus einem fortlaufenden Peptid. Ein Monomer, eine einzelne Aminosäure, ist durch Fettdruck hervorgehoben. Die Winkel ϕ (phi) und ψ (psi) kennzeichnen die Rotationswinkel der chemischen Gruppen um die angezeigten Bindungen. Der Winkel ω (omega) ist immer 180°, da die Peptidbindung Doppelbindungscharakter (siehe Anhang G.3.4, „Isomerie, Tautomerie, Mesomerie") hat und damit starr und eben ist. Die möglichen Bereiche der Drehwinkel (Torsionswinkel, Diëderwinkel) ϕ und ψ sind relativ groß, und da Aminosäuren viel kleiner als Nukleotide sind, können die Polypeptidketten sehr viele Konformationen annehmen, und die Oberfläche von Proteinen ist daher viel feiner gegliedert als die von Ribonukleinsäuren.

Derartig hergestellte Oligopeptide können dann Aufgaben der Katalyse übernehmen. Abbildung 11.6 ist analog zu Abb. 11.3, aber jetzt sind die katalysierenden Aminosäuren mittels einer Kette anderer Aminosäuren verbunden, so dass jetzt sowohl die Bindungsfestigkeit als auch die Dauerhaftigkeit des katalysierten Reaktionskomplexes deutlich verbessert ist. Unser (hypothetisches) Hexapeptid ist ein früher Vorläufer der später entwickelten (sehr viel größeren) Enzyme.

Ein sehr angenehmer Nebeneffekt von größeren Strukturen ist, dass sie stabiler sind als kleinere Ad-hoc-Aggregate und mehrfach verwendet werden können. Außerdem kann die Architektur an das jeweilige Substrat speziell angepasst werden, was dazu führt, dass man für verschiedene Substrate und verschiedene Reaktionen auch verschiedene katalytische Peptide bzw. Proteine hat, Spezialisten also.

Ebenso wie bei Nukleinsäuren war auch bei Peptiden zu Anfang die poröse Oberfläche der Tonpartikel für die Synthese im Urmeer sehr wichtig, aber nicht nur für die Synthese als solche. Eine Oberfläche, an der Substanzen lose angelagert sind, sorgt dafür, dass sie dort in höherer Konzentration vorliegen als in freier Lösung, und das erleichtert enorm das Zusammenfinden der Partner für die Reaktionen. Und wie bei den

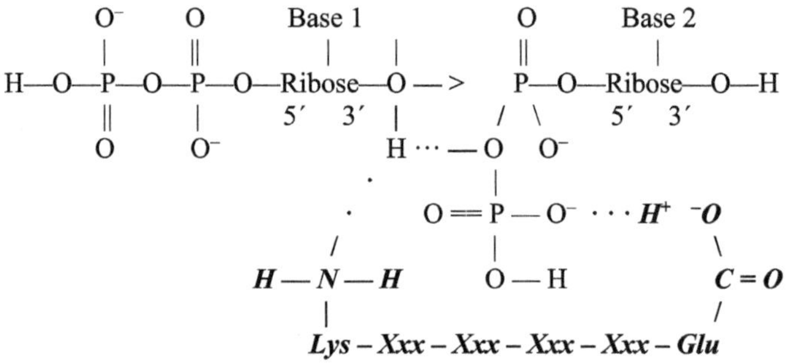

$$
\begin{array}{ccccccc}
O^- & O & & \text{Base 1} & & O & \text{Base 2} \\
| & \| & & | & & \| & | \\
H{-}O{-}P{-}O{-}P{-}O{-}\text{Ribose}{-}O & \longrightarrow & & P{-}O{-}\text{Ribose}{-}O{-}H \\
\| & | & 5' & 3' & | & / \backslash & 5' \quad 3' \\
O & O^- & & & H \cdots{-}O & O^- \\
\end{array}
$$

Lys – Xxx – Xxx – Xxx – Xxx – Glu

Abb. 11.6: Nukleotiddimerisierung, *oligopeptidkatalysiert*.

Nukleotiden haben wir auch bei den Proteinen das Problem, dass aus Energiegründen der Abbau schneller und vollständiger ist als der Aufbau.

Wasserabspaltung zur Bildung von Peptidbindungen ist formale Theorie („Papierchemie"), in der Realität haben wir wieder dieselbe Situation wie bei den Nukleinsäuren. Die Reaktionsenergie und die Frage der Konzentrationen lassen (bei 55 molar Wasser) eine klassische Kondensation nicht zu (Kap. 9, „Reaktionsenergie zum Polymerisieren"), wir brauchen wieder eine Aktivierung, um den Energieverlust zu verhindern; und die Gruppe, die abgespalten wird, darf *nicht* Wasser sein (siehe Abb. 11.7).

Wenn man von den energieliefernden Vulkanflanken wegkommen will, müssen die Aminosäuren in eine energiereiche Vorstufe umgewandelt werden. Ob auch hier das Ankondensieren einer Phosphorsäure wirksam war? Vielleicht wurde ein ganzes Nukleotid ankondensiert, das dann beim Aufbau der Peptidkette energieliefernd abgespalten werden konnte (Abb. 11.7).

C-Phosphorylierte Aminosäure	$^+H_3N{-}CHR{-}CO{-}O{-}PO_2{\_}O^-$
C-Pyrophosphorylierte Aminosäure	$^+H_3N{-}CHR{-}CO{-}O{-}PO_2{-}O{-}PO_2{-}O^-$
Aminoacylnukleotid	$^+H_3N{-}CHR{-}CO{-}O{-}PO_3{-}\text{Ribose}{-}\text{Adenin}$

Abb. 11.7: Denkbare Aktivierung von Aminosäuren.

Die Entstehung aktivierter Aminosäuren ist einfach zu verstehen, sie dürfte von Wechselwirkungen mit Nukleotiden ausgehen. Das Phosphat und das Pyrophosphat könnten Produkte einer von der Aminosäure eingeleiteten Hydrolyse von Oligophosphaten sein. Das Aminoacylnukleotid dürfte direkt aus einer Dimerisierungsreaktion stammen, bei der anstatt zweier Nukleotide eine Aminosäure und ein Nukleotid zu einem Hybriddimeren gekoppelt wurden. Dabei käme die Aktivierung dieser Reaktion aus dem Nukleosidoligophosphat, so dass eine nichtaktivierte Aminosäure zur Reaktion gebracht werden kann. So könnte auch leicht eine Aminosäure an ein Oligopeptid ankondensiert werden. Sogar ein Oligopeptid an einem Oligonukleotid ist vorstellbar.

Heute ist der Vorgang der Proteinsynthese recht kompliziert. Um eine Aminosäure zu aktivieren, wird sie in einem ersten Schritt an das Nukleotid AMP ankondensiert. In einem zweiten Schritt wird die Aminosäure vom AMP auf ein komplexes Trägermolekül übertragen, eine sogenannte tRNA (Transfer-RNA). Da die Natur in ihren Mechanismen sehr konservativ ist, kann angenommen werden, dass der erste Schritt, das Verbinden mit AMP, schon zu Anfang entwickelt wurde, vielleicht mit der Vorstufe einer Phosphorylierung oder Pyrophosphorylierung. Im ersten Fall würde bei der Peptidsynthese der Phosphatrest abgespalten (analog zum Fall **B)** Nukleosiddiphosphat in Abb. 9.2), im zweiten Fall das Pyrophosphat, das dann in einer Folgereaktion in zwei Phosphatreste gespalten werden kann (entsprechend dem Fall **C)** Nukleosidtriphosphat in Abb. 9.2 in Kap. 9, „Reaktionsenergie zum Polymerisieren").

Die Natur hatte Jahrmillionen Zeit, um ein brauchbares System zu finden. Dabei war zweifellos auch eine große Anzahl weniger leistungsfähiger Systeme entstanden, die später wieder aufgegeben und im Sinne der Evolution durch bessere ersetzt wurden. Eine publizierte Hypothese beschäftigt sich mit den Peptidnukleinsäuren (PNA), die eventuell aus Diaminosäuren entstanden sein sollen. Da in der gesamten Natur aber keinerlei Enzyme zum Auf- und Abbau derartiger Verbindungen gefunden werden konnten, hat diese Hypothese wenig Überzeugungskraft.

Wir haben jetzt eine Ursuppe, in der riesige Mengen kleinerer und größerer Nukleinsäuremoleküle schwimmen, die sich kopieren, verlängern und an den labileren Stellen wieder hydrolytisch gespalten und damit verkürzt werden. Ebenso schwimmen riesige Mengen von Peptiden und Proteinen herum, die zum Teil mehr oder weniger ausgeprägte katalytische (enzymatische) Fähigkeiten haben. Dabei sind nicht nur solche entstanden, die Nukleinsäuren bearbeiten, sondern auch solche, die ihresgleichen synthetisieren und abbauen können. Allerdings entstanden alle Peptide und Proteine aus zufällig zusammenkommenden Aminosäuren. Ihre Sequenz und Funktionalität waren also völlig unbestimmt, so wie es ganz am Anfang auch mit den Nukleotiden der Fall war.

Dieses Problem wurde beseitigt, indem die Sequenz (Reihenfolge) der Aminosäuren eines Peptids auf der RNA gespeichert wurde; sie wurde daraus abgelesen, und über den „genetischen Code" wurden die Proteine in der gespeicherten Sequenz synthetisiert. Dadurch wurden auch die Proteine und ihre Funktion der Kontrolle der Evolution unterworfen. Die Details dazu werden wir in Kap. 12 („Molekulare Symbiose: Nukleinsäuren und Proteine") betrachten, hier kümmern wir uns erst einmal um die Struktur der Proteine.

Wie werden verschiedene Architekturen von Proteinen erreicht? Wie oben beschrieben (Kap. 2, „Die lebende Zelle", Absatz „*Zweitens*"), wird die Faltung einer Polypeptidkette von der Reihenfolge (Sequenz) ihrer Aminosäuren bestimmt, genauer gesagt von den Wechselwirkungen der jeweiligen Aminosäureseitenketten. Daher ergeben unterschiedliche Sequenzen meist unterschiedliche Faltungen/Strukturen der Kette und damit unterschiedliche Optima der katalysierten Reaktionen und unterschiedliche Optima für die umsetzbaren Substrate.

Dazu ist aber auch die richtige Positionierung der an der Katalyse beteiligten Gruppen (Seitenketten) wichtig. Die Beweglichkeit der Polypeptidkette wird ermöglicht durch die Drehbarkeit um zwei Einfachbindungen pro Aminosäure (Diëderwinkel ϕ und ψ, Abb. 11.5). Auf die genaue Definition dieser Winkel (Nullpunkt, Drehrichtung usw.) soll hier nicht eingegangen werden.

Proteine sind strukturell komplizierter aufgebaut als Nukleinsäuren. Die Aminosäuresequenz beschreibt die chemisch-kovalenten Verbindungen der Atome und wird auch als Primärstruktur bezeichnet. Dann können sich zwischen den einzelnen Peptidbindungen reguläre Wasserstoffbrücken bilden, die entweder den fortlaufenden Polypeptidstrang in eine Spiralform bringen (α-Helix, typische Winkelwerte sind $\phi = -70°$, $\psi = -35°$) oder aber zwei gestreckte Stränge parallel oder antiparallel miteinander verbinden (β-Faltblatt, „*extended*", typische Winkelwerte sind $\phi = -110°$, $\psi = +135°$). Manche Werte dieser Winkel können in der Praxis nicht auftreten, sie sind physikalisch unmöglich, weil Teile des Moleküls dabei kollidieren oder gar einander durchdringen würden.

Die durch Wasserstoffbrücken gebildeten regelmäßigen Systeme α-Helix und β-Faltblatt werden Sekundärstruktur genannt und umfassen immer nur Teile des Moleküls. Ein Stück aus einem β-Faltblatt ist in Abb. 11.8 dargestellt. Diese Darstellung kann nicht völlig naturgetreu sein, da auf Papier die Möglichkeit fehlt, auch die dritte Dimension (die Tiefe) realistisch abzubilden.

Als nächstes können Teile der Peptidkette mit oder ohne Sekundärstruktur („amorph") weiter durch Ausbildung von hydrophoben Zentren und durch andere Wasserstoffbrücken und auch mittels Ionenbindungen (elektrische Kräfte) aneinander gebunden und dadurch das Molekül kompakter gemacht werden.

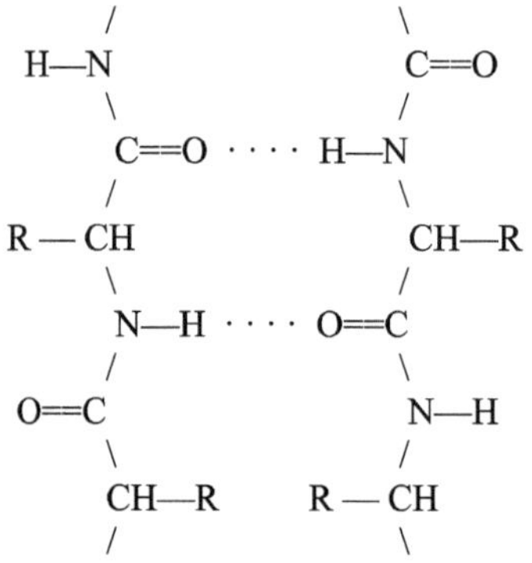

```
       /                  \
    H—N                   C══O
       \                  /
        C══O  · · · · H—N
       /                  \
  R — CH                   CH—R
       \                  /
        N—H  · · · · O══C
       /                  \
    O══C                   N—H
       \                  /
        CH—R      R — CH
       /                  \
```

Abb. 11.8: Ausschnitt aus β-Faltblatt.

Die Proteinstruktur ist ein Gleichgewicht vieler schwacher Wechselwirkungen zwischen den Atomen. Der komplette Verlauf der Peptidkette im Raum nennt sich Tertiärstruktur. Gewisse Kombinationen von Sekundärstrukturelementen als Teil der Tertiärstruktur treten häufiger auf, man nennt sie Supersekundärstrukturen oder Domänen.

Sehr häufig falten sich Proteine so, dass die Mehrzahl der hydrophoben Seitenketten nach innen weist und sie sich zu einem hydrophoben Kern vereinen („Öltröpfchenmodell der Proteine"), während die Oberfläche praktisch ausschließlich von hydrophilen Seitenketten bedeckt ist. Alles in allem beruht die Proteinfaltung auf einem empfindlichen Gleichgewicht von anziehenden und abstoßenden Kräften zwischen Atomen. Insgesamt sind die natürlich gefalteten Proteinketten sehr kompakt. Ihre Raumerfüllung ist quasi perfekt, da bleiben im Inneren keinerlei Hohlräume. Das zeigt sich auch in der hohen Dichte („spezifisches Gewicht") der Proteine, die bis zu $1,3\,\mathrm{g/cm^3}$ erreicht.

Damit haben wir eine „Untereinheit" eines Proteins. Das ist die Einheit, bei der sämtliche Atome durch kovalente Bindungen miteinander verbunden sind. Bei sehr vielen Proteinen hat die Außenseite dieser Untereinheit noch „klebrige" Stellen, also solche, die nichtkovalente Wechselwirkungen wie z. B. Wasserstoffbrücken ermöglichen, elektrische Ladungen tragen oder auch einfach hydrophob sind und andere hydrophobe Moleküle oder Zonen anlocken. Dann können sich mehrere dieser Untereinheiten zu einem Gesamtmolekül zusammenlagern. Die Zusammensetzung aus nicht kovalent verbundenen Untereinheiten zu einem Molekül wird die Quartärstruktur der Proteine genannt. Neben Monomeren (die Untereinheit steht allein) treten am häufigsten Dimere (zwei Untereinheiten) und Tetramere (vier Untereinheiten) auf, es gibt aber noch eine Reihe anderer Fälle.

Im heutigen Leben erfüllen Proteine sehr viele unterschiedliche Aufgaben. Diese Vielfalt sowie die starke Variabilität ihrer Struktur hat ihnen ihren Namen eingebracht. Sie wurden benannt nach dem Meeresgott der griechischen Mythologie, Proteus, einem Sohn des Okeanos, der in sehr vielfältiger Gestalt auftreten konnte. Einige Beispiele der Funktion von Proteinen:

- Enzyme katalysieren sämtliche chemische Reaktionen des Lebens,
- Muskelproteine wie Aktin und Myosin leisten mechanische Arbeit,
- Strukturproteine wie Collagen (Sehnen, Bindegewebe), Keratin (Haare),
- Transporteure wie Hämoglobin (Sauerstofftransport im Blut),
- Schutz des Körpers (Immunproteine, „Antikörper"),
- Blutgerinnung (Thrombin, Fibrinogen, Gerinnungsfaktoren),
- Hormone (z. B. Insulin, Glucagon),
- Rezeptoren zur Erkennung von Hormonen und Signalproteinen,
- Signalproteine zum Steuern z. B. des Knochenwachstums, ...

Es wurde bereits erwähnt, dass die heutigen hochentwickelten Enzyme sehr viel größer sind als die Substrate, die sie bearbeiten, genau so, wie die Situation bei Werkzeugmaschinen ist. Ein Beispiel: Das Enzym Laktatdehydrogenase (LDH) oxidiert Laktat, das Anion der Milchsäure, zu Pyruvat, dem Anion der Brenztraubensäure. Dabei wird ein elektrisch negatives Wasserstoffion H$^-$ vom Laktat auf das Coenzym Nikotinamid-Adenin-Dinukleotid (NAD) übertragen.

Laktat besteht aus 11 Atomen und hat ein Molekulargewicht von 89, NAD besteht aus 70 Atomen mit einem Molekulargewicht von 661, und eine LDH-Untereinheit aus etwa 7.000 Atomen mit Molekulargewicht ca. 35.000. LDH ist ein Tetramer mit vier katalytischen Zentren (die Untereinheiten sind zwar verbunden, arbeiten aber unabhängig voneinander), das Gesamtmolekül hat also ein Molekulargewicht von ca. 140.000. Das übertragene Wasserstoffatom, um das sich das Ganze im Grunde dreht, hat lediglich ein Atomgewicht von 1.

Das Geheimnis des Erfolgs der Enzyme ist ihre im Vergleich zu den Substraten ungeheure Größe. Diese ist die Voraussetzung für die Ausbildung eines wohlgegliederten sogenannten Aktiven Zentrums, das meist eine Art Spalte in der Oberfläche des Moleküls darstellt. Auf der Innenseite der Spalte liegen dann die Aminosäuren (funktionelle Gruppen), die die eigentliche Katalyse ausführen, und am Rand diejenigen, die das Substrat oder die Substrate (zwei bei der LDH, Laktat und das Coenzym NAD) mit hoher Spezifität binden und beinahe einhüllen und so abschirmen, dass sie nicht „von außen" durch Fremdmoleküle angegriffen werden können. Dadurch werden unerwünschte Nebenreaktionen verhindert. Die Fixierung der Substrate am Enzym in optimaler Nähe zu den katalysierenden Aminosäuren macht die Katalyse durch Enzyme so ungeheuer effizient. Die Anfänge waren natürlich sehr viel einfacher.

Die frühesten Enzyme bearbeiteten entweder Proteine, also ihresgleichen (ihre eigene Synthese aus Aminosäuren und ihren Abbau), oder aber Nukleinsäuren (deren Synthese aus Nukleotiden und ihren Abbau). Demnach gehören Enzyme mit Aminosäure- oder Nukleotidbindungsstellen zu den ältesten Enzymstrukturen, die wir kennen. Sie entstanden lange vor den ersten Zellen. Eine kompakte Übersicht über die Frühzeit der Erforschung von Proteinstrukturen stammt von Richard E. Dickerson und Irving Geis (1969).

Über die Vorteile bzw. die Notwendigkeit von Katalyse haben wir schon in Kap. 10 („Erste Erweiterung: Katalyse") in Zusammenhang mit den Ribozymen gesprochen. Das gilt natürlich unverändert auch für die Enzyme auf Proteinbasis. Eine abgeschlossene Zelle (siehe unten, Kap. 14, „Individuen") könnte ihren chemischen Müll nicht mehr automatisch im Urmeer verteilen, er würde sich in ihrem Inneren ansammeln. Daher ist die Spezifität der chemischen Reaktionen durch Beschleunigung für die Zellen lebenswichtig, ohne gut funktionierende Enzyme hätten sich Zellen mit Stoffwechsel gar nicht bilden können.

Das ganze Meer war ein einziger Reaktionskolben, in dem über Abermillionen von Jahren Zufall und Auswahl miteinander dafür sorgten, dass die Chemie immer aufwendiger wurde. Am Anfang fanden die Polymerkondensationen vielleicht (?) in der Hitze an Tonpartikel-Oberflächen statt, dann wurden aktivierte (energiegeladene) Vorstufen gefunden, die Nukleinsäuren lernten das Katalysieren, und dann kamen die Proteine dazu, die als Spezialisten chemische Aufgaben übernahmen. Die Inanspruchnahme der heißen Vulkanflanken konnte bald auf die Phosphatkondensation reduziert werden, die Bereitstellung chemischer Energie.

Zufällig entstandene Peptide/Proteine standen als Katalysatoren zur Verfügung, waren aber sehr wenig verlässlich, da ihre Bauinformation nicht vererbt wurde. Die *zuverlässige* Katalyse war zu Anfang ganz von den Ribozymen abhängig. Die Nukleinsäuren hatten den Vorteil, dass sie kopiert werden konnten, also wurden ihre Sequenzen erhalten, und sie konnten sich in der Evolution weiterentwickeln. Den Proteinen fehlte (anfangs) so ein System, so dass sie nur für jede Peptidkette individuell zufällig entstandene katalytische Aktivitäten aufwiesen, die wohl selten wirklich effektiv waren.

12 Molekulare Symbiose: Nukleinsäuren und Proteine

Wie erreichte es die Natur, dass zusammenpassende Partner von Nukleinsäuren und Proteinen (Enzymen) sich nicht andauernd in der Weite des Meeres suchen müssen? Und wie kann man vor allem vermeiden, dass bewährte Enzymsequenzen immer wieder durch Zufall neu gefunden werden müssen, wie kann man sie speichern und bei Bedarf abrufen? Das ist ganz entscheidend wichtig, damit sie auch in der Evolution weiterentwickelt werden können.

Da die evolutionäre Entwicklung ausschließlich über die Nukleinsäuren läuft, müssen die Aminosäuresequenzen der Proteine irgendwie mit den Nukleotidsequenzen der Nukleinsäuren gekoppelt werden. Die Aminosäuresequenzen müssen in der Basensequenz gespeichert sein, und dazu gehört dann ein Mechanismus, der die RNA-Sequenz abliest und daraus die Sequenz bestimmt, in der die Aminosäuren zu Proteinen zusammengefügt werden.

Die Natur hat das System entwickelt, das uns später das Dilemma von der Henne und dem Ei bescherte. Man hat noch wenig Vorstellung davon, in welchen Schritten sich das heutige System ausbildete, in dem die Aminosäuresequenzinformation für alle Proteine in der Basensequenz der Nukleinsäuren gespeichert ist; aber es existiert, und daher muss es auch irgendwie entstanden sein. Alle Reaktionen wurden katalysiert von Ribozymen, da diese direkt von der Speicher-RNA abgelesen werden und daher jederzeit zuverlässig mit konstanter Struktur und Funktion zur Verfügung stehen.

Der erste Schritt war vielleicht, dass sich an den Nukleinsäuren Molekülteile entwickelten (natürlich durch Versuch und Irrtum, mit viel Zufall und viel Irrtum), an denen die nützlichsten Proteine bevorzugt hängenblieben, adsorbiert wurden. Damit hat man ein Mittel zur Bildung von „Koalitionen", die die räumliche Nähe der Partner fördern. Das oben erwähnte frühe Ribosom aus RNA könnte sich also durch Anheuern von Peptiden und Proteinen weiterentwickelt haben. Dieses System kann aber keine Proteinsequenz speichern und keine Proteinkette synthetisieren, es ist höchstens eine allererste Vorstufe für Besseres.

Für das Speichern einer Aminosäuresequenz als Nukleotidsequenz braucht man (bei theoretischer Betrachtung) zuerst eine „Vereinbarung" darüber, wie die Nukleotidsequenz für die Identifikation jeder einzelnen Aminosäure aussehen soll, einen „genetischen Code", der die fundamentalen 20 Aminosäuren erfasst, eine Übersetzungstabelle. Da es für RNA und DNA jeweils nur 4 Nukleotid-„Buchstaben" gibt, braucht man für jede Aminosäure zum Codieren ein Paket von 3 Nukleotiden (2 würden nur für 16 Aminosäuren reichen), das ergibt insgesamt $4^3 = 64$ Möglichkeiten, mehr als genug. Aber wie ist das entstanden? Es kann nicht durch rationale Überlegung entstanden sein, sondern muss sich von selbst auf Basis der Affinitäten der verschiedenen Moleküle entwickelt haben, die mögliche Paarungen vorgaben. Die

https://doi.org/10.1515/9783110783155-013

Gesetze der Chemie und Physik sind zwingend und definieren die Grundlage der gesamten Entwicklung des Lebens. Die „Gesetze" der Biologie sind dagegen nicht absolut zwingend und erlauben auch Ausnahmen. Aber wie geht es im Einzelnen, wie könnte es damals gelaufen sein?

a) Frühe Vorstellungen zur Entstehung des genetischen Codes. Stellen wir uns einmal vor, wie es aussehen würde, wenn sich die Aminosäuren in spezifischer Weise direkt an jeweils drei Nukleinsäuren anlagern könnten. Dafür muss zuerst einmal die Geometrie stimmen. In einem Peptid oder Protein ist der Abstand zweier aneinander gebundener Aminosäuren $3{,}8\,\text{Å} = 0{,}38\,\text{nm}$. Wenn sie aber unverbunden lose nebeneinander liegen, dürften sie $6\text{–}7\,\text{Å}$ überspannen. Wenn eine Nukleinsäure in Helixkonformation (Spirale) vorliegt, ist bei RNA der Abstand zweier Basen in Richtung der Helixachse $3{,}0\,\text{Å}$ ($3{,}4\,\text{Å}$ bei DNA-Doppelhelix). Da sich die Helix aber windet, ist der reale Abstand deutlich größer, so dass sich der Bereich dreier Basen auf über $12\,\text{Å}$ erstrecken könnte. Das passt zwar nicht präzise zu den genannten $6\text{–}7\,\text{Å}$, ist aber im Bereich des Machbaren, zumal die Nukleinsäure ja nicht notwendigerweise als Helix vorliegen muss.

Vielleicht gibt es (oder gab es damals) Proteine, an die sich die Nukleinsäuren anlagern können, um Wechselwirkungen der Aminosäuren mit Nukleinsäuren zu vermitteln. Es ist sicher, dass sich einige Biochemiker mit diesen Fragen der molekularen Geometrie beschäftigt haben, aber man hat wenig von brauchbaren Ergebnissen dieser Bemühungen gehört, Entscheidendes kann dabei nicht herausgekommen sein. Falls also tatsächlich die Aminosäuren eine gewisse Affinität zu gewissen Nukleotiddreiergruppen („Basentripletts") haben sollten, könnten sie sich einfach entlang der Nukleinsäure aufreihen, und ein dafür geeignetes Enzym knüpft sie dann in der richtigen Reihenfolge aneinander. Wir wissen aber nichts Genaues. Die Suche nach Affinitäten zwischen den Aminosäuren und deren Codons scheint ein Irrweg zu sein, die Affinitäten und Kräfte sind schlicht zu schwach, um eine ausreichend stabile Bindung bewirken zu können, die zu weiterer Entwicklung führen könnte.

Eine Alternative, die mehr der heutigen voll entwickelten Situation entspricht, ist die folgende indirekte: Jede Aminosäure findet eine (relativ kurze) „Transfer"-Nukleinsäure, zu der sie eine besondere Affinität hat, und wird chemisch an diese gebunden. Am anderen Ende haben diese Nukleinsäuren ein Basentriplett, das komplementär zu dem Speicherstellentriplett auf der Sequenznukleinsäure ist und daher an dieses bindet. Ein Enzym koppelt dann die (an der Vorderseite der Transfernukleinsäuren hängenden) Aminosäuren zum Peptid oder Protein. Aber wie ist das entstanden?

b) Das Modell Hybridkatalysator. Ein attraktiver Vorschlag, wie dieses Arrangement entstanden sein könnte, wurde von Maynard Smith und Eörs Szathmáry (Maynard Smith & Szathmáry, 1996) gemacht. Nach ihrem Modell hätte es zwischen der Katalyse durch reine Ribozyme (Abb. 10.3) und der durch reine Enzyme (Peptide/Proteine, Abb. 11.6) möglicherweise eine Zwischenstufe gegeben, die als eine Kombination der in Abb. 10.3 (RNA) und Abb. 11.3 (einzelne Aminosäuren) dargestellten Vorgänge angesehen werden kann. Einzelne Aminosäuren könnten sich an die Ribozyme anlagern, um deren katalytische Kraft in der Art von Cofaktoren zu erhöhen. Die Ribozyme besorgen die Komplexbildung der Reaktionspartner, und die angelagerten Aminosäuren machen die eigentliche Katalyse.

Nun sind die Bindungskräfte in Komplexen von RNA und Aminosäuren sehr schwach, und es bietet sich an, die Aminosäuren in chemischer Verbindung mit einem Nukleotid zu verwenden, so wie in Abb. 11.7 als „aktivierte" Aminosäure in der dritten Zeile dargestellt. Dann könnte die Bindung an die RNA über die üblichen Wasserstoffbrücken der Nukleotidbasen stattfinden. Besser (stärkere Bindung) als ein Nukleotid sind mehrere, ein Trinukleotid hat die richtige (nicht zu schwache und nicht zu starke) Bindungskraft, um Anlagerung und Abdiffusion im Gleichgewicht in der gleichen Weise wie bei der Bindung von Coenzymen an Enzyme zu ermöglichen.

Für eine ordentliche Bindung der mit einem Basentriplett versehenen Aminosäure muss die Sequenz des Trinukleotids komplementär zu einem Abschnitt der Ribozymsequenz sein. Solche aminosäurebeladenen Oligonukleotide haben vor allem den Vorteil, dass durch ihre Basensequenz sichergestellt werden kann, dass die zur Katalyse benötigte Aminosäure auch an derjenigen Stelle des Ribozyms binden kann, an der eine optimale katalytische Wirkung erzielt wird, und dann sozusagen an der „richtigen" Stelle sitzt.

Aminosäuren haben ein breiteres Spektrum an chemischen Funktionen als die Basen und sauren Endgruppen der RNA. Es dürfte also viele Cofaktortypen gegeben haben, die die katalytischen Möglichkeiten erheblich erweiterten. Um diese Aminosäurecofaktoren auseinanderzuhalten, ist eine Variabilität der Sequenz der bindenden Trinukleotide wünschenswert. Das bedeutet aber, dass die Ribozyme mit ihrer eigenen Sequenz auch auf diese Bindung der unterschiedlichen Cofaktoren an die richtige Stelle optimiert werden müssen.

Noch besser werden die Aussichten, wenn man nicht nur an einzelne Aminosäuren denkt, sondern an Oligopeptide. Derartige Hybridoligomere, die aus einem Oligopeptid und einem Oligonukleotid bestehen, könnten die Katalyse weiter verfeinert haben und auf lange Sicht zu direkten Vorläufern der echten Enzyme geworden sein. Nach diesem Denkmodell wären die Enzyme also aufgepfropft auf Polyribonukleotide entstanden. Spätestens mit der Entwicklung der DNA dürfte dieses Zusammenspiel dann geendet haben.

Der nächste Schritt der Entwicklung ist dann, dass jede Aminosäure ihre eigenen speziellen Tripletts hat. Damit kann die Katalyse weiter verbessert werden. Wenn sich dann an einem Ribozym eine ganze Reihe von Cofaktoren anlagerten, näherte sich das Ganze dem Charakter eines Proteins an. Wie nun im Einzelnen aus diesem System im Modell der genetische Code entstand, sprengt den Rahmen dieser Betrachtung. Interessierte werden auf die Publikationen der beiden Autoren Maynard Smith und Eörs Szathmáry verwiesen. In der Natur wurde auf jeden Fall erreicht, dass die Proteininformation auf der RNA gespeichert werden kann, und damit wurden auch die Proteine und ihre Wirkungen mit in die Evolution einbezogen, verbessern sich also weiter.

c) Das Modell tRNA-Synthetase-Entwicklung. Schreiber stellt ein anderes Modell vor (Schreiber, 2019), dessen Reaktionen tief in den Bruchzonen der Erde ablaufen sollen und teilweise auf chemischen Reaktionen in überkritischem Kohlendioxid als Lösungsmittel beruhen. Im Zentrum stehen die tRNAs, die sich aus mit einem Nukleotid aktivierten Aminosäuren entwickeln. Dieses nicht detailliert ausgeführte Modell bedingt eine extrem komplexe Logik von Ursache und Wirkung und Rückkopplungen zwischen tRNA-Struktur und ihrer Aminosäurespezifität, sowie der Spezifität der Aminocyl-tRNA-Synthetase und der Polymerisation der Aminosäuren zu Proteinen. Das Kausalitätsgeflecht der erforderlichen molekularen Vorgänge im Modell ist schwer verständlich.

In diesem Modell entwickeln sich gleichzeitig die Anticodons am Ende der tRNAs und daraus direkt die Speicher-RNA (Genom) und dazu im Gleichklang die Sequenz und Funktion des Produkts, nämlich des Enzyms tRNA-Synthetase. In der vorgeschlagenen Form ist das Modell wirkungslos, da als Startpunkt die Aminosäuren Glycin und Alanin benutzt werden, die keine funktionellen Gruppen besitzen und damit keine katalytischen Aktivitäten entwickeln können. Mit der Annahme eines Starts unter Verwendung anderer Aminosäuren sähe das anders aus. Bedenkenswert ist auch Schreibers Vorschlag, dass sich die genetische Information als Produkt der Anticodonaufreihung ergeben hat, also die Entstehung der Gene für Proteine in der Gegenrichtung des aktuellen Ablaufs ihrer Ablesung bei der Proteinsynthese.

d) Das aktuelle Modell der Entwicklung. Eine andere Perspektive ist die, dass man nicht die Katalysatoren und ihre Funktion ins Zentrum rückt (Ribozyme, Enzyme, Hybride aus beiden, tRNA-Synthetasen), sondern sich einfach auf die Synthese von Proteinen konzentriert, da als Katalysatoren ja bereits die Ribozyme zur Verfügung stehen. Wie schon beim Erzeugen und Kopieren der Nukleinsäuren besprochen, funktioniert die Kopplung von Aminosäuren nur, wenn diese nicht klassisch à la Lehrbuch (durch Wasserabspaltung) kondensiert werden, sondern aktivierte Formen zum Einsatz kommen, von denen Phosphat oder andere Gruppen abgespalten werden. Wenn diese aktivierenden Gruppen Nukleotide sind, besteht die Möglichkeit, dass sie über die Wasserstoffbrücken der Basen an einen RNA-Strang binden.

Unter der Annahme, dass jede Aminosäure immer durch dasselbe Nukleotid aktiviert wird, ergibt sich folgende Überlegung: Wenn mehrere aktivierte Aminosäuren direkt hintereinander an die RNA binden, kann die Synthese des Peptids quasi in Serie am RNA-Strang entlanglaufen. Nun werden sich verschiedene Aminosäuren, die durch unterschiedliche Nukleotide aktiviert wurden, bevorzugt so an RNA-Stränge anlagern, dass die komplementären Basen (komplementär zu denen der zur Aminosäureaktivierung benutzten Nukleotide) nebeneinander liegen. Man hat also eine Reihe ohne Lücken. Damit ergibt sich schon eine gewisse Auswahl der Aminosäurenachbarschaften durch die Nachbarschaften der komplementären Basen. Mit nur vier verschiedenen Nukleotiden können allerdings nur vier Gruppen von Aminosäuren unterschieden werden. Das besonders einfache System führt also nicht sehr weit.

Die nächste Stufe wäre dann die, dass die Aktivierung der Aminosäuren nicht durch einzelne Nukleotide bewerkstelligt wird, sondern durch mehrere, die Nukleotide also zu Oligonukleotiden, d. h. zu längeren RNA-Stücken verlängert werden. Damit hätte man mehr Basen zum Anlagern (z. B. drei) und mehr Variabilität bei den aktivierenden Vermittlermolekülen und wäre nicht auf die vier möglichen Einzelbasen beschränkt. Dann könnten alle Aminosäuren individuell aktiviert werden, nicht nur vier Gruppen.

Diese Oligonukleotide könnten auch länger sein als das anlagernde Triplett, und und sie könnten ursprünglich aus Ribozymen entstanden sein, aber von katalytischer Aktivität ist jetzt nicht mehr die Rede, es geht jetzt nur noch um Informationsspeicherung. Diese an den Aminosäuren hängenden „aktivierenden RNA-Stücke" bekommen den Namen Transfer-RNA (tRNA). Sie sind das Zentrum der gesamten Entwicklung, an ihnen (vorne dran die Aminosäure, dahinter die RNA mittlerer Länge) und ihrer Vermittlung zwischen Proteinen und Nukleinsäuren hängt auch heute noch die Proteinsynthese. Hinten liegen die drei Basen des Anticodons, die an den Messenger und damit an das Genom ankoppeln, vorne hängt der Aminosäurerest, der an das wachsende Polypeptid anzukoppeln ist. Bis so ein System funktioniert, dürfte eine ziemlich lange Zeit mit vielen Schritten der Optimierung erforderlich sein. Das Ergebnis wäre dann aber tatsächlich der genetische Code mit der Speicherung der Aminosäuresequenz eines Proteins auf der RNA, an die sich die Oligonukleotide mit den angekoppelten Aminosäuren angelagert hatten.

e) Die heutige Situation ist diese: Es gibt einen „genetischen Code", eine Liste aller möglichen 64 Tripletts („Codons"), in der eine Aminosäure einem Triplett entspricht. Drei Codons haben Sonderfunktionen (Stoppsignale = Ende der Proteinkette), die anderen 61 verteilen sich auf die 20 fundamentalen Aminosäuren. Der Start einer Peptidkette erfolgt immer mit der Aminosäure Methionin, die also im Nebenjob auch als Startsignal dient. Die meisten Aminosäuren können durch mehrere Codons repräsentiert werden (Minimum 1, Maximum 6), man spricht da von der „Degeneration" des genetischen Codes. Methionin hat nur ein Triplett, es gibt also nur ein Startcodon. Das Startmethionin wird nach der Proteinsynthese wieder abgespalten. Die unterschiedlichen Tripletts für ein und dieselbe Aminosäure können in unterschiedlichen Organismen mit unterschiedlicher Häufigkeit genutzt werden. Der genetische Code ist in Anhang G.4.2 dargestellt.

Aminosäuren werden durch bestimmte Enzyme (Aminoacyl-tRNA-Synthetasen) an die zuständigen Transferribonukleinsäuren (tRNA) gekoppelt, die an ihrem anderen Ende das „Anticodon" der Aminosäure, d. h. das zum Triplett im genetischen Code, dem Codon, komplementäre Triplett tragen. Aminoacyl-tRNA-Synthetasen, die intelligentesten Enzyme der Welt, kennen den genetischen Code. Die tRNAs bestehen aus 80–90 Nukleotiden und falten sich zu einer Form, die dem Großbuchstaben L ähnelt. An einem Ende des L hängt der Aminosäurerest, am anderen befindet sich das Anticodon. Strukturanalysen des Komplexes von tRNA und Synthetase zeigten, dass die 61 Synthetasen ihre spezielle tRNA an Eigenheiten der äußeren Form erkennen (quasi an Details der Faltung des Polynukleotidstrangs), wobei das Anticodon gar keine Rolle spielt.

Das hat zur Konsequenz, dass Veränderungen im genetischen Code recht einfach möglich sein sollten. Eine Mutation der tRNA im Triplett des Anticodons würde an der Spezifität der tRNA für eine bestimmte Aminosäure überhaupt nichts ändern, aber diese Aminosäure nun bei einem anderen Codon einfügen. Der genetische Code ist zwar derselbe für alle heute existierenden Lebewesen, er ist aber nicht absolut universal; es gibt Varianten, die in nur wenigen Aminosäuren abweichen. Echte dauerhafte Varianten treten im eigenen Genom der Mitochondrien auf, später in Kap. 24 („Eukaryonten") beschrieben.

Ein anderes Beispiel ist die Manipulierbarkeit des genetischen Codes durch Bakterien. Dort treten manchmal Suppressormutationen auf. Diese haben ihren Namen davon, dass sie ein Stoppcodon unterdrücken. Das geschieht dadurch, dass bei einer tRNA im Anticodon eine Mutation eintritt, die das Anticodon eines Stoppcodons erzeugt. Dann wird die Synthese der Proteinkette an der Stoppstelle nicht mehr beendet, sondern es wird die entsprechende tRNA mit ihrer Aminosäure eingefügt, und die Synthese geht weiter bis zur ersten tatsächlich erkannten Stoppstelle. Es werden also längere Ketten erzeugt, wobei hier über die Konsequenzen daraus nicht eingegangen werden soll. Betroffen sind vor allem die Stoppcodons UAG (*amber*) und UAA (*ochre*), während Suppressormutationen von UGA (*opal*) sehr selten sind.

Das Gen, von dem ein Protein abgelesen werden soll, wird von der DNA auf eine Arbeitskopie in RNA, den Messenger, kopiert (Transkription), und der Messenger wird im Folgeschritt (Translation) durch eine Synthesemaschinerie, das Ribosom (ein sehr großes zweiteiliges Aggregat aus Proteinen und Ribonukleinsäuren) geschleust, wobei an jedes Triplett ein mit Aminosäure beladenes tRNA-Molekül mit dem komplementären Anticodon bindet. Dann wird von einem Syntheseribozym/Enzym die an der tRNA hängende Aminosäure abgehängt und auf die wachsende Peptidkette übertragen.

An einem Ribosom können immer zwei tRNA-Moleküle gleichzeitig andocken. Nach der Verarbeitung einer Aminosäure rutscht das Ribosom auf dem Messenger um ein Triplett weiter, um die nächste Aminosäure zu verarbeiten. So werden die Aminosäuren in der Reihenfolge aneinandergehängt, in der ihre Codons auf dem Messenger – und natürlich auch auf der eigentlichen Speicher-RNA/DNA – angeordnet sind. Die Aminosäuresequenz des fertigen Proteins entspricht ihrer Codonsequenz auf der RNA/DNA.

Hier ist nicht der Ort, um den genetischen Code in Ausführlichkeit und in aller Gänze darzustellen, aber wir wollen das Beispiel aus Kap. 8 („Der Beginn: Nukleinsäuren kopieren") weiterspinnen. Es handelt sich um ein Hexanukleotid im Doppelstrang:

$$A-G-U-A-C-C \quad (5' \to 3')$$
$$U-C-A-U-G-G \quad (3' \leftarrow 5')$$

Sechs Nukleotide entsprechen zwei Tripletts und damit zwei Aminosäuren. Wenn nun von diesem Stück RNA der erste Strang in Vorwärtsrichtung $5' \rightarrow 3'$ abgelesen wird, ergibt sich das Folgende:

Codons auf Messenger-RNA:	A–G–U—**A–C–C**
	:: ::: :: :: ::: :::
Anticodon auf tRNA:	U–C–A U–G–G
	xx xx
tRNA	xx xx
	xx xx
Aminosäuren:	Serin—**Threonin**

Wenn jedoch der zweite Strang in *seiner* Vorwärtsrichtung $5' \rightarrow 3'$ (das ist vom ersten Strang aus gesehen rückwärts) abgelesen werden sollte, ergibt sich:

Codons auf Messenger-RNA:	G–G–U—**A–C–U**
	::: ::: :: :: ::: ::
Anticodon auf tRNA:	C–C–A U–G–A
	xx xx
tRNA	xx xx
	xx xx
Aminosäuren:	Glycin—**Threonin**

Man erkennt, dass mittels zweier unterschiedlicher Tripletts (A–C–C und A–C–U) der Einbau derselben Aminosäure (Threonin) veranlasst wird, ein Beispiel für die Degeneration des genetischen Codes. Bei im Code „degenerierten" Aminosäuren ist bevorzugt die dritte Base des Tripletts veränderlich.

Noch eine Bemerkung: Man findet in Proteinen mehr als nur die 20 im genetischen Code definierten Aminosäuretypen, beispielsweise Hydroxyprolin im Kollagen. Diese nichtfundamentalen Aminosäuren werden *nach* der Proteinsynthese im fertigen Proteinmolekül erzeugt, indem Standardaminosäuren mittels spezieller Enzyme individuell *in situ* umgewandelt werden.

Nach ihrem Solostart ins Leben haben sich die Nukleinsäuren in den folgenden Millionen Jahren mit den Proteinen besonders eng verbündet, weit über das Verhältnis Enzym – Substrat hinaus. Das lässt sich leicht mit heutigen Beispielen illustrieren, von denen die ersten beiden gemeinsame Strukturen betreffen, das dritte arbeitsteilige gemeinsame Funktionen.

Zum einen ist bei Eukaryonten (siehe unten, Kap. 17, „Entwicklungen") die DNA als Doppelhelix in einer sekundären Spirale auf Wickelkernen aus Histonen (Proteinen) aufgewickelt, die ein integraler Bestandteil der funktionellen DNA-Struktur und –Regulation (auch der Epigenetik) sind. Zum anderen findet die Protein-Biosynthese an Ribosomen statt, kleinen Organellen der Zelle, die aus je zwei stabilen Partikeln geformt werden, die beide aus einer Reihe von Protein- und RNA-Molekülen bestehen. Dabei ist bemerkenswert, dass das katalytische Aktive Zentrum der Ribosomen aus RNA besteht, Ribosomen gehören also zu den wenigen überlebenden Ribozymen, die die Natur bis heute verwendet.

Zum dritten sind an der Regulation der Ablesung von Genen sowohl Proteine (z. B. Repressoren) als auch Nukleinsäuren (z. B. Mikro-RNA) beteiligt. Proteine und Nukleinsäuren sind also mehr als nur Geschwister, sie sind molekulare Symbionten, die heute völlig voneinander abhängig sind und oft nur gemeinsam wirken können. Einer der evolutionär ältesten Bausteine der Struktur von Proteinen, die sogenannte Rossmann-Domäne (engl. *Rossmann fold*), ist eine in zahlreichen Enzymen vorkommende Bindungsstelle von Nukleotiden an Proteine (Kap. 20, „Dehydrogenasen und Rossmann-Domäne", Abb. 20.1).

Zurück zur Ursuppe! Niemand war dabei, als sich in der Natur diese Dinge entwickelten, und es gibt keine ernsthaften Theorien zu dieser Entwicklungshistorie, nur mehr oder weniger plausible Hypothesen. Paul R. Schimmel schlug einen „zweiten genetischen Code" vor, der eine Zwischenstufe in der Entwicklung darstellen könnte. Manfred Eigen und Mitarbeiter versuchten, den Entstehungszeitpunkt des genetischen Codes zu bestimmen. Aus der statistischen Geometrie der transfer-RNAs (tRNA) ermittelten sie ein Alter von 3,8 Mrd. Jahren, allerdings mit einer Fehlerbreite von ±600 Mio. Jahren.

Bevor die katalytischen Eigenschaften der RNA bekannt waren, hatten Manfred Eigen und Peter Schuster (Eigen & Schuster, 1979) einen „Hyperzyklus" erdacht, der mehrere DNA-Protein-Synthesezyklen miteinander koppelte, da spontane Chemie beim Kopieren für korrekte Paarungen nicht zuverlässig genug ist, um ausreichend lange Ketten zu ermöglichen. Damals dachte man noch nicht an die „RNA-Welt" und glaubte, es sei von Anfang an um DNA gegangen. Da aber, wie man jetzt weiß, die Ribozyme da waren, funktionierte alles unter Katalyse, und ein Hyperzyklus war nicht vonnöten, um für ausreichende Kopierpräzision und Stranglänge zu sorgen.

Die Natur nahm sich die Zeit, die notwendig war, oder, anders ausgedrückt, es lief wie es lief, ohne Plan und Absicht, getrieben von den Bedingungen in der Ursuppe, von den Gesetzen der Physik und der Chemie, vom Zufall und vom Erfolg im Sinne von Darwin, von einem Erfolg, der bis hierher nur in der Anreicherung der Moleküle bestanden hatte.

13 Vor-biologische Strukturen

In der Ursuppe waren Unmengen von Aminosäuren, Nukleotiden, kurzen und längeren Peptiden und Ribonukleinsäuren sowie zahllose andere Verbindungen vorhanden, die alle mehr oder weniger frei herumschwammen und miteinander reagieren konnten. Die meisten größeren Moleküle haben Gruppen an ihrer Oberfläche, die gewisse Anziehungs- oder Abstoßungskräfte (elektrische Ladungen, Wasserstoffbrücken, hydrophobe Zonen) zu anderen Molekülen haben. Es können sich also Moleküle zusammenfinden, aneinander binden und größere Strukturen und Aggregate bilden.

Im Sinne der Evolution erhöht es den Erfolg, wenn ein Molekül an solche andere bindet, die für seine Vervielfältigung von Bedeutung sind. Zur Vermehrung eines RNA-Moleküls ist es optimal, wenn zwischen der RNA und einem Ribozym oder Enzym mit der Aktivität RNA-Polymerase eine Anziehung existiert und die beiden leicht zueinander finden oder gleich längere Zeit zusammen bleiben. Dann werden Objekt und Vervielfältigungswerkzeug direkt gekoppelt, die Verweilzeit der Partner beieinander ist erhöht, und Kopien der RNA werden in größeren Mengen hergestellt.

Der ideale Fall tritt ein, wenn die RNA auch noch die Nukleotidsequenz der RNA-Polymerase enthielte. Falls das katalytische Molekül ein Ribozym ist, ist das eine Trivialität, da hier Objekt und Werkzeug ja identisch sind, man benötigt also gar keine Assoziation verschiedenartiger Moleküle. Der interessantere Fall (und der auf lange Sicht wesentlich effizientere) ist aber der, dass der Katalysator ein Enzym ist, also ein Protein.

In diesem Fall trägt die RNA die Nukleotidsequenz, die für die Aminosäuresequenz des Enzyms codiert. Für eine Vervielfältigung des Systems müssen neben dem Enzym auch die Komponenten zur Synthese von Proteinen (u. a. die oben erwähnten Vorläufer der heutigen Ribosomen) in greifbarer Nähe sein. So ein Komplex kann also ganz schön umfangreich werden, ist aber vielleicht nicht besonders stabil. Die Stabilität muss jedoch ausreichen, dass die Komponenten im Falle ihres Zusammentreffens ausreichend lange in Kontakt bleiben, so dass die Bildung des Komplexes auch einen evolutionären Vorteil bietet.

Wir gehen also davon aus, dass im Urmeer nicht nur Einzelmoleküle gelöst waren, sondern auch größere Komplexe aneinanderhängender Moleküle existierten, Komplexe aller möglichen Größen und Zusammensetzungen. Dass solche Komplexe keine bloßen hypothetischen Konstruktionen sind, geht schon daraus hervor, dass wir heute noch Nachfahren von einigen von ihnen haben. Zumindest kann man manche modernen Strukturen so deuten, als wären ihre Vorläufer schon vor der Ausbildung der Zellen vorhanden gewesen. Man muss da zwei verschiedene Fälle unterscheiden. Der eine Fall der „Nachfahren" sind Strukturen innerhalb der Zellen, der andere sind die Nachfahren der Komplexe aus der Ursuppe, die bis heute außerhalb der Zellen geblieben sind.

Innerhalb der Zelle sehen wir z. B. die Quartärstruktur der Proteine, bei der die Untereinheiten (Polypeptidketten) eines Proteins relativ fest (aber nicht kovalent) ge-

https://doi.org/10.1515/9783110783155-014

bunden zu einem großen Gesamtmolekül aus mehreren Untereinheiten zusammengefunden haben. Dieses System dürfte sich schon sehr früh entwickelt haben, lange vor der Entstehung der Zellen. Ähnlich sind die etwas weniger fest gebundenen Multienzymkomplexe, in denen sich mehrere Enzyme eines einzigen Stoffwechselwegs zusammenfinden, die in diesem Stoffwechselweg aufeinanderfolgen und somit in ihrer Funktion kooperieren. Auch die Ribosomen sind so ein Beispiel und ganz speziell auch die Komplexe der Nukleinsäuren mit Histonen. Obwohl der Inhalt einer Zelle prinzipiell flüssig ist, sind die Bestandteile der Zelle relativ wohl geordnet, diese Komponenten werden durch Kräfte in ihrer Anordnung gehalten, die schon in der Ursuppe wirksam gewesen sein dürften.

Andere Nachfahren der Komplexe in der Ursuppe sind außerhalb der Zellen geblieben, das sind die Bakteriophagen und die später daraus entstandenen Viren. Diese Partikel sind eher mit Molekülkomplexen zu vergleichen als mit Zellen, denn sie enthalten keine Zellflüssigkeit (Cytosol) und besitzen weder einen Stoffwechsel noch die Fähigkeit, sich autonom fortzupflanzen. In der Ursuppe wurden sie fortgepflanzt, das Urmeer war quasi eine einzige Riesenzelle, in der alles Notwendige offen und erreichbar war, die Vermehrung dieser „Informationspakete" war kein Problem.

Das lokale Medium, in dem sich diese Vorstufe des Lebens abspielte, nennt man Protoplasma, in ihm waren alle Komponenten des vorläufigen Lebens vorhanden, und die Vermehrung, die später bei der Existenz von Zellen das echte Leben kennzeichnen sollte, fand auf der Ebene der Moleküle statt. Der Begriff Protoplasma sollte aber nicht für das gesamte Urmeer verwendet werden, ein echtes Protoplasma existierte eher in besonderen Zonen im Urmeer. Für die Entstehung von Komplexen, die mit ihren Komponenten in einem Assoziationsgleichgewicht stehen, ist die Konzentration dieser Komponenten sehr wichtig. Von Protoplasma sprechen wir also bei Zonen mit höherer Konzentration der Moleküle, aus denen das Leben entstehen sollte. Wo aber waren diese Zonen?

Eine Anreicherung von in Wasser gelösten Stoffen tritt ein, wenn Wasser verdunstet und sich dadurch das Volumen der Lösung verkleinert. So etwas geschieht bevorzugt in abgetrennten Teilen des Meeres oder in solchen, zu denen nur ein besonders enger Zugang besteht, z. B. in unterseeischen Höhlen und in flachen Lagunen. Ein anderer Mechanismus, um Konzentrationen lokal zu erhöhen, existiert an gewissen Oberflächen, also am Ufer und am Meeresgrund. Vor allem Tonmineralien werden in diesem Zusammenhang diskutiert, da sie stark porös sind. Die starke Krümmung der Oberfläche kleiner Poren ändert das Verhalten von Wasser und gelösten Molekülen, so dass eine deutliche Anreicherung vieler Substanzen durch Adsorption direkt an der Oberfläche der Poren eintritt. Die beschriebenen Komplexe und Aggregate, die vergrößerten Molekülstrukturen, traten also bevorzugt an ganz besonderen Stellen auf.

Mehr als 1 Mrd. Jahre später wurden aufgrund der Sauerstoffentwicklung durch die Cyanobakterien das Protoplasma und die organisch-chemischen Substanzen im Meer durch Oxidation vollständig zerstört, und nur noch das nackte Meerwasser blieb

```
        PPP    PPP    PPP    PPP
      P PPP P PPP P PPP P PPP
   PPP                          P
   PPP        NNNNNNNNNN       PPP
    P                 N        PPP
   PPP       NNNNNNNNNNNN       P
   PPP     N                   PPP
     P      NNNNNNNNNNNN       PPP
   PPP                 N        P
   PPP        NNNNNNNNNNN      PPP
     P                        PPP
      PPP P PPP  P PPP  P PPP  P
        PPP    PPP    PPP    PPP
```

Abb. 13.1: Schematische Darstellung eines Virus. Die gewundene Schlange aus „N" stellt die RNA-Kette dar, das genetische Material. Die Pakete aus 6 „P" mit einem zusätzlichen einzelnen „P" symbolisieren die miteinander verbundenen Proteinmoleküle der Hülle. Die Aminosäuresequenz des Hüllproteins ist auf der RNA des Virus gespeichert, ebenso diejenige von Enzymen, vor allem denjenigen, die innerhalb der befallenen Zelle die RNA kopieren können (RNA-Polymerase) und sonstwie nützlich sind.

übrig. Den Bakteriophagen war damit die Grundlage ihres Lebens entzogen. Um weiterhin existieren zu können, benötigten sie von da an lebende Zellen, die den Apparat für ihre Vermehrung bereitstellen. Die Details der Virusexistenz werden sehr kompakt von Rolf Knippers (1971) beschrieben.

Immerhin existierten die Zellen und die vor-zellulären kleineren Strukturen, die Bakteriophagen, sehr lange Zeit nebeneinander und konnten sich ergänzen. Innerhalb der heute noch übrig gebliebenen Partikel findet man auch noch die Ergebnisse der beschriebenen frühen Assoziationen. So ist in der Familie der sehr großen Coronaviren nicht einfach die nackte RNA im Inneren aufgewickelt, sondern sie bindet das sogenannte N-Protein an sich, so dass ein RNA-Protein-Komplex aufgewickelt wird, ähnlich dem DNA-Histon-Komplex im Zellkern der Eukaryonten.

In Abb. 13.1 ist schematisch ein einfaches Virus dargestellt. Bakteriophagen und Viren dürften wohl die ältesten Zeugen der Entstehung des Lebens sein. Sie entstammen einer Zeit noch vor der Entstehung der lebenden Zellen und waren wahrscheinlich wichtig dafür, dass diese überhaupt entstehen und eine brauchbare Mindestmenge von biochemisch aktiven Substanzen enthalten konnten, um lebensfähig zu sein. Ohne die „Zusammenrottung" der Moleküle in größeren Komplexstrukturen wäre es kaum möglich gewesen, dass die kleinen Zellen alle entscheidenden Komponenten für ihr vorerst noch einfaches Leben erhalten hätten. Trotz allem darf man Bakteriophagen und Viren nicht für Lebewesen halten. Sie existierten schon in der Vorphase, aber sie sind das, was sie schon damals waren, große Komplexe von Molekülen ohne Zellinnenraum, ohne Stoffwechsel und ohne die Fähigkeit, sich autonom fortzupflanzen.

14 Individuen

In der Ursuppe tummelten sich bevorzugt wasserlösliche bzw. wasserfreundliche (hydrophile) chemische Verbindungen. Es gab aber auch wasserabstoßende, hydrophobe bzw. lipophile Verbindungen. Vor allem wichtig waren die sogenannten amphoteren, die einen wasserfreundlichen und einen wasserabstoßenden Teil haben. Wenn diese Moleküle klein sind, nennt man sie Detergentien, unsere Waschmittel sind von diesem Typ. Die großen klumpen in Wasser zusammen und bilden Aggregate, die ihre wasserfreundlichen Teile nach außen drehen und die wasserabstoßenden Teile nach innen wenden.

Auch eine ganze Reihe von Aminosäuren haben eine lipophile Seitenkette, weshalb Proteinketten ebenfalls amphoter sind und sich bevorzugt so falten, dass die wasserfreundlichen Seitenketten nach außen und die wasserabstoßenden nach innen (das „Öltröpfchenmodell" der Proteinstruktur) zeigen.

Ein weiteres Beispiel sind die Phospholipide (Abb. 14.1), die mit ihrem Phosphorsäurekopf (hier: Cholinphosphat) wasserfreundlich sind, mit ihrem Lipidschwanz (Fettsäuren, hier: Stearinsäure und die ungesättigte Ölsäure) dagegen wasserabstoßend. Bei Fettmolekülen sind drei Moleküle Fettsäuren mit Glyzerin verestert (Triglyzeride), bei Phospholipiden ist eine der Fettsäuren durch eine Phosphatverbindung mit elektrischer Ladung ersetzt.

Wie und wo können diese Moleküle auf der jungen Erde spontan entstanden sein? Kohlenwasserstoffe sind Verbindungen, die nur aus Kohlenstoff und Wasserstoff bestehen (zu dieser Substanzklasse gehören Benzin, Dieselkraftstoff, Schmieröl und dergleichen) und noch wasserabstoßender sind als Pflanzenöle. Die Fettsäuren sind Verbindungen von Kohlenwasserstoffen mit einer Säuregruppe. Synthesen dieser Substanzen sind in wässriger Lösung undenkbar, wenn man noch keine lebenden Zellen und ihre Enzyme hat. Wie also und wo können diese Moleküle entstanden sein?

Der Geologe Ulrich Schreiber weist darauf hin (Schreiber, 2019), dass in Tiefen um 1000 m in geologischen Bruchzonen Hohlräume existieren, in denen sich Wasser ansammelt und in denen aufgrund des hohen Drucks in der Tiefe (>74 bar) aus dem Untergrund aufsteigendes Kohlendioxid im überkritischen Zustand vorliegt. Dieser Zustand ist zwar der Gaszustand bei über 31 °C, aber aufgrund des hohen Drucks wird das Gas so stark komprimiert, dass es manche Eigenschaften einer Flüssigkeit aufweist. Diese „Flüssigkeit" ist jedoch hydrophob, in ihr können Synthesen von hydrophoben Molekülen ablaufen.

Da das überkritische Gas durch das Wasser hindurchperlt, besteht die Möglichkeit von Stoffaustausch zwischen Wasser und dem hydrophoben Kohlendioxid. Bei Druckschwankungen zwischen über 74 bar und unter 74 bar kann das Kohlendioxid zwischen dem überkritischen und dem unterkritischen (regulären) Gaszustand wechseln und dabei die entstandenen Substanzen an das Wasser abgeben. Dieses Szenario scheint viele Möglichkeiten für Synthesen zu bieten, die in Wasser allein nicht so ohne weiteres vorstellbar sind, z. B. Fettsäuren als Grundsubstanz für die Phospholipide.

https://doi.org/10.1515/9783110783155-015

$$CH_3\text{-}CH_2\text{-}(CH_2\text{-})_6\text{-}CH_2\text{-}CH_2\text{-}CH_2\text{-}CH_2\text{-}CH_2\text{-}CH_2\text{-}CH_2\text{-}CH_2\text{-}CH_2\text{-}CO\text{-}O\text{-}CH_2$$
$$|$$
$$CH_3\text{-}CH_2\text{-}(CH_2\text{-})_6\text{-}CH\text{=}CH\text{-}CH_2\text{-}CH_2\text{-}CH_2\text{-}CH_2\text{-}CH_2\text{-}CH_2\text{-}CH_2\text{-}CO\text{-}O\text{-}CH$$
$$|$$
$$(CH_3)_3N^+\text{-}CH_2\text{-}CH_2\text{-}O\text{-}PO_2^-\text{-}O\text{-}CH_2$$

Abb. 14.1: Phospholipid (mit Stearinsäure, Ölsäure, Phosphocholin).

Diese Lipidmoleküle können sich parallel aneinanderlegen, so dass sie eine geschlossene Fläche bilden, mit dem (hydrophilen) Kopf an der einen Oberfläche und mit dem lipophilen Schwanz in die Gegenrichtung zeigend. Man hat also eine sehr dünne Schicht (ca. 2 nm dick), die nur aus einer einzigen Lage von Molekülen besteht und auf der einen Seite wasserfreundlich und auf der anderen wasserabstoßend ist.

Wenn sich nun zwei solcher Schichten so zusammenfinden, dass die wasserabstoßenden Seiten aufeinanderliegen, bekommt man eine aus einer Doppelschicht bestehende Haut, die auf beiden Seiten wasserfreundlich ist, aber im Inneren lipophil und für alle wasserlöslichen Substanzen undurchlässig. Natürlich kann sich auch ein größerer einschichtiger Fleck falten, um einen halb so großen zweischichtigen zu erzeugen. Wir haben jetzt eine Doppelschicht, eine ca. 4 nm (Nanometer) dicke Lipidmembran (Abb. 14.2).

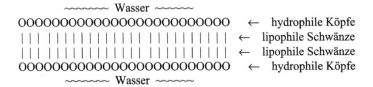

Abb. 14.2: Lipiddoppelmembran.

Solch eine Lipidmembran kann eine offene Fläche sein, aber auch eine geschlossene Kugelschale ausbilden, ein Liposom (Abb. 14.3), das ein kleines Tröpfchen Wasser enthält (es spielt sich ja alles im Wasser ab). Falls sich in diesem eingeschlossenen Wassertröpfchen zufällig ein paar Nukleotide und Aminosäuren, Nukleinsäure- und Proteinmoleküle befinden, so ist damit ein kleines Stückchen Biochemie isoliert und von der Außenwelt abgeschirmt, das Liposom wird zur „Vesikel". Diese Abschirmung bedeutet einen effizienten Schutz gegen das Gefressenwerden, d. h. gegen die Zerstörung durch aggressive Enzyme.

Es ist ein erheblicher Vorteil, wenn das kleine Stückchen Biochemie, das das Tröpfchen enthält, möglichst viele biochemisch funktionale Substanzen enthält. Die in Kap. 13 („Vor-biologische Strukturen") beschriebenen größeren Komplexe und Aggregate von Nukleinsäuren und Proteinen stellen einen wesentlich besseren Grundstock für das Funktionieren einer lebenden Zelle dar, als es das rein statistische und zufällige Aufsammeln von ein paar Einzelsubstanzen wäre.

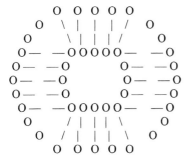

Abb. 14.3: Liposom (schematisch).

Auf Dauer wäre es ein Vorteil, wenn die Lipidmembran nicht ganz perfekt wäre und ein paar Unregelmäßigkeiten, Löcher hätte. Große Löcher wären wertlos, da keine Abtrennung von der Außenwelt mehr da wäre. Aber kleine Löcher bilden Poren, die eine beschränkte Verbindung zur Außenwelt sind. Durch diese Poren können einzelne kleine Moleküle (z. B. Nukleoside, Nukleotide, Aminosäuren, Zucker, Phosphorsäure oder Salze aller Art) ausgetauscht werden.

Als Optimierung dieses Mechanismus können sich spezielle Proteine herausbilden, die „um den Bauch herum" lipophil sind und die Ränder der Poren in der Membran auskleiden oder einsäumen können. Aus diesen „Membranproteinen" können sich im Laufe der Zeit Spezialisten entwickeln, die nur spezifische kleine Moleküle durchlassen und andere aussperren, oder nur elektrisch geladene Moleküle und Atome (Ionen) durchlassen. Andere Membranproteine, die Rezeptoren, können auf äußere Einflüsse reagieren und nach innen die entsprechenden Signale abgeben.

Es bilden sich Spezialisten von Proteinen aus, im Inneren der Vesikel wie auch auf der Außenfläche. Der Phantasie sind keine Grenzen gesetzt. Wir wissen nicht, wie sich diese Dinge tatsächlich im Detail abgespielt haben, aber sie sind geschehen, und diese durch eine Lipidmembran abgetrennten, biochemische Substanzen enthaltenden Tröpfchen waren die ersten primitiven Vorläufer der lebenden Zellen, die Protozellen.

Erstaunlicherweise spielte sich die Ausbildung von Zellen mindestens zweimal ab. Wir wissen das, weil es noch eine ganz andere Art von Membranen gibt, die unabhängig vom oben beschriebenen Typ von Membran bzw. Doppelmembran entstanden sein muss, da sie mit dieser nicht kompatibel ist. Die oben beschriebene Phospholipidmembran findet sich heute bei allen Bakterien und ebenso bei allen eukaryontischen Ein- und Mehrzellern (Pflanzen, Pilzen und Tieren). Der andere Membrantyp findet sich nur bei den Archäen, die mehr oder weniger gleichzeitig mit und unabhängig von den Bakterien entstanden waren.

Das allgemeine Prinzip des Aufbaus von Membranen (Abb. 14.2) und Liposomen (Abb. 14.3) bleibt gewahrt, aber die lipophilen Seitenketten der Lipide sind bei Archäenmembranen andere als in Abb. 14.1, keine Fettsäuren sondern Terpenalkohole

(Abb. 14.4), d. h. sie sind Abkömmlinge des Isoprens:

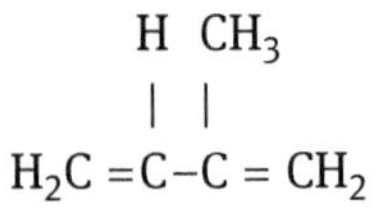

$$\begin{array}{cc} H & CH_3 \\ | & | \\ H_2C = C - C = CH_2 \end{array}$$

Isopren (1-Methyl-Butadien) ist der Grundstoff für die große chemische Familie der Terpene, die aus Terpeneinheiten (Terpen = zwei Moleküle Isopren) bestehen. Sehr viele Naturstoffe gehören zu dieser Familie. Beispielsweise ist der Naturkautschuk das Polymer des Isoprens, Polyisopren. Auch das Limonen, der Hauptduftstoff der Zitrusfrüchte, gehört zu den Terpennaturstoffen. Dazu kommt noch die noch weitaus größere chemische Gruppe der verwandten Terpenoide.

Da nicht (Fett)Säuren sondern (Diterpen)Alkohole an das Glyzerin gebunden sind, handelt es sich hier nicht um Ester-, sondern um Ätherbindungen. Diese sind vor allem bei höheren Temperaturen stabiler als Esterbindungen, aber auch weniger empfindlich gegen Säuren und Laugen. Das gibt den Archäen eine sehr hohe Stabilität auch unter extrem widrigen Bedingungen.

Eine weitere Besonderheit der Archäen ist, dass es auch Membranen gibt, die man formal korrekt als Einzelmembranen bezeichnen muss. Sie bestehen aus Tetraterpendi-Alkoholen (enthalten also acht Isopreneinheiten), die über die Alkoholgruppen an beiden Enden mit Glyzerin verbunden sind. Das kann man sich so vorstellen, dass bei einer Doppelmembran die hydrophoben Enden, die in der Mitte zwischen den beiden Schichten zusammentreffen, chemisch verbunden sind. Das auf beiden Seiten hydrophile Lipidmolekül dieser Einzelmembranen erfüllt also dieselbe Funktion wie zwei gegenüberliegende Moleküle einer Doppelmembran.

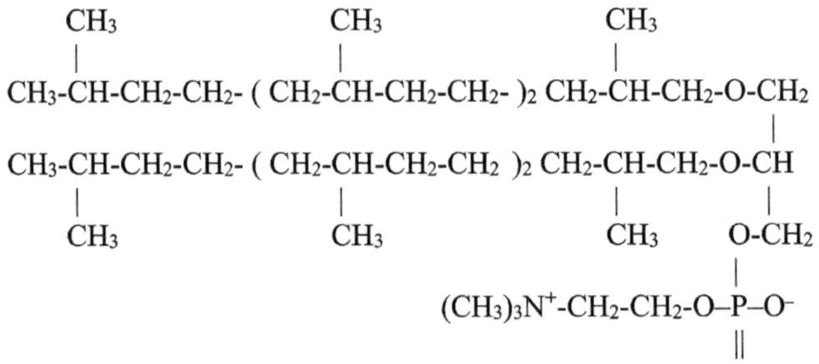

$$\begin{array}{c} CH_3 \qquad\qquad CH_3 \qquad\qquad CH_3 \\ | \qquad\qquad\quad | \qquad\qquad\quad | \\ CH_3\text{-}CH\text{-}CH_2\text{-}CH_2\text{-} (CH_2\text{-}CH\text{-}CH_2\text{-}CH_2\text{-})_2\ CH_2\text{-}CH\text{-}CH_2\text{-}O\text{-}CH_2 \\ | \\ CH_3\text{-}CH\text{-}CH_2\text{-}CH_2\text{-} (CH_2\text{-}CH\text{-}CH_2\text{-}CH_2\ )_2\ CH_2\text{-}CH\text{-}CH_2\text{-}O\text{-}CH \\ | \qquad\qquad\quad | \qquad\qquad\quad | \qquad\quad | \\ CH_3 \qquad\qquad CH_3 \qquad\qquad CH_3 \qquad O\text{-}CH_2 \\ | \\ (CH_3)_3N^+\text{-}CH_2\text{-}CH_2\text{-}O\text{-}P\text{-}O^- \\ \| \\ O \end{array}$$

Abb. 14.4: Archäenphospholipid (mit zwei Diterpenalkoholresten).

Seit dem Zeitpunkt der Entstehung der Lipidmembranen und ihrer Benutzung zum Einhüllen kleinster Tröpfchen spielte sich die Entwicklung des Lebens nicht mehr in einer gigantischen vom Wind durchgerührten weltweiten Schüssel der Ursuppe ab, sondern es gab kleine Kompartimente (abgeteilte Räume), die jeweils eine eigene Entwicklung durchmachen und miteinander in Konkurrenz treten konnten. Es gab die ersten allereinfachsten Individuen. Wo entstanden sie? Wohl nicht im offenen Meer, eher an einer (porösen) Oberfläche. Ein geeigneter Ort wäre im Inneren der alkalischen Schlote auf dem Meeresgrund, direkt an der Energiequelle des Protonengradienten.

Mit dem Entstehen von individuellen Einheiten verlor die „chemische Evolution" ihre maßgebliche Bedeutung, und die Zeit der Biologie und der biologischen Evolution begann. Mit den Zellen waren individuelle Eigenschaften verbunden, und die große Konkurrenz der Entwicklung fand nicht mehr zwischen Molekülen oder chemischen Systemen in derselben riesigen Retorte statt sondern zwischen den einzelnen Zellen, die sich differenzieren und zu verschiedenen Typen entwickeln konnten.

Die Ausbildung von Individuen konnte aber nur erfolgreich sein, wenn die enzymatische Katalyse der wichtigen chemischen Reaktionen voll entwickelt war. Das bedeutet, dass Enzyme existierten und ihre Aminosäuresequenz auf der RNA zuverlässig gespeichert war. Ohne ein gut funktionierendes System von Katalyse und Enzymen würden die kleinen isolierten Zellen in kürzester Zeit an den unerwünschten Nebenprodukten „ersticken", die von mangels Katalyse unsauber laufenden Reaktionen produziert werden. Diese Nebenprodukte könnten aufgrund der Hüllmembranen nicht mehr in der Ursuppe verteilt werden.

Lipidmembranen bilden auch heute noch die Wände aller lebenden Zellen. Bei Pflanzen sind sie noch mechanisch durch eine Zellulosewand verstärkt, bei Bakterien durch ein sogenanntes Kapsid aus Polymeren spezieller Zucker. Diese mechanischen Stützschichten haben große Poren, die die Passage von Molekülen jeder Größe erlauben, aber die „inneren Membranen", die Lipidmembranen, sind mit Membranproteinen in großer Vielfalt ausgestattet, die kleinste Poren bilden und allen Import und Export von Molekülen in und aus der Zelle kontrollieren und spezifisch regeln.

Die kleinen Protozellen im Urmeer verfügten nicht mehr über die Vielfalt der Optionen und Variationen von Molekülen der Gesamtursuppe, ihr Gehalt an Makromolekülen war durch die Membran von der Außenwelt und dadurch vom beliebigen Zugang zum ganzen Weltvorrat an makromolekularen Biochemikalien weitgehend abgeschnitten. Dieser Zellinhalt, speziell natürlich die Nukleinsäuren, die alle Information tragen, war jetzt ziemlich isoliert und wurde statischer. Irgendwelche Verbesserungen der Stabilität von Molekülen oder der Effizienz von Enzymen konnten nicht mehr durch einfache Aufnahme von Komponenten aus der Umgebung erreicht werden.

Um dieses System und seine Ordnung zu erhalten, wird laufend Energie benötigt. Es müssen energiereiche Substanzen durch die Membran aufgenommen und intern verarbeitet werden. Das gesamte System der Aufnahme von Substanzen, ihre interne Verarbeitung zur Aufrechterhaltung von Struktur und Funktion und gegebenenfalls Entfernung von Abfall nennt man Stoffwechsel oder Metabolismus. Im offenen Meer war alles für alle Zwecke zugänglich, aber mit der Abteilung von Zellen und der Entstehung von Individuen müssen alle Vorgänge individuell gesteuert und ausgeführt werden. Mit dem Etablieren des Stoffwechsels wurde ein wichtiger Punkt der in Kap. 1

(„Allgemeine Grundlagen") erwähnten Bedingungen für das Vorhandensein von Leben erfüllt.

15 Vermehrung

Wie ging es nun weiter mit den von einer Lipidmembran umgebenen Zellen? Die Zellen entstanden bei günstigen Bedingungen quasi spontan und wurden bei ungünstigen Bedingungen wieder zerstört. Es gab aber noch keine Vermehrung der einzelnen Zellen, beispielsweise durch Zellteilung. Viel Zeit verging, bis sich ein Vermehrungssystem entwickelt hatte, aber in der Zwischenzeit herrschte keinesfalls Stillstand. Die spontan entstandenen Zellen nahmen durch ihre Poren Nahrungsstoffe auf, gewannen daraus Energie, schieden Abbauprodukte aus, bewegten sich; kurz, sie lebten, und zwar ohne Zeitlimit. Zellen, die nicht verhungerten, zu dicht ans UV-Licht der Sonne kamen, sich überhitzten, vergiftet oder von anderen gefressen wurden, lebten einfach weiter.

Durch gelegentliches Auftreten etwas größerer Löcher in der Membran konnten auch Stücke von Nukleinsäuren nach außen abgegeben werden. Man lernte auch, solche Stücke außen zu erkennen und in die Zelle hereinzuschaffen. Dadurch konnten neue Errungenschaften zwischen Zellen übertragen werden. Letztendlich gab es auch die Fähigkeit, Nukleinsäurestücke (Plasmide) direkt von Zelle zu Zelle zu übertragen. Dieser „horizontale Gentransfer" (Informationsaustausch) war enorm wichtig für die weitere Entwicklung.

Damit konnten sich nützliche Gene, die irgendwo erfunden worden waren, über viele Zellen verbreiten, neu erworbene Fähigkeiten (Enzyme und ihre Gensequenzen) konnten in fertiger, funktioneller Form zwischen Zellen ausgetauscht werden. Die Zellen waren nicht mehr völlig isoliert und nicht mehr von der allgemeinen Entwicklung abgeschnitten. Diese Entwicklung war gekoppelt an eine systematische Vermehrung des Genoms, die mit den unten angeführten Begriffen Genverdoppelung und springende Gene vergleichbar ist.

Neue Systeme bildeten sich aus, z. B. Geißeln zum Zweck der aktiven Bewegung. Das geschah durch Mutationen der Nukleinsäure und verbreitete sich vor allem durch horizontalen Gentransfer. Auf diese Weise formte sich auch ein Apparat von Enzymen und Steuerungen, der es einer Zelle ermöglichte, alle wichtigen Komponenten intern zu verdoppeln, vor allem die Nukleinsäuren, den Informationsspeicher.

Der nächste Schritt war dann, diese Duplikate in zwei getrennten Hälften der Zelle zu isolieren, wofür sich ein Spindelapparat entwickelte, der die einzelnen Komponenten mittels kontraktiler Fäden in die jeweilige Hälfte zog. Gleichzeitig lernten die Zellen, die Zellmembran zwischen den Hälften einzuschnüren und zu durchtrennen, so dass aus einer Zelle zwei entstehen konnten (Abb. 15.1). Dabei wird das gesamte Material der Ursprungszelle an die beiden Tochterzellen weitergegeben und somit erhalten. Es gab keinen systematischen Tod, nur Tod durch äußere Ereignisse (Unfall, Verhungern, Vergiftung, Überhitzung, Verstrahlung, gefressen werden und andere Unglücksfälle.). Über Details der Vorgänge der bakteriellen Zellteilung in ihrer modernen Form kann man sich bei Slonczewski und Foster (2012) informieren.

https://doi.org/10.1515/9783110783155-016

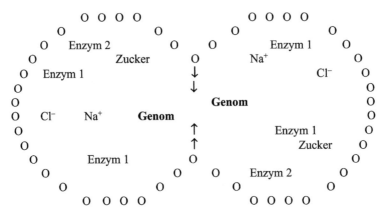

Abb. 15.1: Zellteilung (schematisch).

Damit war das wirkliche Leben entstanden, wie es unserer Definition entspricht, die Vermehrung durch Zellteilung, wobei das vorhandene Erbgut von der Mutterzelle verdoppelt und auf beide Tochterzellen übertragen wurde. Mit der Zellteilung entstand der vertikale Gentransfer, die Weitergabe der genetischen Information von einer Generation zur anderen.

Die Konkurrenz zwischen den Zellen und Zelltypen nahm jetzt neue Formen an. Der wichtigste Gesichtspunkt war nun die Fähigkeit zur Vermehrung. Ein Zelltyp, der vitaler ist und sich stärker vermehren kann als die Konkurrenten, setzt sich durch und verdrängt andere Zellen. Das ist das Prinzip der von Charles Darwin beschriebenen evolutionären natürlichen Auslese, dem „*survival of the fittest*" bei Einzellern.

Teil III: **Die weitere Entwicklung der Einzeller**

16 Mutationen, Sequenz, Struktur

Um in einzelnen Zellen eine Weiterentwicklung zu ermöglichen, konnte von jetzt an nur noch mit der im Innenraum der Zelle vorhandenen Nukleinsäure gearbeitet werden. Diese Weiterentwicklung basiert auf Veränderungen und geschieht ganz von selbst, ohne dass die Zelle sich darum kümmern müsste. (Bei natürlichen Vorgängen „kümmert" sich niemand, sie folgen alle spontan und zwangsweise den Naturgesetzen.) Bei den direkt folgenden systematischen Dingen berühren wir auch schon mal die Welt der DNA und die der Mehrzeller.

Veränderungen der Nukleotide können sich durch die Wirkung der natürlichen radioaktiven Strahlung ergeben, die zu Anfang des Lebens etwa fünfmal intensiver war als heute, durch die kosmische Höhenstrahlung oder aufgrund von chemischen Einflüssen wie durch das Verfrachten der Zelle in eine stärker saure Umgebung, oder tückische Chemikalien (Mutagene) dringen ein, reagieren mit Nukleotiden und verändern die Basen.

Die energiereiche Strahlung (ionisierende Strahlung wie Radioaktivität und Röntgenstrahlen) wirkt über chemische Reaktionen. Durch die hohe Energie der Strahlung werden Wassermoleküle gespalten, aber nicht wie bei der in Kap. 6 beschriebenen spontanen Dissoziation unter Erhalt der Elektronenpaare in H^+ und OH^- (bzw. H_3O^+ und OH^-), sondern unter Auftrennung eines Elektronenpaares in die sehr energiereichen und extrem reaktiven Radikale $\cdot H$ und $\cdot OH$. Diese Radikale reagieren mit den Basen der Nukleinsäuren und verändern sie.

Auch Fehlfunktion der Ribozyme oder Enzyme des RNA-/DNA-Kopierens ist möglich, z. B. Überspringen einer oder mehrerer Basen, oder Verdoppelung von Genteilen und Genen. Genverdoppelungen können auch systematisch gesteuert sein. Der Zufall liegt dann beim eher unauffälligen Start dieser Vorgänge, die ihrerseits Mechanismen auslösen, die zu Genverdoppelungen führen. Ein wichtiges Thema sind in diesem Zusammenhang die „springenden Gene", die Transposons. Wir wissen nicht, wann dieser Mechanismus entstand, heute ist er aber in allen Domänen des Lebens verbreitet. Die springenden Gene sind von speziellen signalisierenden Sequenzen eingerahmt, an denen sie von den Enzymen erkannt werden, die das „Springen" (eigentlich: Versetzen) durchführen. Es gibt auch autonome Transposons, die die Enzyme für ihren Transport gleich selbst mitbringen; dafür müssen diese aber zuerst einmal abgelesen und synthetisiert werden.

Heute existieren zwei Typen des Mechanismus des Springens. Die einen Transposons bleiben in der DNA-Form und können sich lediglich versetzen, sie sind also nicht an Genverdoppelungen beteiligt, es handelt sich um eine konservative Transposition. Vom anderen Typ wird eine RNA-Kopie gemacht, und diese RNA kann an verschiedenen Stellen des Genoms durch eine Reverse Transkriptase wieder in DNA zurückkopiert und ins Genom eingesetzt werden. Damit können Gene nicht nur verdoppelt, sondern vervielfacht werden (replikative Transposition). Es ist anzunehmen, dass in

https://doi.org/10.1515/9783110783155-017

den frühen Stadien der Entwicklung alles über RNA abgewickelt wurde. Beim Menschen haben 45 % aller Gene die Fähigkeit zu springen, sie machen aber nur 3 % der Länge des Genoms aus. Beim Frosch sind es 77 % der Gene, beim Mais sind es 85 %. Außer Transposons sind aber auch noch weitere Möglichkeiten der Genverdoppelung und auch anderer Veränderungen denkbar.

Eine weitere Methode, das Genom einer Zelle zu verändern und mit neuen Informationen zu versehen, ist der direkte Austausch kleiner Stücke oder Pakete von Nukleinsäuren zwischen den Zellen. Solche Stücke nennt man Plasmide, heutige Plasmide sind zu einem Ring geschlossen. Größere Pakete, die in einer Proteinhülle (Kapsid) verpackt sind und nicht direkt übertragen werden, sondern sich in der Umgebung frei verteilen, werden Viren oder Bakteriophagen (Bakterienviren, eigentlich „Bakterienfresser") genannt. Sie spielen in der Evolution eine große Rolle, die lange nicht erkannt wurde.

Diese Informationspakete ohne Kopiermaschine sind *keine* Lebewesen, sie haben kein Cytosol (Zellsaft), sondern sind trockenes Material. Daher laufen in ihnen keine chemischen Reaktionen ab, sie haben keinen Stoffwechsel (siehe den ersten Absatz von Kap. 1, „Allgemeine Grundlagen"). Obwohl sie aus biochemischem Material bestehen, sind sie tote Materie, eigentlich sind sie eine spezielle Art biologischer Gifte.

Durch Viren können schädliche (Nukleinsäure)Informationen in die Zelle eingeschleust werden, gegen die sich diese schützen muss. Ein möglicher Weg besteht darin, die unerwünschte fremde Sequenz zu inaktivieren, indem man ihre Basen chemisch verändert, z. B. Methylgruppen an C-5 der Cytosinbasen anhängt. Das ist beim Kampf gegen Viren eine weitverbreitete Methode aller Lebewesen. Aus derartigen Entwicklungen entstanden später die sogenannten epigenetischen Mechanismen.

Die Veränderungen der Nukleotidsequenz der Nukleinsäuren nennt man Mutationen; wenn nur ein einziges Nukleotid betroffen ist, spricht man von einer Punktmutation. Größere Mutationen können auch durch Fehlfunktion der Enzyme entstehen, die für die Bearbeitung der Nukleinsäure verantwortlich sind. Wenn beim Kopieren ein Stück übergangen wird, wird die Kopie kürzer und es entsteht eine „Lücke", eine sogenannte Deletion.

Die meisten Punktmutationen haben gar keinen Einfluss auf die Vitalität der Lebewesen, sind also neutral. Sehr viele sind schädlich und können beispielsweise zur Verringerung der Leistungsfähigkeit eines Enzyms führen oder im Extremfall sogar zum Absterben der Zelle. Nur ganz wenige haben für die Zelle positive Effekte, und diese sorgen dafür, dass die Zelle ihre Möglichkeiten steigert und z. B. größer wird oder länger überlebt.

Wenn die Schädlichkeit mancher Mutationen von Strukturgenen gering ist, kann häufig der Schaden durch eine zweite Mutation kompensiert werden. Beispielsweise kann der Austausch einer Aminosäure Isoleucin durch die Aminosäure Valin dazu führen, dass im hydrophoben Kern eines Proteinmoleküls eine Lücke in der Größe einer $-CH_2$-Gruppe entsteht, die das Molekül leicht destabilisiert. Dann kann durch später erfolgenden Austausch einer anderen Aminosäure, die räumlich an diese Lücke grenzt (in der Sequenz kann sie weit entfernt sein), diese Lücke wieder gefüllt und damit die volle Stabilität wiederhergestellt werden. Dabei muss dann die betroffene Aminosäure durch eine solche ersetzt werden, die, um die Lücke auszufüllen, genau eine $-CH_2$-Gruppe mehr hat, z. B. Valin durch Isoleucin, Glycin durch Alanin, oder Serin durch Threonin.

Falls bei Doppelaustauschen der zweite Schritt den Effekt des ersten voll kompensiert, kann die Aminosäuresequenz verändert werden, ohne dass sich die Gesamtstruktur des Moleküls und seine Stabilität und Funktion verändern. Solche kompensierenden Mutationen sind also wirkungsneutral. Eine Folge kompensierender Mutationen kann auch drei oder mehr Schritte enthalten, aber da diese Vorgänge in zeitlichem Abstand erfolgen, darf jeder Schritt Struktur, Stabilität und Funktion des Moleküls nicht wesentlich beeinträchtigen. Andernfalls wäre nämlich schnell Schluss mit der Weiterentwicklung, falls das betroffene Molekül für das Überleben wichtig ist.

Das Verändern der Sequenz bei unveränderter Faltung der Polypeptidkette und die Weitervererbung führt dazu, dass über längere Zeiträume wichtige Proteinstrukturen bei unterschiedlichen Arten von Organismen konstant bleiben können, obwohl die zugrunde liegenden Sequenzen differieren. Die Sequenzen dieser Enzyme können sich also bei verschiedenen Spezies unter Erhalt der Funktion auseinanderentwickeln (divergente Evolution). Allerdings dürfte in den meisten Fällen der chemische Charakter der Aminosäuren vorher und nachher ähnlich bleiben, d. h. hydrophob wird durch hydrophob ersetzt, hydrophil durch hydrophil. Größere Änderungen, ohne dass die Faltung der Polypeptidkette echten Schaden nimmt, sind nur an der Oberfläche des Proteinmoleküls möglich.

Aufgrund der Auseinanderentwicklung der Sequenzen kann ein Vergleich von Sequenzen, beispielsweise eines Enzyms derselben Funktion bei verschiedenen Tierarten, im Extremfall ohne positives Ergebnis bleiben, d. h. es werden keine Ähnlichkeiten gefunden, obwohl die Strukturen sehr ähnlich sind und die Funktionalität gleichgeblieben ist. Nur eine Röntgenstrukturanalyse der 3-dimensionalen Struktur (Faltung) kann dann den Sachverhalt aufklären. Das Ganze gilt aber nicht nur für komplette Moleküle, sondern auch für funktionell identische Molekülteile unterschiedlicher Enzyme.

Beim Projekt „Dehydrogenasen" (Kap. 20, „Dehydrogenasen und Rossmann-Domäne") waren im strukturidentischen Teil der Enzyme (der bereits erwähnten Rossmann-Domäne, Abb. 20.1) nur vier von ca. 140 Aminosäuren bei allen drei untersuchten Enzymen (LDH aus Dornhai, GAPDH aus Hummer, L-ADH aus Pferdeleber) konserviert (identisch), und die waren essentiell, d. h. für die Bindung des Coenzyms und damit für die enzymatische Funktion unverzichtbar. Eine Analyse der Aminosäuresequenzen hat da keine Chance, die Ähnlichkeit der Molekülstruktur zu entdecken. Allerdings sind nur 100 von den 140 Aminosäuren auch strukturell (in der Faltung) äquivalent, Schleifen an der Moleküloberfläche differieren. Das hat zur Folge, dass die Äquivalenzzonen der Sequenzen gegeneinander verschoben sind, wenn man die

Sequenzen einfach nebeneinanderlegt. Um ohne Analyse der räumlichen Struktur Sequenzähnlichkeiten zu finden, benötigte man für Vergleiche der Sequenzen daher eine sehr aufwendige Software.

17 Entwicklungen

Man kann sagen, dass es drei verschiedene Geschwindigkeiten bei der Veränderung der biochemischen Grundlagen von Zellen gibt. Der schnellste Vorgang ist die Mutation, die dann die anderen Veränderungen bewirkt. Dabei wird die Basensequenz der Gene verändert. Etwas langsamer ist die Veränderung der Aminosäuresequenz der Proteine. Das liegt an der Degeneration des genetischen Codes, der Tatsache, dass die meisten Aminosäuren von mehreren unterschiedlichen Basentripletts codiert werden können. So kann es passieren, dass eine Mutation zwar ein anderes Triplett erzeugt, dieses aber für dieselbe Aminosäure codiert wie das Vorgängertriplett, so dass keine Änderung der Aminosäuresequenz eintritt. Das nennt man eine „stille" Mutation.

Die dritte Geschwindigkeit ist die der Veränderungen der Proteinarchitektur, d. h. der Faltung der Polypeptidkette. Wenn die in Kap. 16 („Mutationen, Sequenz, Struktur") beschriebenen Doppelmutationen den Einfluss der Veränderungen auf die Funktionsfähigkeit eines Proteins, z. B. eines Enzyms, sehr gering halten, kann durch ihre Häufung die Veränderung der Aminosäuresequenz ganz erheblich werden, ohne dass die Faltung, die 3-dimensionale Struktur des Moleküls, in ihren wichtigen Teilen signifikant verändert wird. Wenn die Funktionalität eines Moleküls aufrechterhalten wird, kann sich die Sequenz der Aminosäuren mit der üblichen Geschwindigkeit verändern, aber die Proteinfaltung nur extrem langsam.

Wenn man Verwandtschaftsbeziehungen durch Vergleiche und Analyse der Ähnlichkeit ermitteln will, so eignet sich die Nukleinsäuresequenzierung für kürzere und die Sequenzierung der Aminosäuren für etwas längere Zeiträume. Für extrem lange Zeiträume muss man aber die räumlichen Proteinstrukturen vergleichen, die in der Proteindatenbank (PDB) deponiert sind. Wie das Beispiel der Rossmann-Domäne zeigt, kann man damit zurückschauen bis in die Zeit der präbiotischen Evolution.

Der Begriff Geschwindigkeit darf für die Evolution nicht im Sinne einer gleichmäßigen Geschwindigkeit wie z. B. der eines Flugzeugs gesehen werden. Das Auftreten von Mutationen und als deren Konsequenz veränderter Aminosäuresequenzen ist zwar mehr oder weniger regelmäßig, aber die Selektion sorgt dafür, dass manche Veränderungen gar nicht akzeptiert werden (können), so dass ein scheinbarer Stillstand eintritt. Andererseits können manche Änderungen enorm schnell eintreten, so dass insgesamt ein sehr uneinheitliches Bild besteht, das bei Strukturgenen wesentlich davon abhängt, wie sehr eine gegebene Mutation die stabile Faltung eines Proteins beeinflusst. Man spricht von einem unterbrochenen Gleichgewicht (*punctuated equilibrium*), wenn sich langer scheinbarer Stillstand und kurze Zeiträume mit heftigen Änderungen abwechseln.

Die Auswirkungen von Veränderungen der Aminosäuresequenz sind prinzipiell von denen der Mutationen der Nukleinsäuren verschieden, da jene unmittelbar der Selektion ausgesetzt sind. Wenn eine neue Aminosäure die Funktion des Proteins wesentlich vermindert, wird diese Variante durch den natürlichen Ausleseprozess

https://doi.org/10.1515/9783110783155-018

schnell beseitigt. Diese Auslese ist abhängig davon, wie „robust" ein Protein gegenüber Mutationen ist, d. h. wie viel Änderung es ohne Funktionsverlust verträgt; es gibt da große Unterschiede. Wenn man Proteine derselben Funktion aus unterschiedlichen Tierarten vergleicht, weisen „robuste" Enzyme mehr Differenzen auf als solche, die empfindlicher sind.

Wenn sich eine Art von Lebewesen über größere Biotope verteilt, in denen unterschiedliche Bedingungen herrschen, so kann die Selektion in der Folge von Mutationen unterschiedliche Rahmenbedingungen haben. Das führt dazu, dass mutierte Varianten je nach Ort unterschiedlichem Überlebensdruck ausgesetzt sind, so dass bei unterschiedlichen Lebensräumen das optimale Überleben bei unterschiedlichen Varianten gegeben ist. Wenn sich diese Unterschiede ansammeln, so können sich diese Organismen in den verschiedenen Gebieten so weit auseinanderentwickeln, dass zuletzt sogar unterschiedliche Arten entstehen. Wir sind jetzt wieder bei Charles Darwin angekommen (Charles Darwin, 1832/2003, *The Origin of Species*).

Das Protein Cytochrom c, das im Energiestoffwechsel beim Transport von Elektronen zum Sauerstoff eine wichtige Rolle spielt, ist sehr robust und verträgt viel Veränderung, ohne seine Funktion zu verlieren. Die Anzahl der Unterschiede in seiner Aminosäuresequenz bei verschiedenen Tierarten ist recht hoch. Zwischen den Sequenzen des Sauerstofftransporteurs Hämoglobin (der rote Blutfarbstoff) bei denselben Tierarten gibt es schon wesentlich weniger Unterschiede, Hämoglobin verträgt weniger Variation, möglicherweise auch, weil es ein Tetramer ist, dessen vier Untereinheiten sich gegenseitig beeinflussen können. Wahre Exoten sind die Histone, die die Wickelkerne bilden, um die sich die DNA-Doppelhelix herumwindet. Sie sind extrem konservativ und vertragen fast gar keine Variation.

Das Protein Cytochrom c hat eine Länge von 104 Aminosäuren (außer Hefe mit 108). Die Analyse der Aminosäuresequenz des Cytochroms c zahlreicher Tiere und Vergleich mit dem menschlichen ergab folgende Differenzen (sehr kleine Auswahl aus Wieland & Pfleiderer, 1967) zwischen den Varianten:

Mensch – Huhn	13	(=12,5 %)
Mensch – Thunfisch	21	(=20,2 %)
Mensch – Motte	31	(=29,8 %)
Mensch – Hefe	44	(=42,3 %)

Man erkennt leicht, dass die Unterschiede umso kleiner sind, je enger die biologische Verwandtschaft ist.

Mit der Ähnlichkeit der Proteinsequenzen kann man Stammbäume von Tieren oder Pflanzen aufstellen (Beispiel Abb. 17.1). Dabei ergibt dann jedes Protein andere Zahlenwerte der jeweiligen Unterschiede mit der Konsequenz, dass man mit den Sequenzen der robusten und daher stärker variierten Proteine eher die kurzen Zeiträume erfasst und mit denen der empfindlichen eher die längeren. Mit Histonen kann man

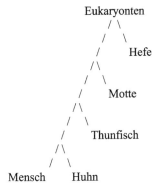

Abb. 17.1: Stammbaum aus Cytochrom-c-Sequenz.

noch Verwandtschaftsbeziehungen erfassen, die so weit zurückliegen, dass die Unterschiede beim Cytochrom c schon nicht mehr zählbar sind, da viele Aminosäuren mehrfach mutiert wurden.

18 Biologische Evolution

Der Entwicklungsbiologe Dobzhansky sagte einst: „Nichts in der Biologie ergibt Sinn, außer im Licht der Evolution" (nach LeDoux, 2021). Unter Evolution (langsame schrittweise Entwicklung, im Gegensatz zur schnellen einmaligen „Revolution", dem Umsturz) versteht man in der Biologie die Entwicklung und Optimierung von Lebensformen. Die Evolution gründet sich auf zwei Vorgänge, die immer in Kombination wirken: 1. Änderung des Erbguts, des Genotyps, 2. Auslese des fertigen Lebewesens, des Phänotyps, und der Nachkommenschaft. Typischerweise sind die Schritte der Veränderung bei der Evolution sehr klein, und deutlich sichtbare Unterschiede bilden sich oft erst nach hunderten von Generationen aus.

Die erste Stufe, die Veränderung des Erbguts (RNA zu Beginn des Lebens, später DNA), geschieht zufällig, beispielsweise als Mutationen durch Einflüsse, wie sie in den vorhergehenden Kapiteln beschrieben wurden. Auf molekularer Wirkungsebene kann durch eine Mutation einerseits ein Bereich der Nukleinsäure getroffen werden, der bei der Steuerung der Intensität der Ablesung der Gene (Genregulation) beteiligt ist, so dass die Menge der entstehenden Genprodukte (Proteine) verändert wird. Oder es können die Strukturgene selbst betroffen sein, so dass die Qualität der Proteine, also ihre Funktionalität, verändert wird. Das kann z. B. die Arbeitsgeschwindigkeit oder die Spezifität von Enzymen sein oder die Leistung von Transportproteinen.

Die Zufälligkeit der Mutationen und Veränderungen bewirkt eine Richtungslosigkeit der Effekte, die vor allem die unschätzbare Wirkung hat, dass alle, aber auch wirklich alle Möglichkeiten durchprobiert werden. Es wird keine Option versäumt, nur weil einer der Planer eine unwahrscheinliche Möglichkeit übersehen hat. Nur durch diese Richtungslosigkeit wird die Vielfalt der heutigen Lebensformen verständlich. Eine Konsequenz dieser Situation ist auch, dass der wirkliche Beginn einer Entwicklung immer viel früher liegt, als man denkt. Für viele Dinge werden quasi unsichtbar Bedingungen geschaffen, die es dann späterer Entwicklung ermöglichen, in eine ganz unerwartete Richtung zu gehen.

Der Zufall regiert nur die Veränderungen und ihre Quellen; die biologischen Wirkungen und damit der Lauf der Evolution insgesamt sind dagegen nicht dem Zufall unterworfen, die zweite Stufe ist deterministisch. Diese zweite Stufe ist ein Ausleseprozess durch die lebende Natur selbst. Zu dieser zweiten Stufe gehören vor allem systematische Vorgänge, die auch vom gegenwärtigen Biotop (damit auch von der Geologie) bestimmt werden. Die ganze Regulierung läuft langfristig ausschließlich über die Anzahl der Nachkommen.

- Letale (tödliche) Mutationen werden sofort eliminiert, indem das betroffene Lebewesen gar nicht erst ausgebildet wird oder aber sofort stirbt, da es nicht lebensfähig ist.
- Schädliche Mutationen verschwinden langsam, indem Vitalität und Fortpflanzungsvermögen der betroffenen Individuen eingeschränkt sind und deshalb die Zahl ihrer Nachkommen Generation für Generation abnimmt, bis die Träger dieser

https://doi.org/10.1515/9783110783155-019

Mutationen ganz von den stärkeren Individuen verdrängt werden und verschwinden.
– Die eher seltenen Mutationen, die die Vitalität verbessern, führen zu einer erhöhten Zahl an Nachkommen, so dass sich die neue Genversion über viele Generationen hinweg so lange in der Population verbreitet, bis sie in allen Individuen vorhanden ist.

Entscheidend für den natürlichen Ausleseprozess ist das Ökosystem, in dem das betreffende Lebewesen lebt, d. h., es muss sich an die Umgebung optimal anpassen. Zum Beispiel kann sich eine bestimmte Veränderung in der Regelung der Körpertemperatur für einen Eisbären positiv auswirken, für einen Braunbären in den Alpen belanglos sein und für einen in subtropischem oder tropischem Klima lebenden Bären schädlich. Oder umgekehrt. Eine Optimierung der Gene hängt immer von den Lebensumständen ab und ist völlig systematisch, niemals zufällig. Daher nannte Charles Darwin das Prinzip der Auslese „*survival of the fittest*", auf Deutsch „Überleben der Geeignetsten", der am besten Angepassten.

Auf welchem Wege die Anpassung stattfindet, erscheint uns völlig unsystematisch. Jeder kleinste Effekt wird benutzt, es gibt keinen allgemeinen Plan. Der französische Molekularbiologe und Nobelpreisträger François Jacob (1977) sagte: „Die Evolution ist ein Flickschuster" (engl.: *Evolution is a tinkerer*). Diese Mischung aus Zufall (Veränderungen) und Nichtzufall (Anpassung durch natürliche Auslese) verleiht der Evolution eine große Flexibilität und eine allerdings nur scheinbare Zielstrebigkeit. Der Selektionsdruck kann dabei auch bei völlig verschiedenen Arten zu ähnlichen Ergebnissen führen (konvergente Evolution), die aber oft mit völlig unterschiedlichen biochemischen Mitteln erreicht werden.

Da die Anpassung sehr stark vom Biotop abhängt, der Umgebung, in der eine bestimmte Art lebt, werden die Auswirkungen der Selektion durch die Bedingungen im Biotop gesteuert. Einen besonders starken Einfluss hat das Nahrungsangebot, das naturgemäß von Region zu Region erheblich variieren kann. Regionale Unterschiede im Nahrungsangebot können dazu führen, dass mittelfristig die Anpassung einer Art dazu führt, dass in den unterschiedlichen Regionen sehr unterschiedliche Varianten entstehen, die sich langfristig auch in unterschiedliche Arten aufspalten können.

Die Schlangen stellen ein gutes Beispiel für solche Vorgänge dar. Nach dem Untergang der Dinosaurier (weiter unten beschrieben, S. 110) entwickelten sich u. a. die Säugetiere zu einer erheblichen Vielfalt. Damit stand den Schlangen eine erheblich erweiterte Auswahl von Beutetieren zur Verfügung, die zu einer Entwicklung von etwa 4000 (!) Arten von Schlangen führte (Grundler & Rabosky, 2021). Ihr Beutespektrum reicht von Insekten über Amphibien (Frösche) und andere Reptilien bis hin zu Wildschweinen (Beute von Riesenschlangen).

Der Natur eine echte Zielstrebigkeit und Absicht (Teleonomie) zu unterstellen, ist ein großer Irrtum. Die Evolution hat kein Ziel und folgt keinem Plan. Alles, was passiert, besteht in Anpassung an die Umwelt und deren klimatische und geologische

Veränderungen. Daher ist es auch zwecklos, nach einem Sinn des Lebens zu fragen. Das Leben **ist.** Mehr ist dazu nicht zu sagen.

Da sich die Umgebungsbedingungen (Klima, Vegetation usw.) auf der Erde laufend ändern, kann die Evolution kein gleichmäßig verlaufender Prozess sein. In der Tat findet man alles von massivem Artenaussterben in kurzer Zeit bis hin zu Phasen enormer Vervielfältigung der Arten. Wenn sich Ökosysteme ändern, sterben alle Arten aus, die sich nicht anpassen oder auswandern können. Auf der anderen Seite werden sich neu eröffnende ökologische Nischen schnell mit einwandernden Arten belebt, die sich an die für sie neuen Bedingungen anpassen können und sich dann weiter verzweigen. Einige Beispiele:

Vor ca. 2,4 Mrd. Jahren kam es zum größten Massenaussterben in der Geschichte des Lebens, als durch das Erscheinen des Sauerstoffs etwa 95 % aller vorhandener Arten ausgelöscht wurden. Das ist kein Wunder, denn der molekulare Sauerstoff ist chemisch sehr reaktiv und greift direkt die DNA an. Damals hatten die Lebewesen (es existierten damals nur Archäen und Bakterien) noch keine Enzyme für die Reparatur von Sauerstoffschäden entwickelt (es hatte dafür ja bisher auch keinen Grund gegeben) und starben in Massen an tödlichen Mutationen. Nur diejenigen Arten überlebten, denen es rechtzeitig gelang, entweder wirkungsvollen Schutz oder aber Mechanismen für die Reparatur der Sauerstoffschäden zu entwickeln, so wie sie heute in allen höheren Lebewesen existieren.

Im molekularen Sauerstoff O_2 sind die Sauerstoffatome nicht durch eine reine Doppelbindung gekoppelt, sondern die Bindung ist zu einem kleinen Teil eine Einfachbindung, und die übrigen beiden Elektronen sind als ungepaarte Elektronen, als Radikalelektronen, bei den individuellen Sauerstoffatomen lokalisiert. Radikale sind aber chemisch enorm reaktiv. Heute laufen im Durchschnitt in jeder menschlichen Zelle etwa 5000 Reparaturen von Sauerstoffschäden in der Sekunde ab! Interessanterweise erzeugt radioaktive Strahlung ($\cdot$O–H Radikale) dieselbe Art von Schäden wie der Sauerstoff ($\cdot$O–O$\cdot$) in Radikalform (Jaworowski, 1999). Die Reparaturenzyme für Sauerstoffschäden beseitigen also auch Schäden, die durch radioaktive Strahlen verursacht werden. Der Nobelpreis für Chemie 2015 wurde für die Aufklärung von drei unterschiedlichen biologischen Reparatursystemen der DNA vergeben.

Im Gegensatz zur gigantischen Aussterbekatastrophe vor 2,4 Mrd. Jahren brachte die „kambrische Explosion" der Artenvielfalt vor ca. 540 Mio. Jahren eine phantastische Zunahme der Arten in relativ kurzer Zeit. Diese enorme Expansion des Lebens folgte fast unmittelbar auf die Entwicklung der sexuellen Fortpflanzung (Kap. 26). Die neue Methode der Verteilung des Erbguts in der Bevölkerung gab dem Leben ungeheure neue Möglichkeiten der Entwicklung. Es gibt also beides, ein schnelles Verschwinden von Arten und ein schnelles Entstehen von neuen, wobei für „schnell" natürlich geologische Maßstäbe anzulegen sind.

Während der geologischen Zeiträume war das ein andauerndes Hin und Her. Arten wurden vernichtet und starben aus, und dann folgte eine massive Entwicklung neuer Arten. Am Ende des Ordoviziums, vor ca. 444 Mio. Jahren, trat eine Kaltzeit ein, die wahrscheinlich durch extrem viel interplanetarischen Staub im Sonnensystem verursacht wurde. Geschätzt 85 % der Arten starben aus. Nach einem Wiederaufleben der Artenvielfalt folgte in der Mitte des Oberen Devons vor ca. 372 Mio. Jahren das sogenannte Kellwasser-Ereignis, bei dem 50–75 % der Arten verschwanden. Es ist charakterisiert durch starke Schwankungen des Meeresspiegels und sehr schnelle Folgen von Kalt- und Warmzeiten.

Nicht viel später folgte das sogenannte Hangenberg-Ereignis vor 359 Mio. Jahren am Ende des Devons und Beginn des Karbons. Etwa 75 % der Arten starben aus. Da die Dauer der Krise mit über 100.000 Jahren sehr lang war, wird als Ursache eine Supernovaexplosion in ca. 65 Lichtjahren Entfernung diskutiert, deren Strahlung und vor allem die Emission von hochenergetischen Teilchen die Ozonschicht langandauernd zerstörte und das Aussterben bewirkte. Anschließend entstand wieder eine neue Vielfalt von Arten.

Vor 252 Mio. Jahren trat wiederum ein großes Artensterben ein, das „Perm-Trias-Aussterben", bei dem über 95 % aller Meereslebewesen verloren gingen. Die Landlebewesen kamen etwas glimpflicher davon, von ihnen starben „nur" 75 % aus. Die eigentliche Ursache, der Auslöser des Ereignisses, ist nicht bekannt. Die zeitliche Übereinstimmung mit der Ausbildung des Sibirischen Trapps (mehr als 1 Mio. km^3 Flutbasalt) legt Vulkanismus nahe, wobei wohl ungeheure Mengen von Methan und Kohlendioxid freigesetzt wurden, CO_2 auch durch langandauernde Brände von Kohle- und Öllagern und von Wäldern, nachgewiesen durch die Chemikalie Coronen im Gestein.

Dabei wurden nicht nur viele Lebewesen vergiftet, es gab auch erhebliche Konsequenzen für das Klima, eine massive Erwärmung und Versauerung der Meere. Als Auslöser der Trappbildung wird diskutiert, dass sich eine riesige Magmablase spontan bis zur Erdoberfläche hochgearbeitet hatte und die ganze Magmamenge sehr schnell austrat; es kann aber auch sein, dass ein Asteroideneinschlag das Magma aus seiner unterirdischen Blase freigesetzt hatte.

Man weiß, dass sich in der Folge die Kohlendioxidkonzentration in der Luft dramatisch erhöhte, die Meere stark versauerten und ihre Temperatur um mindestens 8 °C anstieg. Die Natur erholte sich jedoch erstaunlich schnell von der Katastrophe, nach weniger als 2 Mio. Jahren war wieder eine neue Vielfalt der Arten hergestellt. In der Tierwelt dominierten jetzt die Reptilien, die Dinosaurier.

Die Entwicklung der Dinosaurier wurde stimuliert durch einen relativ kurzen Zeitraum von wenigen Mio. Jahren, in dem sich die Umwelt dramatisch änderte. In der geologischen Periode des Karniums (vor 237–227 Mio. Jahren), das ein Unterabschnitt der Trias ist (vor 252–201 Mio. Jahren), gab es eine nasse Epoche mit langen Regenzeiten (vor 235–231 Mio. Jahren), die die lange Trockenheit der Trias unterbrach. In dieser nassen und fruchtbaren Zeit entwickelten die Dinosaurier eine große Vielfalt, und auch die ersten Vorläufer der Säugetiere tauchten auf.

Die Ursache für die Regenperiode war wahrscheinlich eine große Serie von riesigen Vulkanausbrüchen vor der kanadischen Pazifikküste, die gigantische Vulkaninseln mit kilometertiefen Basaltformationen erzeugten, die nach den Wrangell-Bergen in Südalaska als „Wrangellia" bezeichnet werden. Bei diesen Ausbrüchen müssen ungeheure Mengen Kohlendioxid aus dem Erdinnern in die Atmosphäre geblasen worden sein, die die Temperatur auf der Erde erhöhten, worauf das Klima regenreicher wurde. Die Dinosaurier beherrschten dann die Erde für mehr als 150 Mio. Jahre, während denen die Säugetiere nur eine geringe Rolle spielten.

Allerdings wurde die Entwicklung vor 201 Mio. Jahren durch ein weiteres Massenaussterben unterbrochen, dem Trias-Jura-Ereignis, das aber mehr Meeresbewohner als Landbewohner betraf und vermutlich vom Zerbrechen Laurasias (Nordteil des Superkontinents Pangäa) verursacht wurde. Dabei wurde Nordamerika abgespalten, und es öffnete sich der Nordatlantik. Die entstandene Spalte mit Vulkanismus (mittelatlantischer Rücken) ist heute noch aktiv und geht mitten durch Island.

Das wohl bekannteste Artensterben war dasjenige vor 66 Mio. Jahren (am Kreide-Tertiär-Übergang), bei dem auch die Dinosaurier ihr Ende fanden. Der Auslöser war der Einschlag eines Asteroiden von ca. 10–15 km Durchmesser, der im Golf von Mexiko einen Krater („Chicxulub") von 180 km Durchmesser erzeugte. Die Sonnenverdunkelung durch Ruß, Staub und Schwefelsäureaerosole schaltete an Land und im Meer die Photosynthese der Algen und Pflanzen ab und bewirkte einen Temperatursturz um 26 °C mit jahrelanger Totalvereisung der Erde. Anschließend trat durch die enorme Menge freigesetzten Kohlendioxids für ca. 50.000 Jahre ein extremer Treibhauseffekt ein.

Etwa 70 % aller Tierarten starben aus, darunter die Ammoniten und die Dinosaurier (außer den zweibeinigen Flugsauriern, aus denen die Wirbeltierklasse der Vögel entstand). Anschließend konnten sich die Säugetiere prächtig entwickeln, und auch die Schlangen konnten die Gelegenheit nutzen (siehe oben, S. 107). Die Säugetiere lösten die Dinosaurier in der Führungsrolle ab, die heute der Mensch übernommen hat.

Der Mensch ist allerdings der Verursacher des „anthropozänen Massensterbens", eines massiven Artensterbens, das von menschlichen Aktivitäten wie Abholzung, industrieller Landwirtschaft, Zerstörung zahlreicher Biotope durch Überbevölkerung und Industrialisierung, Verunreinigung der Meere (Mikroplastik) und auch durch den von Industrie und Verkehr verursachten Klimawandel mit dem daraus folgenden Chaos der Wettersysteme ausgelöst wurde.

Man erkennt, dass die Entwicklung der Biologie im Grunde von der Erde bestimmt wird, von geologischen oder auch von astronomischen Ereignissen mit drastischen Konsequenzen für das Klima. Das Leben passt sich dem an, was ihm die Erde anbietet, und es ist dabei ungeheuer flexibel und kann sich in allen Nischen der unterschiedlichen Ökosysteme und Biotope einnisten.

Der Fortschritt der biologischen Evolution ist nach menschlichen Maßstäben sehr, sehr langsam. Es dauerte 3 Mrd. Jahre, bis die lebenden Zellen so weit waren, dass sie sich zusammenschließen und mehrzellige Lebewesen ausbilden konnten. Und erst nach weiteren 250 Mio. Jahren waren diese so groß, dass man sie mit bloßem Auge hätte sehen können. Das war der Beginn des geologischen Phanerozoikums, der Nullpunkt der „klassischen" Geologie, die mit dem Kambrium beginnt und zum großen Teil auf (sichtbaren!) Leitfossilien beruht.

Diese Grundlage der geologischen Zeitrechnung wird auch durch die Tatsache illustriert, dass die Aussterbeereignisse fast immer an der Grenze der geologischen Perioden stattfanden. Eigentlich bedeutet das, dass die Veränderung der Fossilien nach einem solchen Ereignis eine neue Periode definierte.

Die ganzen Entwicklungen sehen aus, als hingen sie zusammen, man hat die Illusion der Teleonomie (Zielgerichtetheit). Das ist aber eine sehr trügerische Illusion, denn wir nehmen nur das wenige wahr, das überlebt hat. Die unendlich viel häufigeren Fehlschläge sehen wir nicht, auch nicht die enorm vielen Entwicklungslinien, die verschwunden sind, oft ohne eine Spur zu hinterlassen.

Wenn wir auch die abgestorbenen Äste am Baum der Entwicklung berücksichtigten, könnten wir erkennen, dass in Wirklichkeit die Entwicklungslinien und ihre Verzweigungen unendlich vielfältiger sind, als wir bisher ahnten. Wenn wir uns nur auf das heute Sichtbare und Nachweisbare beziehen, übersehen wir die 99 % der Arten des Lebens, die spurlos vergangen sind. Sie haben aber existiert, und ohne sie wäre das heutige Leben nicht denkbar.

Auf dem Modell einer 24-stündigen „Uhr des Lebens" (Tab. 18.1), die mit der Entstehung unseres Sonnensystems in Gang gesetzt wurde (0:00 h) und bis heute reicht (24:00 h), ist es zum Auftreten der mehrzelligen Organismen bereits 19:48 h, und erst um 21:10 h wurde eine sichtbare Größe erreicht. Die ersten Säugetiere erschienen erst eine Stunde vor Mitternacht auf der Lebensbühne, und die ersten Menschenaffen 8 Minuten vor Mitternacht. Der moderne Mensch, *Homo sapiens*, bevölkert diese Erde erst seit 23:59:55 h, also seit 5 Sekunden. Sesshaftigkeit und Zivilisation des Menschen begannen vor 0,23 Sekunden. Und was hat der Mensch in dieser kurzen Zeit geschafft? Er hat sein Gehirn und seine Denkfähigkeit so weit entwickelt, dass er die Existenz des Lebens und seine eigene verstehen – und alles zerstören kann!

Nun wollen wir aber wieder zurück zur Zeit des Anfangs des Lebens.

Tab. 18.1: Die Uhr des Lebens. *Linke Spalte: Zeitmarken in Jahren vor heute; rechte Spalte: Die gesamte Dauer der Existenz des Sonnensystems auf einen Tag verkürzt dargestellt.*

4,57 Mrd. J.:	**Entstehung des Sonnensystems**	**0:00 h**
4,4 Mrd. J.:	Erste Gesteinskristalle auf der Erde	0:54 h
4,3 Mrd. J.:	Wasserdampf kondensiert zum **Meer**	**1:25 h**
4,2 Mrd. J.:	Chemische Evolution im Meer	1:57 h
4 Mrd. J.:	Ältestes *gefundenes* Gestein	3:00 h
3,8 Mrd. J.:	Individuelle Zellen	3:32 h
3,7 Mrd. J.:	Erste **Prokaryonten, Beginn der Biologie**	**4:03 h**
3,6 Mrd. J.:	Gesteinsabdrücke von **Bakterien**	5:06 h
3,3 Mrd. J.:	Schwefelwasserstoffphotosynthese	6:40 h
2,7 Mrd. J.:	Cyanobakterien, **Sauerstoffproduktion**	**10:52 h**
2,2 Mrd. J.:	Erster Sauerstoff in die Atmosphäre entlassen	13:30 h
1,9 Mrd. J.:	Sauerstoffatmende Proteobakterien	14:01 h
1,8 Mrd. J.:	**Eukaryonten** mit Mitochondrien	**14:33 h**
1,6 Mrd. J.:	Eukaryonten entwickeln Zellkern	15:36 h
1,4 Mrd. J.:	Eukaryonten mit Chloroplasten	16:39 h
1,2 Mrd. J.:	Einzellige Pilze, Pflanzen und Tiere	17:42 h
800 Mio. J.:	**Erste Mehrzeller,** komplexe Organismen	**19:48 h**
600 Mio. J.:	Beginn der sexuellen Fortpflanzung	20:51 h
541 Mio. J.:	Erste **mit bloßem Auge sichtbare** Lebewesen	21:10 h
500 Mio. J.:	Erste Wirbeltiere entstehen	21:22 h
410 Mio. J.:	Pflanzen (Algen) gehen an Land	21:51 h
400 Mio. J.:	**Tiere gehen an Land**	**21:54 h**
190 Mio. J.:	Erste **Säugetiere**	**23:01 h**
80 Mio. J.:	Erste Primaten	23:35 h
25 Mio. J.:	Erste **Menschenaffen**	**23:52 h**
6 Mio. J.:	Trennung Mensch – Schimpanse	23:58:07 h
4 Mio. J.:	Aufrechter Gang	23:58:44 h
3 Mio. J.:	Erste Steinwerkzeuge	23:59:03 h
2,8 Mio. J.:	Erste **Frühmenschen**	**23:59:13 h**
2 Mio. J.:	Beherrschung des Feuers	23:59:22 h
700.000 J.:	*Homo erectus,* unmittelbarer Vorfahr	23:59:47 h
300.000 J.:	***Homo sapiens,* der moderne Mensch**	**23:59:54,32 h**
100.000 J.:	*Homo sapiens* erobert die ganze Welt	23:59:58,11 h
12.000 J.:	Beginn von Sesshaftigkeit und Zivilisation	23:59:59,77 h
heute:		**24:00 h**

19 Energieversorgung und Nukleinsäuren

Die Individualisierung der biochemischen Vorstufen des Lebens in Zellen brachte ein Problem mit sich. Das Sammeln der nötigen Energie für alle energieverbrauchenden Reaktionen war schon länger nicht mehr so ohne weiteres durch kurzes Hängenbleiben von Molekülen am Vulkanabhang möglich, und für die Zellen war es gänzlich unmöglich, denn bei der dort herrschenden Hitze würden die zarten membranumhüllten Tröpfchen sofort zerstört. Wo bekommen wir jetzt unsere Reaktionsenergie her? Die primitivste Lösung war es, energiereiche Substanzen wie Nukleosiddiphosphate oder -triphosphate oder einfache Pyrophosphorsäure oder aktivierte Aminosäuren aus der Ursuppe aufzunehmen und intern zu verwerten – sofern welche da sind. Wir bleiben damit von den Vulkanen abhängig, wenn auch nur noch indirekt.

Eine besonders zuverlässige Energieversorgung ist das nicht, Eigenständigkeit wäre bei weitem vorzuziehen. Was da alles möglich war, sehen wir an den exotischen Archäen, die sich heute z. B. am Grunde der Tiefsee bei den *"black smokers"* finden. Diese schwarz rauchenden Schlote sind Quellen, durch die mit Mineralien gesättigtes Heißwasser (bis 200 °C) aus dem Meeresgrund sprudelt, wobei die darin gelösten Mineralien bei der Abkühlung im Meerwasser als schwarze Trübung ausfallen. Das sind vor allem Sulfide, d. h. Schwefelverbindungen von Metallen wie Eisen, Nickel, Kobalt, Kupfer, Quecksilber und anderen. Die dort lebenden Archäen (früher Archebakterien genannt) gewinnen ihre Energie zum Leben durch Spaltung dieser Sulfide und werden dann selbst zur Grundnahrung eines ganzen kleinen Ökosystems bis hin zu Röhrenwürmern.

Ruhiger sind die „alkalischen Schlote", bei denen alkalisches Tiefenwasser nicht durch dicke Röhren strömt, sondern durch feine Poren dringt und auf das deutlich saurere Meerwasser trifft. Es entsteht ein pH-Gradient (Abstufung des Säuregrades), wobei der Innen-pH (im Inneren des Schlotes und in der Tiefe) bei 9–11 liegt, während der pH des weniger alkalischen Meerwassers bei ca. 8 liegen dürfte. An der Grenzfläche, dem Protonengradienten, kann aus der Differenz der Protonenkonzentration chemische Energie gewonnen werden.

Heißwasserbakterien (Thermophile) finden sich auch in Heißwasserquellen der Erdoberfläche, beispielsweise im Yellowstone Park in den USA. Man fand Archäen als Bewohner von glühenden Kohlehalden, im salzgesättigten Toten Meer (Halophile) und solche, die in Schwefelsäure leben können (Acidophile). Es gibt auch methanogene (Methan erzeugende) Archäen, die elementaren Wasserstoff als Energiequelle nutzen. Die meisten dieser Organismen leben in sauerstoffarmer oder sauerstofffreier Umgebung, manche können heute aber ihren Stoffwechsel umschalten und alternativ auch Sauerstoff für ihre Energieerzeugung benutzen. Sie sind direkte Abkömmlinge der ältesten Lebewesen, und man muss davon ausgehen, dass sie ihre erstaunlichen chemischen Fähigkeiten schon in der Zeit gewonnen haben, als die Erdatmosphäre noch völlig sauerstofffrei war. Obwohl wir Einzelheiten nicht kennen, wissen wir, dass

https://doi.org/10.1515/9783110783155-020

es für die ganz frühen Lebewesen eine ganze Reihe von Möglichkeiten gab, chemisch Energie zu gewinnen und zu überleben und sich zu vermehren.

Das erste Sammelbecken der Energie ist bei allen modernen Lebewesen dasselbe: Eine Veränderung des Säuregrads auf einer Seite der Zellmembran, der erwähnte Protonengradient. Dieser Mechanismus gehört zu den Urbausteinen des Lebens. Der Protonengradient ist ein Energiespeicher und -puffer, von dem aus Energie in chemische Formen (heute meist ATP) umgewandelt und verteilt wird. Er kommt in der unbelebten Natur in reiner Form in den alkalischen Schloten vor, wo stark alkalisches Heißwasser (pH 9–11) aus dem Untergrund mit Meerwasser zusammentrifft bzw. durch poröse Gesteinsschichten langsam ins Meer einsickert. Auch molekularer Wasserstoff (H_2) ist dort vorhanden.

Wir wissen nicht und können auch nicht rekonstruieren, wie die Entwicklung der Protonenpumpe und des anschließenden Stoffwechsels (Metabolismus) dieser ersten Lebewesen in den einzelnen Schritten ablief. Sicher ist nur, dass es vom Einfachen zum Komplizierten geschehen sein muss, dass immer neue chemische Reaktionen dazu kamen und sich ein Enzym nach dem anderen für diese Reaktionen entwickelte. Und dass die Organismen (man muss es jetzt so nennen) dadurch immer lebensfähiger und leistungsfähiger wurden.

Das alles entstand spontan und setzte sich durch aufgrund der verbesserten Vitalität der betroffenen Zellen. Die Infrastruktur der Zellen wurde erheblich erweitert. Neue Enzyme wurden gebildet, um die erforderlichen Reaktionen zur Energiegewinnung zu katalysieren. Dazu wurden neue mit Protein ausgekleidete Poren in der Lipidmembran geformt, um die Grundstoffe zu importieren und den Abfall zu exportieren. Alle diese neuen Proteine mussten mit ihrer Aminosäuresequenz in den Nukleinsäuren gespeichert werden, d. h., wir brauchten erhebliche Verlängerungen der Nukleinsäuren. Das ist gar nicht so schwierig zu erreichen und dürfte weitgehend in einer Weise geschehen sein, die von der Natur auch heute noch benutzt wird.

Ein Abschnitt der Nukleinsäure wird durch zufällige oder systematische Fehlfunktion der Enzyme, die die Nukleinsäure betreuen, außer der Reihe kopiert und irgendwo in den langen Strang eingefügt. Damit haben wir eine Genverdopplung, d. h. es gibt zwei gleiche Sequenzen an verschiedenen Stellen. Wenn es sich dabei um ein Enzym handelt, das auch eine neue Reaktion mehr schlecht als recht katalysieren kann, kann es nun in seiner zweiten unabhängigen Kopie im Laufe der Zeit und der Generationen durch zahlreiche Punktmutationen für die neue nützliche Reaktion optimiert werden, ohne dass die alte Enzymaktivität des Originals (erstes Exemplar) Schaden nimmt. Die beiden ehemals identischen Moleküle (d. h. ihre Sequenzen) entwickeln sich auseinander, eine neue Funktion ist geboren. Diese „Strategie" der Evolution ist die von François Jacob so genannte Flickschusterei.

Weiterverwendung (mit oder ohne Verdopplung) nach Anpassung durch Umbau ist eine sehr erfolgreiche Methode der Evolution. In größerem Maßstab können ganze Blöcke von Funktionen verändert und an neue Bedingungen angepasst werden.

Ein Beispiel dafür ist die Entwicklung der Schwimmblase der Knochenfische zur Lunge der Landwirbeltiere (Shubin, 2020), die in der Einleitung beschrieben wurde. Man kann aus diesen Prozessen – schrittweise Anpassung an neue Ziele, gegebenenfalls nach vorheriger Verdoppelung, um die alten Leistungen zu erhalten – ableiten, dass auch hohe Komplexität von Systemen mit weit geringerem Aufwand erreicht werden kann, als man es auf den ersten Blick vermuten würde. Das Leben ist in der Tat sehr komplex, aber seine Ausbildung ist alles andere als unmöglich; man muss nur sehen, in wie unendlich vielen Stufen das geschehen ist und wie unendlich lange Zeit dafür zur Verfügung stand und auch gebraucht wurde.

20 Dehydrogenasen und die Rossmann-Domäne

Wir kommen an dieser Stelle wieder zurück auf die molekulare Evolution. Der Mechanismus der Genverdoppelung ist bis heute in der Evolution auf allen Ebenen aktiv und kann auch von außen initiiert werden. Der Verfasser des vorliegenden Textes war in seiner Anfangszeit als Wissenschaftler im Labor von Michael G. Rossmann an der Purdue-Universität in West-Lafayette, Indiana, USA, an einem Projekt beteiligt, in dem 3-dimensionale Strukturen der Enzymfamilie der Dehydrogenasen aufgeklärt wurden. Die Dehydrogenasen sind „Redox"-Enzyme, d. h. sie katalysieren Reaktionen der chemischen Reduktion bzw. der Oxidation und sind sowohl bei Biosynthesen als auch im Energiestoffwechsel aktiv.

Im Labor von Rossmann wurden mittels Röntgenbeugung an Kristallen die Strukturen von Laktatdehydrogenase (LDH, Isozym M_4) aus Dornhaimuskel und von Glyzerat-3-Phosphat-Dehydrogenase (GAPDH) aus Hummermuskel analysiert. Zusätzlich stand uns die Strukturinformation (Atomkoordinaten) der Alkoholdehydrogenase aus Pferdeleber (L-ADH) aus dem Labor von Carl Brändén im schwedischen Uppsala sowie die der löslichen (cytosolischen) Malatdehydrogenase (c-MDH) aus dem Labor von Len Banaszak in St. Louis zur Verfügung. Von LDH, GAPDH und L-ADH waren auch die Aminosäure-Sequenzen verfügbar.

Wie die in Kap. 11 („Hilfstruppen: Proteine") erwähnte LDH übertragen alle Dehydrogenasen ein Wasserstoffatom (genauer gesagt ein Wasserstoffanion H^-) zwischen einem Substrat (Laktat, Alkohol und anderen geeigneten Verbindungen) und dem Coenzym NAD oder NADP. Die Strukturuntersuchungen zeigten, dass die Proteinketten dieser Enzyme aus zwei Abschnitten bestehen, die offensichtlich unterschiedlichen Ursprungs sind. Die eine Hälfte ist bei allen Dehydrogenasen praktisch gleich und muss durch Genverdoppelungen entstanden sein, während die zweite für alle unterschiedlich ist und für jedes Enzym entweder individuell entstanden war oder von irgendwelchen anderen Gensammlungen hinzukopiert wurde (Buehner, 1975; Rossmann et al., 1975).

Der bei allen Dehydrogenasen strukturidentische Teil, später *„Rossmann fold"* (Rossmann-Domäne) genannt, ist für die Bindung des Coenzyms NAD an das Enzym zuständig. In Abb. 20.1 ist diese Domäne schematisch dargestellt, in Fettdruck und Schrägschrift sind die Komponenten des Coenzyms NAD (Nikotinamid – Ribose – Phosphat – Phosphat – Ribose – Adenin) in der Position eingezeichnet, in der sie ans Enzym binden. In der abgebildeten Perspektive laufen die sechs parallelen Faltblattstränge βA bis βF von hinten nach vorn, die vier Helices αB bis αF verlaufen von vorn nach hinten.

Das Faltblatt ist nicht planar (in einer Ebene), sondern zwischen erstem und letztem Strang um 100 ° verdreht (verdrillt), was in der schematischen Abb. 20.1 aber nicht berücksichtigt wurde. Von den ca. 140 Aminosäuren der Domäne sind nur die 100 Aminosäuren der Kernstruktur strukturell äquivalent, dazu gehören alle dargestellten Elemente von Sekundärstruktur.

https://doi.org/10.1515/9783110783155-021

Die anderen 40 Aminosäuren, die von Enzym zu Enzym auch in der Anzahl verschieden sein können, sind die Verbindung von βC zu βD sowie Schleifen an den Verbindungen von Helices zu Faltblattsträngen (in Abb. 20.1 im Hintergrund). Die Verbindungen von Faltblattsträngen zu Helices (im Vordergrund) sind dagegen strukturell konserviert, an ihnen bindet das Coenzym, und dort liegt auch das aktive Zentrum der Katalyse mit den funktionellen Gruppen und der Bindungsstelle für das Substrat dicht beim Nikotinamid (NA).

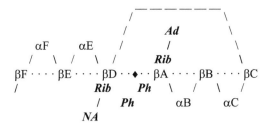

Abb. 20.1: Die Rossmann-Domäne mit gebundenem NAD. β-Faltblatt mit 6 parallelen Strängen, verbunden durch 4 α-Helices.

Die Rossmann-Domäne ist selbst das Produkt einer Genverdopplung. Die Struktur ist symmetrisch und besteht aus zwei in gleicher Weise gefalteten Hälften (βA bis βC ist äquivalent zu βD bis βF), die durch eine angenäherte lokale 2-fache Achse (Drehung um 180 °, Drehachse ♦) ineinander überführt werden können. Die ursprüngliche halbe Domäne konnte wohl nur ein Mononukleotid binden, nach ihrer Verdopplung war dann auch die Bindung eines Dinukleotidcoenzyms möglich. *"Copy, cut, and paste"* war schon in der Urzeit sehr im Schwange, wohl schon vor den ersten Zellen.

Die Dehydrogenasen, von denen es in jedem Organismus Dutzende gibt, besitzen quasi alle eine Quartärstruktur. Das bedeutet, dass die gefaltete Polypeptidkette, die Untereinheit, nicht allein bleibt, sondern an ihresgleichen bindet, um größere Moleküle zu formen. So sind L-ADH und MDH Dimere (zwei Ketten), LDH und GAPDH sind Tetramere (vier Ketten). Die Glutaminsäuredehydrogenase (GluDH) ist sogar ein Hexamer (sechs Ketten), und diese Hexamere stehen ihrerseits wieder in einem reversiblen Assoziations-Dissoziations-Gleichgewicht, das zu noch größeren Molekülen führt. Das mittlere Molekulargewicht der GluDH im Gleichgewicht ist ca. 2 Mio.. Die Art der Assoziation der Untereinheiten ist unterschiedlich. Als Symmetrieelemente der Quartärstruktur von Proteinen treten nur 2-fache und 3-fache Rotationsachsen und ihre Kombinationen auf. Die tetrameren LDH und GAPDH sind im Grunde Dimere von Dimeren.

Für die Tetramere (zuerst nur für LDH) wurde ein molekulares Achsensystem definiert, das von der Orientierung der Moleküle im Gitter der Kristalle unabhängig war. Die drei Achsen P, Q und R stehen senkrecht aufeinander, und jede Achse ist eine 2-fache Symmetrieachse. Das bedeutet, dass bei einer Drehung um eine Achse um

180 ° das Molekül auf sich selbst zurückgeführt wird. Im Falle der LDH sind die molekularen Achsen auch kristallographische Symmetrieachsen (Kristallsymmetrie), die GAPDH liegt dagegen frei in der Elementarzelle des Kristalls, und die Symmetrie des Moleküls ist lokal und nicht absolut perfekt.

Die Monomere von MDH, LDH und GAPDH dimerisieren über Wechselwirkungen der Seitenketten der Helices αB und αC („α-Dimere", über die Q-Achse), so dass die dazugekommene zweite Untereinheit in der Perspektive von Abb. 20.1 sozusagen rechts unterhalb der ersten liegt und auf dem Kopf steht. Bei MDH bleibt es beim Dimer, aber bei LDH werden zwei Dimere zu einem Tetramer gekoppelt, und zwar derart, dass das zweite Dimer (die Untereinheiten Nr. 3 und 4), um 180 ° um die senkrechte R-Achse gedreht, in der Perspektive von Abb. 20.1 hinter dem ersten Dimer liegt. Damit sind die aktiven Zentren von außen leicht zugänglich und arbeiten auch völlig unabhängig voneinander. LDH ist ein Enzym mit der sogenannten Michaelis–Menten-Kinetik (mathematische Funktion derselben Form wie die einer Sättigungskurve).

Bei GAPDH tritt ebenfalls eine Verdoppelung der Dimere ein, aber im Gegensatz zu LDH in der Weise, dass das um die Senkrechte gedrehte zweite Dimer mit Untereinheiten 3 und 4 *vor* dem ersten liegt, mit der Konsequenz, dass die aktiven Zentren in der Grenzfläche zwischen den beiden Dimeren zu liegen kommen. Die aktiven Zentren beeinflussen sich gegenseitig, GAPDH ist ein sogenanntes allosterisches Enzym mit komplizierterer Kinetik als derjenigen nach Michaelis und Menten. Die Umgebung der Q-Achse mit ihren Wechselwirkungen sieht bei allen Dehydrogenasen gleich aus, die P- und R-Achsen sind dagegen bei LDH und GAPDH in völlig verschiedener Umgebung, weil die Dimere auf verschiedene Weise zu Tetrameren zusammengesetzt sind.

Die Dimerisierung der L-ADH verläuft völlig anders. Die beiden Ketten verbinden sich über das β-Faltblatt. Strang βF der zweiten Untereinheit bindet in antiparalleler Weise an Strang βF der ersten, so dass ein gemeinsames 12-strängiges Faltblatt entsteht, dessen erste 6 Stränge in der einen Richtung laufen und die anderen 6 in der entgegengesetzten. Die Symmetrieachse, die die beiden Untereinheiten ineinander überführt, steht also senkrecht auf dem Faltblatt. Diese Assoziation nennen wir „β-Dimer". Eine zusammenfassende Übersicht über die bisher in diesem Kapitel beschriebenen Fakten mit Abbildungen der einzelnen Enzyme findet sich in den Publikationen von Buehner (1975) und Rossmann et al. (1975).

Eine weitere Enzymklasse, die die Rossmann-Domäne enthält, sind die Kinasen. Diese Enzyme hängen eine Phosphatgruppe an andere Proteine an und benutzen dafür das energiereiche ATP. Dazu kommen noch die Flavodoxine und andere Enzyme, die Flavin als Coenzym benutzen. Bei den Flavinenzymen fehlt allerdings der sechste Strang des Faltblatts, sie haben somit eine leicht verkleinerte Rossmann-Domäne. Abbildung 20.2 zeigt die Verwandtschaftsverhältnisse.

Dieses Bild erinnert an die Abstammungs-Bäume von Tieren oder Pflanzen (wie Abb. 17.1), hier handelt es sich aber um Moleküle. Derartige Beziehungsschemata sind immer dann zu erwarten, wenn sich in langen Entwicklungen viele Spezialformen eines Ausgangsindividuums entwickeln. Wieso sind wir so sicher, dass diese Strukturen

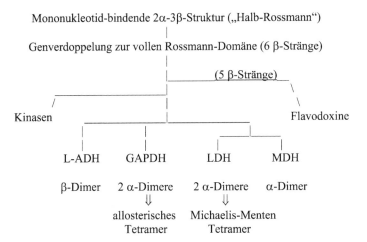

Abb. 20.2: Verwandtschaftsbeziehungen Enzyme mit Rossmann-Domäne.

konserviert sind, d. h. als Produkte divergenter Evolution von einer einzigen Urstruktur abstammen? Es ist die Präzision der Übereinstimmung der Lage der strukturell konservierten 100 Aminosäuren.

Wenn man die Koordinaten der konservierten 100 Aminosäuren der drei Dehydrogenasen LDH, GAPDH und L-ADH im Computer überlagert, ergibt sich eine Übereinstimmung der Lage der Cα-Atome, der Zentren dieser 100 Aminosäuren, mit einer Varianz (RMSD = *root mean square difference*) von 1,5 Å, ein mittlerer Fehler (Abweichung), der lediglich der Länge einer Einfachbindung zwischen zwei Kohlenstoffatomen entspricht. Angesichts der gesamten Ausdehnung der Strukturen von über 40 Å in jeder Richtung des Raums ist das sehr wenig. Die Winkel der Verdrehung der Faltblätter sind 100 ° ± 1 °. Die Präzision der Übereinstimmung lässt nur den Schluss zu, dass diese Proteine nicht unabhängig voneinander entstanden sind, sondern einen gemeinsamen Vorfahren haben, dessen stabile Faltung nicht verändert werden musste bzw. nicht verändert werden durfte, damit die Funktion erhalten blieb.

21 Desoxyribonukleinsäure (DNA)

Heutige Prokaryonten (Archäen und Bakterien) haben ihr gesamtes Erbgut in einer einzigen Nukleinsäurekette abgelegt. Die oben (Kap. 8, „Der Beginn: Nukleinsäuren kopieren") erwähnten Verlängerungen und dieses irgendwann einmal erfolgte Zusammenkoppeln aller Gene der Proteine auf einen einzigen Strang muss aber zu Problemen der Stabilität des Nukleinsäuremoleküls geführt haben. Es tritt spontane Hydrolyse durch Wassermoleküle der Zellflüssigkeit auf, die durch eine Wasserstoffbrücke zwischen der 2'-OH Gruppe und einem Sauerstoffatom des Phosphats gefördert wird (Abb. 21.1, Pfeil).

Der Effekt beruht darauf, dass das Proton der Wasserstoffbrücke die elektrische Polarität der P=O-Doppelbindung verstärkt und dadurch die Elektronendichte am Phosphoratom sinkt, das Phosphoratom also stärker positiv wird, was den Angriff des Wassers und damit die Hydrolyse erleichtert. Dieses Beeinflussen einer Reaktion durch eine in der Nähe befindliche Gruppe nennt der Chemiker „Nachbargruppeneffekt". Die Hydrolyse des Phosphoresters ist zwar langsam und tritt selten ein, aber bei sehr großer Länge der RNA wird sie doch gefährlich für den Zusammenhalt der Kette der Erbinformation.

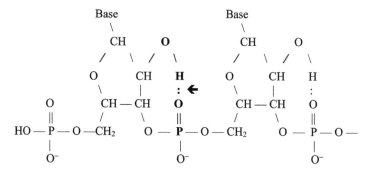

Abb. 21.1: Die Schwachstelle der Ribonukleotidbindung.

Die Natur fand einen Ausweg: die Ribonukleinsäure RNA wurde im Erbgutspeicher ersetzt durch die Desoxyribonukleinsäure DNA. Diese kann aufgrund des einen fehlenden Sauerstoffatoms O-2' im Riboseteil der Nukleotide die beschriebene Wasserstoffbrücke zum Phosphat nicht mehr bilden und neigt daher nicht mehr zu spontaner Hydrolyse. Eine andere Hypothese über DNA besagt, dass diese als Archiv, als Sicherungskopie der RNA-Moleküle entstanden war.

Desoxyribose tritt in der Natur nicht in freier Form auf, vielmehr werden Desoxyribonukleotide biosynthetisch hergestellt, indem am fertigen Ribonukleotid in einem Zusatzschritt die 2'-OH-Gruppe zu Wasserstoff reduziert wird. Bei dieser Reaktion treten Sauerstoffradikale auf, gegen deren Angriffe das die Reduktion katalysierende En-

https://doi.org/10.1515/9783110783155-022

zym resistent sein muss. Ribozyme würden durch die aggressiven Radikale zerstört, nur echte Enzyme aus Proteinmaterial können diese Aufgabe erledigen.

Neben den Unterschieden im Aufbau der Zellmembranen unterscheiden sich Bakterien von Archäen in wichtigen Details der DNA-Synthese. Es ist daher unwahrscheinlich, dass die Entwicklung der DNA *vor* der Trennung der beiden Stämme erfolgte. Möglicherweise geschah die Entwicklung der DNA bei einem der beiden Prokaryontenstämme, und einige fertige Gene des Ribonukleotidreduktase-Enzymkomplexes wurden über Plasmide oder von Phagen auf den anderen Stamm übertragen.

Heute besteht das Erbgut aller Lebewesen aus DNA, die RNA wird nur noch für kurze Ketten verwendet wie Messenger-, Transfer-, ribosomale Mikro-RNA und andere. Die größeren Viren (wir wiederholen, Viren sind tote Materie, *keine* Lebewesen!) enthalten DNA, aber bei den kleineren findet sich noch RNA (z. B. die Picornaviren = pico-RNA-Viren). Alle modernen RNAs sind relativ kurz und einsträngig, die längsten sind diejenigen der Viren der Coronafamilie mit um die 30.000 Nukleotiden.

Die sehr viel größeren Moleküle, die in der alten RNA-Welt die gesamte genetische Information der Zellen enthielten, waren aber mit Sicherheit zweisträngig. Zum einen ist der komplementäre zweite Strang eine Sicherheitskopie, die zur Fehleranalyse und -behebung dienen kann, zum anderen schirmt er die Basen des ersten Strangs ab (sie wären sonst frei zugänglich) und schützt sie vor chemischen Attacken irgendwelcher anderen Moleküle.

So wie DNA kann auch RNA im Doppelstrang auftreten, beide als Doppelhelix, d. h. beide Stränge bilden antiparallel verlaufend eine rechtsdrehende Spirale. Die Geometrie der beiden Helixtypen ist aber im Detail unterschiedlich. Bei der DNA (Doppelhelix Typ B, das ist die Form, die man auf vielen Abbildungen sieht) liegen alle Basen in der Ebene, auf der die Hauptachse der Helix senkrecht steht. Eine Windung dieser Schraube geht über 10 Basenpaare und ist 34 Å hoch.

Bei RNA (Doppelhelix Typ A) liegt eine andere Geometrie vor, da es hier Platzprobleme aufgrund des zusätzlichen Sauerstoffatoms O-2 der Ribose gibt, so dass u. a. hier die Ebenen der Basen um ca. 20 ° geneigt sind. Eine Schraubenwindung ist ebenfalls 34 Å hoch, enthält aber 11,6 Basenpaare. Dafür ist der Durchmesser der A-Helix etwas größer als der der B-Helix, die A-Schraube ist somit etwas dicker als die bekanntere und stabilere B-Schraube. Unter speziellen Bedingungen kann im Labor auch DNA in eine Typ A Doppelhelix gezwungen werden, aber in der Natur spielt das keine Rolle.

Ein weiterer Unterschied liegt darin, dass die in der Ebene liegenden Basen bei Typ B etwas mehr Platz haben, so dass die RNA-Base Uracil (der komplementäre Partner des Adenins) bei DNA durch die um eine Methylgruppe vergrößerte Base Thymin (= 5-Methyl-Uracil) ersetzt werden konnte. Statt der A:U-Basenpaare gibt es deshalb bei DNA die A:T-Basenpaare. Auch bei der anderen Pyrimidinbase, Cytosin, dem komplementären Partner des Guanins, wäre in der 5-Stellung Platz für eine Methylgruppe. Das führte in der Natur aber nicht zu einem Basentausch wie bei U → T, sondern C bleibt C und der Platz bleibt im Prinzip frei. Dieses „Loch" kann aber in einem „epigenetischen" Prozess ausgenützt werden, um das Cytosin *in situ*, d. h. in der fertigen

DNA, durch spezielle Enzyme mit einer Methylgruppe zu versehen und dadurch ein Segment der DNA funktionell zu blockieren, so dass es nicht mehr abgelesen wird.

Das Ersetzen von U durch T vermeidet auch das Problem, das entsteht, wenn Cytosin durch spontane Desaminierung (Abspaltung von Ammoniak, NH_3, mittels Wasser, Hydrolyse) in Uracil umgewandelt wird, eine spontane Mutation also zu einer normalen Base führen würde. Aus einem G:C-Paar entsteht ein irreguläres G:U-Paar. Diese Desaminierung machte Fehlererkennung und Reparatur bei RNA besonders schwierig, wenn nicht unmöglich, da nicht einfach entschieden werden kann, welche der beiden Basen die ursprünglich richtige ist und welche ausgetauscht werden muss. Bei DNA ist das einfacher, da das Hydrolyseprodukt U leicht als für DNA irregulär erkannt wird.

Insgesamt hat der Wechsel von RNA zu DNA als Hauptinformationsspeicher die Stabilität und die Kapazität des Speichers enorm verbessert (das heutige menschliche Genom enthält 2 Sätze von 3,3 Mrd. Basenpaaren und ist auf 46 „Chromosomen" verteilt, also 46 Doppelstrangmoleküle, die 23 Paare bilden). Zusätzlich ergab sich eine sehr nützliche Möglichkeit zur Regulierung, damit die für einen bestimmten Zelltyp nicht benötigten oder gar störenden Gene zuverlässig abgeschaltet werden können (Epigenetik). Der Aufwand, aus Ribonukleotiden in einem zusätzlichen komplizierten und Energie fressenden Enzymschritt Desoxyribonukleotide zu machen, hat sich für die Natur gelohnt.

Unabhängig von der Chemie, ob RNA oder DNA, je länger die Nukleinsäurestränge sind, desto mehr Fehler enthalten sie auch. Das ist unvermeidlich, das Kopieren kann niemals absolut fehlerfrei sein, auch wenn die Entwicklung vom spontanen Kopieren über ribozymkatalysiertes zum enzymkatalysierten Kopieren große Fortschritte gemacht hatte. Die mittlere Fehlerquote einer (heutigen) DNA-Replikase (des Kopierenzymsystems) ist ca. 1 : 100.000 nach Korrekturlesen, d. h. im Schnitt ist nur jede hunderttausendste Position falsch kopiert.

Das erscheint zwar auf den ersten Blick als relativ gut, aber bei dieser Fehlerhäufigkeit hätte die Evolution zwangsläufig bei den Prokaryonten stehen bleiben müssen, größere Genome wären wegen zu vieler Fehler nicht lebensfähig gewesen. Da auch noch einige Basen in tautomerem Keto-Enol-Gleichgewicht vorliegen, wäre in der Praxis eine Fehlerquote besser als 1 : 10.000 überhaupt nicht erreichbar gewesen, wenn nicht Mechanismen zur Fehlerkorrektur entwickelt worden wären, die durch Folgeschritte (wiederholtes Korrekturlesen) eine höhere Präzision erzielen konnten.

Es ist anzunehmen, dass sich in der Natur schon sehr früh die Mechanismen zur Verringerung der Fehler entwickelten, sicher bereits in der ersten Jahrmilliarde des Lebens. Heute kennt man im Prinzip drei Korrekturwege: die Reparatur von eingebauten Basen (*in situ*), den Ersatz (Austausch) von Basen und den Austausch ganzer Nukleotide. Mit diesen Mechanismen, die unabhängig vom eigentlichen Kopiervorgang sind (es sind andere Enzyme beteiligt), wird die Fehlerquote auf ca. 1 : 10^8 gedrückt, also etwa jede hundertmillionste Base ist falsch. Diese enzymatischen Korrektursysteme sind nicht nur nach dem Kopieren wichtig, sie reparieren auch Schäden, die im laufenden Betrieb auftreten, und spielen die Hauptrolle bei der Beseitigung von Schäden durch molekularen Sauerstoff (O_2 hat teilweise die Natur eines Biradikals und ist daher chemisch sehr aggressiv) sowie Strahlenschäden am Genom (durch Radioaktivität und Höhenstrahlung).

Wir sind jetzt bei einem Punkt in der Entwicklung des Lebens angekommen, an dem einfache einzellige Lebewesen alle grundlegenden Fähigkeiten zum Leben und zu ihrer eigenen Vermehrung in der damals vorhandenen Umwelt erworben haben, und an dem die Weiterentwicklung, Spezialisierung und Konstruktion völlig neuer Zelltypen beginnen kann. Jetzt können sich auch voll lebensfähige Varianten bilden, d. h. neue Arten können entstehen.

22 LUCA – Last Universal Common Ancestor

Die ersten sichtbaren Spuren des Lebens sind ca. 3,6 Mrd. Jahre alt. Es handelt sich um Abdrücke von Bakterien auf Gesteinen. Die Abdrücke zeigen Formen, wie sie auch noch für viele heute lebende Bakterien typisch sind. Natürlich kann biologisches Material, die Bakterien selbst, niemals derart lange Zeiträume überleben, so schön es auch wäre, das Genom dieser ersten sichtbar gewordenen Lebewesen zu studieren.

Wir können aber die Basensequenz der Genome moderner Archäen und Bakterien analysieren und versuchen, frühe Vorläuferformen zu rekonstruieren oder zumindest einen kleinsten gemeinsamen Nenner zu finden, den frühesten erfassbaren möglichen gemeinsamen Vorfahren allen Lebens. Der ist natürlich fiktiv und wird Luca genannt (*Last universal common ancestor*). Luca war aber kein natürliches Lebewesen, sondern ist eine Liste von 355 Genfamilien, die aus Gensequenzvergleichen zusammengestellt wurde. Da heute alle Lebewesen ihre Genome in DNA verschlüsseln, muss Luca einen Zustand in der DNA-Welt repräsentieren und enthält notwendigerweise auch Gene für die Herstellung und Verarbeitung der Desoxyribonukleotide. Es muss aber auch „Vorgänger" von Luca in der RNA-Welt gegeben haben, diese sind für uns aber nicht mehr zugänglich.

Da die Bildung der frühesten Zellen vermutlich zweimal stattfand, und zwar einmal als Ausbildung der Archäen und zum anderen der Bakterien (das ist zu schließen aus den fundamentalen Unterschieden zwischen den Lipidmembranen beider), muss Luca auch die Gene gemeinsamer Vorgänger enthalten, die zu einem Zeitpunkt *vor* der Bildung der ersten Zellen „gelebt" haben, also vor mehr als 3,7 Mrd. Jahren. Die materielle Basis, auf der die Ursprünge von Luca beruhen, müssen die Bestandteile des noch nicht in Zellen strukturierten Lebens, des Lebens im Protoplasma, gewesen sein.

Die Rossmann-Domäne (Kap. 20), deren Abstammungsähnlichkeiten nicht Arten von Lebewesen, sondern Enzymfunktionen betreffen, reicht mindestens ebenso weit zurück; sie muss in der präbiotischen Zeit, vor den ersten Zellen, entstanden sein. Ihr „Baum der Verzweigung" reicht so weit in der Zeit zurück, dass die Ähnlichkeiten mit den Mitteln der Sequenzanalyse nicht mehr festgestellt werden können.

Wie schon in Kap. 17 („Entwicklungen") ausgeführt, findet die Evolution der Proteine (d. h. der Strukturgene) in drei hintereinander geschalteten Prozessen statt. Zuerst entstehen Mutationen in der Basensequenz der DNA. Aufgrund der Degeneration des genetischen Codes (mehrere Basentripletts können für ein und dieselbe Aminosäure codieren) bewirkt aber nicht jede DNA-Änderung eine Änderung der Aminosäuresequenz der Proteine. Deren Änderung verläuft also langsamer als die der Basensequenz, weil viele Basenänderungen nicht zu anderen Aminosäuren führen. Eine weitere Konsequenz ist, dass zwar aus der Basensequenz die Aminosäuresequenz vorhergesagt werden kann, umgekehrt ist es aber nicht möglich, aus der Aminosäuresequenz die genaue Basensequenz zu rekonstruieren.

https://doi.org/10.1515/9783110783155-023

Dasselbe Dilemma haben wir bei der nächsten Stufe. Die Aminosäuresequenz bestimmt die Faltung der Proteinkette, aber auch hier haben wir eine Degeneration, weil unterschiedliche Sequenzen zu derselben Faltung führen können. Auch hier verläuft demnach der Folgeprozess langsamer, und zwar wesentlich langsamer, als der Ausgangsprozess, und auf die Aminosäuresequenz können aus der Faltung keine genauen Schlüsse gezogen werden, wie das Beispiel Rossmann-Domäne zeigt. In der anderen Richtung ist es noch schwerer. Seit vielen Jahrzehnten versucht man, die Faltung eines Proteins aus der Aminosäuresequenz vorherzusagen, bisher ohne durchschlagenden Erfolg trotz immer wieder aufgestellter gegenteiliger Behauptungen.

Die Degeneration der beiden Sequenztypen (Basen und Aminosäuren) hat auch Folgen für die verschiedenen „Uhren" der Biologie. Die Uhr der DNA-Basen (die Mutationsrate) läuft zwei- bis dreimal schneller als die der Aminosäuren. Das bedeutet aber, dass dabei Unterschiede schneller in Zufallsfolgen übergehen und damit ihre Aussagekraft verlieren. Die langsamste Uhr ist die der Faltungen, also der Divergenz der 3-dimensionalen Strukturen der Proteine. Sie läuft um ein Vielfaches langsamer als die der Aminosäuren, was bedeutet, dass sie auch dann noch relevante Informationen liefert, wenn die Unterschiede der Aminosäuresequenzen schon längst in der zufälligen Beliebigkeit verschwunden sind.

Die in der Wirklichkeit realisierte Faltung ist diejenige, bei der von den sehr vielen Faltalternativen die Energie des Moleküls die niedrigste ist, sie realisiert ein Energieminimum. Diese Faltung ist verantwortlich für die Funktion der Proteine, und das ist der Ansatzpunkt der Auslese der Evolution auf molekularer Ebene. Auf der Ebene des Gesamtorganismus (des Phänotyps) kommen dann viele Einzeleffekte zusammen.

Die Geschwindigkeiten der drei Typen von Veränderung sind damit auch ein Maß dafür, wie weit zurück in der Geschichte wir Ähnlichkeiten und Unterschiede datieren können. Je langsamer eine Uhr läuft, desto weiter zurück in der Zeit können wir Erkenntnisse sammeln. Luca zeigt Ähnlichkeiten auf, die noch innerhalb des Zeitalters der DNA liegen. Der Vergleich von Aminosäuresequenzen dürfte bis zurück in die RNA-Welt reichen können, aber die Analyse der Faltungen reicht zurück bis vor die erste lebende Zelle. Der auf DNA-Sequenzen beruhende Luca repräsentiert also die kürzeste Historie, und wenn wir die längste analysieren wollen, müssen wir als Datenbasis die Proteindatenbank PDB benützen, in der alle bisher analysierten Proteinstrukturen archiviert sind, und diese vergleichen.

Die im hypothetischen Luca gefundenen 355 universellen Genfamilien lassen darauf schließen, dass das damals existierende „Leben" stark thermophil war und als Energiequelle wohl Wasserstoff aus der Oxidation von Eisenionen gewann. Als sein Habitat erscheinen manchen die Poren der *white smokers* wahrscheinlich, der alkalischen hydrothermalen Schlote der Tiefsee. Allerdings gibt es auch die Meinung, dass die *white smokers* so früh in der Erdgeschichte noch gar nicht existiert hätten.

Luca war bereits ein Teil der DNA-Welt (RNA wäre in der alkalischen Umgebung der *white smokers* nicht stabil genug gewesen), beruht aber im tiefen Ursprung auf Bestandteilen des unstrukturierten Protoplasmas vor der Zellentstehung. Neben der völlig unterschiedlichen Lipidmembran sind auch die Enzymsysteme zur Herstellung und Handhabung von DNA bei Bakterien und bei Archäen sehr verschieden. Es muss daher angenommen werden, dass sie weitgehend (aber vielleicht nicht völlig) unabhängig voneinander entstanden sind, Luca enthält also die gemeinsamen Teile beider Stämme.

Die populäre Bezeichnung für Luca als unser frühester Vorfahr ist allerdings Unsinn, Luca war kein Lebewesen, sondern ist nur eine Liste von Genen. Zum Vergleich: Wenn man alle Kraftfahrzeuge, die heute auf der Straße sind, vergleicht und diejenigen Konstruktionsmerkmale zusammenfasst, die allen gemeinsam sind, bekommt man noch lange nicht den Bauplan des ersten Autos, sondern lediglich eine Liste von Konstruktionsmerkmalen.

23 Photosynthese

Eine geniale Methode, biochemische Energie zu gewinnen, „erfand" eine Klasse von Lebewesen, die man heute phototroph oder photosynthetisch nennt. Sie benutzen das Licht als Energiequelle und spalten anorganische Verbindungen, um Elektronen, die Essenz aller chemischen Reduktionsmittel, zu gewinnen. In der Tiefsee wurde dazu die schwache Strahlung der heißen Quellen (Schwarze Raucher) ausgenützt, die aber nur geringe Energien liefern kann (Infrarotstrahlung, Wärmestrahlung). In relativ flachem Wasser war aber auch die Verwendung des energiereicheren Sonnenlichts möglich. Ein früh benutztes Molekül ist Schwefelwasserstoff, der photochemisch zu elementarem Schwefel oxidiert wird (Photonen [Lichtteilchen] werden in chemischen Formeln üblicherweise in der physiküblichen Form „$h \cdot v$" dargestellt):

$$CO_2 \quad + \quad 2\,H_2S \quad + h \cdot v \rightarrow \quad HCHO \quad + H_2O + \quad 2\,S$$
Kohlendioxid Schwefelwasserstoff Photon Formaldehyd Wasser Schwefel

Elektronen können photochemisch aber auch aus Eisen^{2+}-Ionen (Oxidation zu Eisen^{3+}), Nitrit (Oxidation zu Nitrat), Thiosulfat (Oxidation zu Sulfat und Schwefel) und anderen Verbindungen gewonnen werden. Die Fähigkeiten der frühesten phototrophen Organismen finden sich noch heute in den Familien der Purpurbakterien und einigen anderen Stämmen von Prokaryonten.

Die wichtigste Variante der Photosynthese wurde sehr viel später etabliert. Dabei wird Wasser in Protonen, Elektronen und Sauerstoff gespalten. Der aus Elektronen und Protonen gebildete Wasserstoff wird im Stoffwechsel weiterverwertet, und der Sauerstoff wird als nicht benötigtes Abfallprodukt gasförmig an die Umgebung abgegeben. Die wichtigste Verwendung des Wasserstoffs ist die chemische Reduktion von Kohlendioxid, woraus Kohlenstoffverbindungen als Nahrung und für die Biosynthese aller möglichen Verbindungen gewonnen werden.

Das Einsammeln von Kohlendioxid durch die Bakterien und seine Benützung und Verbrauch nennt man „Kohlenstoffassimilation". Dadurch wird die Konzentration des Kohlendioxids in der Atmosphäre verringert, was den Treibhauseffekt verringert und die Umgebungstemperatur senkt, ähnlich wie bei der Ausfällung des Kohlendioxids als Karbonatsediment. Die wasserspaltende Photosynthese wurde ursprünglich nur von Cyanobakterien durchgeführt. Sie tauchten vor etwa 2,7 Mrd. Jahren auf und waren die Ursache dafür, dass in der Folge Sauerstoff ein Bestandteil der Atmosphäre wurde.

Die Spaltung von Wasser in Wasserstoff und Sauerstoff benötigt sehr viel Energie; diese Energiemenge ist fast neunmal so hoch wie die Energie zum Spalten von Schwefelwasserstoff. Um diese Energie aufzubringen, reicht der Energiegehalt eines einzigen Photons („Lichtteilchens") im sichtbaren Bereich des Lichts nicht aus. Die Cyanobakterien müssen daher die Energie von zwei Photonen kombinieren, was ein

https://doi.org/10.1515/9783110783155-024

sehr kompliziertes System von Lichtrezeptoren und Enzymen erfordert, die die Gesamtreaktion synchronisieren. Die schematische chemische Formulierung der wasserspaltenden Photosynthese ist

$$CO_2 \quad + H_2O + \quad 2\,h \cdot v \quad \rightarrow \quad HCHO \quad + \quad O_2 \uparrow$$
$$\text{Kohlendioxid} \quad \text{Wasser} \quad 2\,\text{Photonen} \quad \text{Formaldehyd} \quad \text{Sauerstoff}$$

Formaldehydmoleküle können chemisch verbunden werden (durch chemische „Addition"), so dass sich die weiteren Monosaccharide bilden: $C_2H_4O_2$, $C_3H_6O_3$, $C_4H_8O_4$, $C_5H_{10}O_5$, $C_6H_{12}O_6$. In der Biochemie scheint das Ende bei $C_9H_{18}O_9$ erreicht zu sein. Da die stereochemische Anordnung der Atome und Gruppen variieren kann, gibt es zu jeder dieser Summenformeln mehrere unterschiedliche Moleküle. In der heutigen biochemischen Wirklichkeit sind diese Vorgänge wesentlich komplizierter, da sie nicht über Formaldehyd laufen, sondern auf anderen Wegen zu den Zuckern führen.

Dieser Aufbau erfordert weitere Energie, die ebenfalls aus dem Licht gewonnen wird, so dass im Endeffekt sogar 4 Photonen pro CO_2-Molekül verbraucht werden, um zum Zucker zu gelangen. Die „Energieverschwendung" der Natur führt dazu, dass die Reaktionen sehr schnell ablaufen. Dieses Prinzip der Natur findet man überall in der Biochemie. Schnelligkeit ist wichtiger als Sparsamkeit. Das gilt auch in der Makrobiologie, im Leben. Eine Gazelle, die langsam geht, um Energie zu sparen, wird zum Abendessen des Löwen, der damit seine eigene Energie weiter aufbaut.

Aus den beschriebenen Monosacchariden können durch Abspaltung von Wassermolekülen (Kondensation) längere Ketten von Kohlenhydraten gebildet werden (Oligosaccharide und Polysaccharide), wobei dann in der generellen Summenformel $C_mH_{2n}O_n$ die Größe n (die Zahl der nominellen „Wassermoleküle") kleiner wird als m (Zahl der Kohlenstoffatome).

Malzzucker (Maltose) ist zusammengesetzt aus zwei Traubenzuckermolekülen und hat die Summenformel $C_{12}H_{22}O_{11}$. Die gleiche hat auch unser Haushaltszucker (Rohrzucker, Rübenzucker), der aus den Monosacchariden Traubenzucker und Fruchtzucker besteht. Die Zucker (Kohlenhydrate) wurden nun die am weitesten verbreiteten langfristigen Energiespeicher, vor allem in ihren makromolekularen (polymeren) Formen, der Stärke und dem Glykogen. In der hochpolymeren Form der Zellulose wurde der Traubenzucker auch ein wichtiger Baustein für die Struktur der Pflanzen. Die Zellwand von Pflanzenzellen besteht weitgehend aus Zellulose.

Man kann sich fragen, weshalb denn die Traubenzuckermoleküle nicht einfach so, wie sie sind, als Monomere in die Zellen eingelagert werden können. Weshalb muss man sie zum Aufbau von Energiereserven zu Makromolekülen aneinanderkoppeln? Da diese Polymere aus immer demselben Monomer bestehen, enthalten sie keinerlei Sequenzinformation. Dementsprechend ist im Gegensatz zu Nukleinsäuren und Proteinen zu ihrer Synthese auch keine Sequenzinformation erforderlich. Die Antwort liegt bei einem physikalischen Effekt, der bisher in diesem Text noch nicht erwähnt wurde, der Osmose und dem osmotischen Druck.

Eine halbdurchlässige (semipermeable) Membran ist eine Membran, die zwar Wassermoleküle passieren lässt aber keine größeren Moleküle wie z. B. Zucker. Wenn in einem durch eine solche Membran abgeschlossenen Raum (z. B. einer lebenden Zelle) die Konzentration der Teilchen (Moleküle) größer ist als im Außenraum, so dringt Wasser ein, um die Lösung im Innenraum zu verdünnen (Osmose). Dadurch wird entweder die Zelle ausgeweitet und ihr Volumen vergrößert, oder, falls das nicht möglich ist, erhöht sich der Druck im Inneren der Zelle (osmotischer Druck) so weit, bis kein weiteres Wasser mehr eindringen kann. Beides wäre für die Zelle ungemein schädlich. Daher vermeidet sie die Zunahme der Zahl der Moleküle, indem sie viele Glukosemoleküle zusammenkettet, so dass sie nur noch als ein einziges Teilchen zum osmotischen Druck beitragen, und das ist dann vernachlässigbar wenig.

Die Sache mit dem Sauerstoff machte sehr, sehr langsamen Fortschritt. Eine halbe Milliarde Jahre lang wurde fast aller Sauerstoff, den die Cyanobakterien erzeugten, für die Oxidation aller möglicher Substanzen verbraucht, zum Schluss wurde Eisen^{2+} zu Eisen^{3+} oxidiert, im Meer und in Mineralien. Das ist leicht an der Farbe der eisenhaltigen Gesteine erkennbar. Alle eisenhaltigen Gesteine, die älter sind als 2,1 Mrd. Jahre, enthalten zweiwertiges Fe^{2+} (FeO) und sind dunkelgrün-schwarz gefärbt, alle jüngeren enthalten dreiwertiges Fe^{3+} (Fe_2O_3) und sind rostfarben bis braun-orange (z. B. Sandstein).

Nun sind die Verbindungen des dreiwertigen Eisens im (Meer)Wasser sehr viel weniger löslich als diejenigen des zweiwertigen. Die Oxidation hatte deshalb zur Folge, dass das Eisen aus dem Meerwasser in neuartigen geologischen Formationen am Meeresboden in Sedimenten gebunden wurde, während das Meerwasser selbst an Eisen verarmte. Die meisten Lagerstätten von Eisenerzen sind in Zusammenhang mit der Oxidation durch Sauerstoff im Zeitraum von 2,5–1,8 Mrd. Jahren vor unserer Zeit entstanden (Bjornerud, 2018).

Das Leben beeinflusste also die Zusammensetzung des Meerwassers und die Geologie. Die beiden Evolutionen, die anorganisch-chemische (Geologie) und die organisch-chemische (Biologie), waren in intensive Wechselwirkung getreten. Trotz des Sauerstoffverbrauchs für Oxidationen reichte die anfangs geringe Menge an Sauerstoff in der Atmosphäre aus, um mittels Energiezufuhr von Sonnenstrahlung schon vor ca. 2,4 Mio. Jahren eine erste Ozonschicht (Ozon = O_3, ein aus 3 Atomen bestehendes sehr energiereiches Sauerstoffmolekül) auszubilden, die die UV-Strahlung der Sonne wesentlich besser abschirmte als der normale molekulare Sauerstoff O_2 allein.

Der chemische Charakter der Ursuppe muss sich durch den Sauerstoff radikal verändert haben, die allermeisten darin gelösten organisch-chemischen Moleküle wurden mehr oder weniger vollständig oxidiert und letztendlich vernichtet. Viele Reaktionen der Zeit der frühen Erde (Kap. 5) wurden damit rückgängig gemacht bzw. ihre Produkte zerstört. Die Endprodukte dieser Oxidationsreaktionen waren Kohlendioxid,

Wasser und Stickstoff. Die Rahmenbedingungen für die Entstehung des Lebens wurden damit zerstört, ein weiterer Versuch war von da an nicht mehr möglich.

Nach Abschluss dieser Oxidationen wurde aller entstehende Sauerstoff in die Atmosphäre freigesetzt. Die Atmosphäre änderte ihren Charakter von reduzierend in oxidierend, wie vorher schon das Urmeer, und das hatte dann Konsequenzen für die anderen vorhandenen Lebensformen. Sie hatten sich in einer sauerstofffreien Umgebung entwickelt („Anaerobier") und waren jetzt dem neuen Gift Sauerstoff schutzlos ausgesetzt. Die Folge war vor ca. 2,4 Mrd. Jahren der in Kap. 18 („Biologische Evolution") bereits erwähnte größte Unfall in der Geschichte des Lebens, die Große Sauerstoffkatastrophe (*Great Oxygenation Event*), die das größte Massenaussterben aller Zeiten auslöste, wobei etwa 95 % aller vorhandenen Arten ausgelöscht wurden. Eine kleine Minderheit der Arten, nämlich diejenigen, die gegen die schädlichen Wirkungen des Sauerstoffs eine Möglichkeit zur Abwehr fanden, überlebte und bildete eine neue Lebenswelt, die die unsrige wurde. Spätere Massenaussterbeereignisse waren niemals wieder derart radikal.

Nach langer Zeit setzten sich die Cyanobakterien zu größeren Aggregaten zusammen, zu Stromatolithen (Stapel vieler Schichten von Bakterien). Damit wurde die Sauerstoffproduktion so weit erhöht, dass seit ca. 2 Mrd. Jahren die Menge des Gases auch in der Atmosphäre merklich anzusteigen begann. Das war ein endlos langsamer und langer Prozess. Alles hing von den Cyanobakterien ab, da es noch für über eine halbe Mrd. Jahre keine Pflanzen geben sollte, die heute den größeren Teil der Sauerstoffproduktion übernehmen.

Ohne Sauerstoff war Leben nur im Meer möglich gewesen. Die Erdoberfläche war für das Leben völlig unzugänglich, und auch die obersten 10 cm des Meerwassers waren eine Todeszone. Der Grund liegt in der brutal intensiven Bestrahlung durch die Sonne mit ultraviolettem Licht, das bei längerer Einwirkung vor allem die Basen der Nukleotide und Nukleinsäuren, aber auch einige Aminosäuren zerstört. Deshalb mussten die Moleküle aus den Synthesen an den Ufervulkanflanken schnell vom Regen ins Meer zurückgespült werden, um intakt zu bleiben. Sauerstoff hat nun die Eigenschaft, UV-Licht zu absorbieren, so dass nur noch ein Teil davon die Erdoberfläche erreicht. Wie beschrieben ist dabei O_3 (Ozon) wesentlich wirksamer als das normale Sauerstoffmolekül O_2. Die Landoberfläche wurde dadurch sicherer, aber noch war Leben an Land nicht möglich.

24 Eukaryonten

Wie oben angeführt, gibt es seit ca. 3,3 Mrd. Jahren die phototrophen Bakterien, die ihren Energiebedarf mit Licht decken. Seit ca. 2,7 Mrd. Jahren erzeugen Cyanobakterien dabei Sauerstoff. Vor ca. 1,9 Mrd. Jahren tauchten dann die Proteobakterien auf, die ersten Bakterien, die ihrerseits das „Abfallprodukt" Sauerstoff benutzen konnten, um damit durch die Oxidation organisch-chemischer Substanzen ihre Energie zu gewinnen. Damit wurde das bisher allein existierende anaerobe Leben (ohne Sauerstoffatmung) durch aerobes Leben (mit Atmung) ergänzt. Die Cyanobakterien erzeugten den Sauerstoff mittels Licht, und die Proteobakterien benutzten ihn zur Gewinnung ihrer eigenen chemischen Energie.

Diese Fähigkeit, den in zunehmenden Mengen zur Verfügung stehenden Sauerstoff zu benutzen und damit die Energiegewinnung erheblich effizienter zu machen, als es mit den alten Methoden der Archäen und Bakterien möglich war, war für alle Lebewesen sehr vorteilhaft. Eigentlich hätten alle Bakterienarten und die Archäen diese Fähigkeit unabhängig voneinander entwickeln oder die vorhandene genetische Information auf alle verbreiten können, aber die Natur fand einen schnelleren und effizienteren Weg, der zu einem ganz neuartigen Typ von Zellen führte.

Archäen nahmen die nützlichen Proteobakterien in sich auf in Form einer Endosymbiose. Wahrscheinlich war die Absicht gewesen, diese Proteobakterien zu fressen und zu verdauen, aber die verschluckten Bakterien hatten wohl Mittel und Wege gefunden, das zu verhindern, so wie unsere Darmbakterien es ebenfalls vermeiden können, verdaut zu werden. Aus dieser einseitigen „Zwangsehe" von Archäen und Proteobakterien wurde dann ein dauerhaftes Zusammenleben zum gegenseitigen Vorteil, mit Nutzen für beide Seiten, eine Symbiose, bei der ein Symbiont vollkommen im Körper des anderen eingebettet lebt.

Auf diese Weise konnten sich die Partner weiter optimieren, indem sie eine Arbeitsteilung fanden und diese immer weiter verbesserten. Um das Verschlingen der Proteobakterien möglich zu machen, musste die (relativ harte) äußere Zellhülle, das Kapsid der Archäen, entfernt werden (oder verloren gehen). Ohne starre Hülle war die Form der Zellen nun variabel geworden, und die Zellen wurden auch größer.

Die Größe der Prokaryonten ist durch Energieprobleme begrenzt. Ihr Protonengradient zur Energiespeicherung entsteht an der Außenmembran (der einzigen Membran, die sie haben). Da die Masse und dadurch der Energiebedarf bei einer Vergrößerung der Zelle mit der 3. Potenz wächst, die Energiekapazität auf der Membranfläche aber nur mit der 2. Potenz (lineare Verdoppelung der Größe ergibt 8-fache Masse und Energiebedarf, aber nur 4-fache Membranfläche und Energieleistung), besteht eine Obergrenze der Größe der Zellen.

Die Außenzelle der neuen Konstruktion (die ehemalige Archäe) übernahm den bisherigen konventionellen Stoffwechsel für alle Teile, und die eingebetteten Bakterien konzentrierten sich auf den Teil der Aufgaben, die mit dem molekularen Sauerstoff

https://doi.org/10.1515/9783110783155-025

zu tun haben, die sogenannte Atmungskette, wobei die gewonnene Energie im Protonengradienten an ihrer Innenmembran zwischengespeichert wurde. Die Außenzelle gab dann ihre Terpenmembran auf und ersetzte sie durch die Phospholipidmembran der Bakterien auf Basis der Fettsäuren. Durch diese Symbiose entstanden erheblich größere Einzeller, in denen sich jetzt auch für ihre Nukleinsäure, das Erbmaterial, eine Unterstruktur formte, der Zellkern. In Prokaryonten schwimmt die DNA frei im Cytosol der Zelle und ist allen chemischen Einflüssen des Metabolismus ausgesetzt. Im Zellkern der Eukaryonten ist sie dagegen durch eine Membran geschützt.

Die eingebetteten Bakterien stellen ebenso wie der Zellkern Organellen der Zelle dar und werden heute als Mitochondrien bezeichnet. Weitere Organellen sind das endoplasmatische Retikulum und der Golgi-Apparat. Mitochondrien haben ihr eigenes Genom, das in der Zwischenzeit allerdings zum größten Teil in den Zellkern gewandert ist. Die Mitochondrien codieren nur noch etwa ein Dutzend Proteine in ihrer eigenen DNA. Die meisten mitochondrialen Proteine werden im Cytosol (dem Innenraum der Zelle außerhalb der Mitochondrien) synthetisiert und dann in das Mitochondrium transportiert. Mitochondrien vermehren sich nach Bakterienart durch Teilung innerhalb der Gesamtzelle. Wenn man alle Mitochondrien einer Zelle entfernt, kann sie keine neuen erzeugen und stirbt. Eine Besonderheit ist auch, dass Mitochondrien einige Abweichungen vom genetischen Code haben und für jede eine eigene Art von tRNA besitzen. Das zeigt, dass die Mitochondrien einst tatsächlich eigenständige Lebewesen waren.

In der geschützten Umgebung im Inneren einer Zelle muss die innere Membran der Mitochondrien nicht mehr dicht an der äußeren anliegen. Sie konnte in Falten („Cristae") gelegt werden, was ihre Fläche und damit die Energiespeicherkapazität des Protonengradienten drastisch erhöhte. Die Gesamtzelle war nun für ihre Energieversorgung nicht mehr auf ihre Außenmembran angewiesen und konnte sich daher, befreit von Energieproblemen, beliebig vergrößern. Es gibt Zellen, die bis zu 1000 Mitochondrien enthalten, wahre Kraftpakete.

Der neue Zelltyp – große Zelle mit Zellkern und weiteren eingebetteten Organellen – wird als eukaryotische Zelle oder kurz Eukaryont bezeichnet und existiert seit ca. 1,8 Mrd. Jahren. Den Typ der Vorgängerzellen, der heute noch in Bakterien und Archäen weiterlebt, bezeichnet man als prokaryotisch bzw. Prokaryont. Die drei Reiche der heutigen „höheren" Lebewesen – Tiere, Pilze und Pflanzen – bestehen ausschließlich aus eukaryotischen Zellen, die in der Zwischenzeit noch weitere Unterschiede zu den Prokaryonten ausbildeten.

Das Genom von Eukaryonten wurde so groß, dass es ein Vorteil war, es nicht mehr auf einem einzigen Doppelstrang DNA zu belassen, sondern in mehrere Einzelstücke, genannt Chromosomen, aufzuteilen. Die DNA-Stränge in den Chromosomen sind offen mit zwei Enden und befinden sich im Zellkern, während die DNA-Stränge der Prokaryonten zu einem Ring geschlossen sind und frei im Zellvolumen liegen. Durch die Aufteilung auf mehrere Segmente wurde auch das Kopieren des Genoms bei Zellteilung schneller (parallel statt seriell). Dabei wurden die Kopierstartpunkte (Replikons) vervielfacht.

Noch eine weiterer Entwicklungsschritt trat ein. Wahrscheinlich aus Gründen der Datensicherheit wurde vom DNA-Strang eine Kopie gemacht, so dass jetzt alle Gene doppelt vorlagen, in zwei DNA-Doppelhelices. Das war auch die Voraussetzung für eine zusätzliche Neuerung, die anschließend beschriebene Sexualität.

Zwei haploide Zellen (mit nur jeweils einem Satz an Genmaterial) verschmelzen zu einer diploiden (Genmaterial doppelt), die dann die Genome noch ein weiteres Mal verdoppelt. In dieser tetraploiden Zelle (jetzt also vier Genkopien) findet dann an einem Chromosomenpaar *Crossing-over* statt (Verschränkungen, Austausch von Segmenten), während das analoge andere Paar unverändert bleibt. Dieses Verfahren der Manipulation des Genoms durch die Rekombination von Chromosomen nennt man Sexualität. Sie war aber bei den Einzellern noch unabhängig von der Fortpflanzung, die nach wie vor durch Zellteilung stattfindet. Erst nach der Entstehung mehrzelliger Organismen (Kap. 25) ergab sich die Erweiterung zur sexuellen Fortpflanzung (Kap. 26). Bei dieser ist der beschriebene Mechanismus bei der Bildung der Keimzellen (Meiose) auch heute noch wirksam und sorgt für Variationen der Gene der Nachkommenschaft.

Die Eukaryonten erreichten mit diesen Veränderungen, dass sie generell ein in Chromosomen aufgeteiltes (segmentiertes) Genom aufweisen und außerdem diploid wurden; alle Zellen enthalten zwei Kopien des Genoms, die mehr oder weniger kleine Abweichungen voneinander haben. Die Prokaryonten blieben dagegen haploid, sind also mit nur einem Satz Genmaterial ausgestattet.

Es erhebt sich dann die Frage „Was ist denn bei der Entstehung der Eukaryonten aus Prokaryonten alles dazugekommen, dass das Genom so lang geworden ist? Die Prokaryonten funktionieren doch auch sehr gut mit einem sehr viel kleineren Genom." In der Tat ist die Zahl der biochemischen Reaktionen in einer Zelle mit all den Schritten des Metabolismus und der Biosynthesen der Zellbestandteile zwar beeindruckend und verwirrend groß, aber sie ist trotz allem überschaubar. Dennoch waren nach den ersten Sequenzierungen ganzer Genome die Wissenschaftler sehr überrascht, dass sie lange nicht so viele Strukturgene (Gene, in denen die Aminosäuresequenz eines Proteins festgelegt ist) fanden wie erwartet.

Im menschlichen Genom fanden sich weniger als 22.000 Strukturgene. Deren Nettolänge (der reine Proteincode ohne funktionelle DNA-Abschnitte) beträgt nur etwa 2 % der Gesamtlänge des Genoms. Selbst wenn man da noch einiges an Sequenzen für Steuerungsfunktionen des Ablesens der Gene dazurechnet, erhebt sich die Frage nach der Funktion dieser immer noch mehr als 90 % nicht-Protein-codierenden DNA. Zu Anfang wurde dieser Anteil hilflos als Ramsch-DNA (engl. *junk DNA*) bezeichnet, aber dann wurde klar, dass sich da enorm viele Sequenzwiederholungen befinden.

Heute weiß man, dass diese Wiederholungen sehr wichtig sind für die in Kap. 16 beschriebenen Transposons (springende Gene). Man weiß noch immer recht wenig über diese Dinge, für ca. 50 % unseres Genoms haben wir noch immer keine Erklärung, aber man hat erkannt, dass da noch ein riesiger Berg von zu ergründenden Rätseln vor uns liegt, und den überheblichen Ausdruck *"junk DNA"* liest man heute nicht mehr. Es steht zu vermuten, dass die riesige Menge nichtcodierender DNA weitgehend für Steuerungsaufgaben zuständig ist.

Unser Genom hat also einen riesigen Verwaltungswasserkopf. Der dürfte seine Begründung in der Tatsache finden, dass wir als Mehrzeller in unseren diversen Organen etwa 200 unterschiedliche Zelltypen haben. Jeder Zelltyp erfordert die Aktivierung unterschiedlicher Enzyme, und die nicht benötigten Gene müssen dafür stumm geschaltet werden. Vor allem die Verwaltung eines vielzelligen Gesamtkörpers mit dem riesigen Bedarf an Kommunikation und Abstimmung zwischen den unterschiedlichen Zellen, Geweben und Organen ist sehr aufwendig.

Die im Laufe der Entwicklung recht lang gewordenen DNA-Stränge können im räumlich begrenzten Zellkern nicht mehr als offene Knäuel herumliegen, sondern müssen ordentlich organisiert werden, auch damit benötigte Gene schnell gefunden und abgelesen werden können. Die DNA-Doppelhelix wird dazu auf Kerne aufgewickelt, diese Wickelkerne sind Komplexe aus Histonproteinen. Diese Kette aus Kernen mit DNA-Windungen um sie herum kann dann weiter in größeren Spiralen organisiert werden, insgesamt gibt es vier Ebenen der Spiralisierung. Durch kovalente chemische Modifikation können sowohl die DNA selbst (Cytosinmethylierung) als auch die Histone (Acetylierung, Lysinmethylierung u. a.) so verändert werden, dass Gene spezifisch an- und abgeschaltet werden. Diese neue Form der Regulierung von Genaktivitäten wirkt langfristig, unter Umständen über mehrere Generationen, und wird Epigenetik genannt (Spork, „Der zweite Code", 2016).

Die Eukaryonten begnügten sich nicht mit den Mitochondrien als symbiotisch gewonnenen Organellen, sondern manche von ihnen machten einen zweiten Schritt der Endosymbiose und vergesellschafteten sich zusätzlich mit Cyanobakterien. Diese wurden in ähnlicher Weise wie die Proteobakterien aufgenommen und ebenfalls als Organellen inkorporiert. Diese Organellen nennt man wegen ihrer grünen Farbe (sie enthalten Chlorophyll) Chloroplasten, sie spezialisierten sich auf Photosynthese und Sauerstoffproduktion. Wie Mitochondrien haben sie ihr eigenes Genom, das zum Teil in den Zellkern eingewandert ist. Auf diese Weise entstanden vor ca. 1,4 Mrd. Jahren die ersten pflanzenartigen Zellen, die von da an die freilebenden Cyanobakterien kräftig bei der Sauerstoffproduktion unterstützen konnten.

Die Endosymbiose ist keineswegs ein historischer alter Hut. Sie wird heute ernsthaft als etwas weniger riskante Alternative zur Agrargentechnik erwogen. Es gibt Ergebnisse von Experimenten mit Bakterien mit speziellen Fähigkeiten, die mittels des zellwandauflösenden Enzyms Lysozym oder einem anderen geeigneten Enzym von ihrer starren Außenhülle, dem Kapsid, befreit werden und in Pflanzenzellen eindringen können. Das ist weniger aufwendig und weniger riskant, als den Bakterien die Gene für ihre Fähigkeiten zu entnehmen und in das Pflanzengenom einzuschleusen. Die Natur war dem Menschen wieder einmal lange voraus.

Im Anhang C findet sich eine Übersicht über die frühe Entwicklung, wie es gewesen sein könnte (es könnte aber auch anders gewesen sein).

Teil IV: **Die Entwicklung der Mehrzeller**

25 Mehrzeller, Altern und Tod

Durch die Entwicklung von Prokaryonten zu Eukaryonten wurden die Möglichkeiten der Zellen stark erweitert und der Stoffwechsel erheblich ausgedehnt. Durch die komplexere Organisation mit Organellen war die Leistungsfähigkeit deutlich gesteigert worden, was natürlich auch den Energieverbrauch erhöhte. Die Organisation des Genoms im Zellkern eröffnete die Möglichkeit für erhebliche Erweiterungen der DNA. Allein die Zahl der Strukturgene verdreifachte sich aufgrund der Entwicklung neuer Fähigkeiten bzw. der dafür erforderlichen Enzyme. Nur ein Drittel der Eukaryontengene haben Vorläufer in den Prokaryonten. Davon stammen ca. 8 % von den Archäen und ca. 25 % von den Bakterien. Die nichtcodierenden Teile des Genoms, die hauptsächlich für die Steuerung der Genaktivitäten zuständig sind, vervielfachten sich in einem solchen Ausmaß, dass ein Eukaryontengenom heute etwa 1000-mal so groß ist wie ein Prokaryontengenom.

Mit der Entwicklung weiterer Kompartimentierung durch interne Lipidmembranen (z. B. das endoplasmatische Retikulum und der Golgi-Apparat) hatten sich Möglichkeiten eröffnet, durch Endocytose und Exocytose auch größere Partikel in die Zelle zu importieren oder aus der Zelle zu exportieren. Das war ein erheblicher Fortschritt gegenüber den bisher ausschließlich benutzten Membranproteinen und ihren Poren und Kanälen.

Zur Erklärung: Bei der Endocytose bindet die Zelle das zu importierende Objekt an die Außenmembran. Es versenkt sich in eine Delle, die immer tiefer wird, bis das Objekt ganz von der Membran umschlossen ist. Das eingehüllte Objekt ist jetzt im Innenraum der Zelle, löst sich dann von der Außenmembran und kann innerhalb der Zelle an seinen Zielort transportiert werden. Nach Auflösung der mitgebrachten Membranhülle steht es zur Verfügung. Die Exocytose funktioniert genauso, aber in der Gegenrichtung: Erst in Membran einhüllen, dann an die Außenmembran bringen, mit ihr verschmelzen. Nach Öffnung einer Pore an der Verschmelzungsstelle wird die Hüllmembran des Objekts zu einem Teil der Außenmembran, und das Objekt ist im Außenraum.

Diese verbesserte Möglichkeit, mit anderen Zellen Substanzen auszutauschen, wurde auch genutzt, denn es bildeten sich Verbände von Zellen, die über längere Zeit zusammenblieben und sich die vorhandenen Ressourcen teilten. Ein solches Beispiel eines Systems aus Verbündeten sehen wir noch heute in der Alge Volvox, einem Phytoflagellaten (das ist eine Geißelpflanze).

Diese Algenzellen finden sich zu Kugelschalen zusammen, die einen gemeinsamen Innenraum nach außen abschirmen. Falls Störungen auftreten, lösen sich die Hohlkugeln auf und die Zellen bewegen sich wieder einzeln, aber sobald sich die Situation beruhigt hat, schließen sie sich wieder zu neuen Hohlkugeln zusammen, wobei die neuen Kügelchen nicht aus denselben individuellen Zellen (den „alten") gebildet werden müssen. Ein weiteres Beispiel sind die Kragengeißeltierchen, Zooflagellaten, deren Zellen sich ebenfalls zu losen Kolonien zusammenfinden. Es ist leicht

https://doi.org/10.1515/9783110783155-026

vorstellbar, dass sich nicht nur Ansammlungen von Zellen unterschiedlicher Herkunft bildeten, sondern dass auch die Tochterzellen von Zellteilungen gut zusammenhielten, so dass Zellverbünde gemeinsamer Abstammung entstanden.

Es ist nicht verwunderlich, dass sich diese temporär zusammenlebenden Systeme zu permanent zusammenlebenden Zellgemeinschaften weiterentwickelten. Erst bildeten sich Membranproteine aus, die mit nach außen gerichteten Fortsätzen an ähnliche Membranproteine anderer Zellen binden konnten und damit für eine stabile Verbindung von Zellen sorgten. Zu der damit entstandenen Klasse von Lebewesen gehören die Schwämme. Das sind Tiere, die nur aus einer einzigen Sorte von in ihrem Stoffwechsel unabhängigen Zellen bestehen, also weder unterschiedliche Gewebe noch Organe besitzen. Im nächsten Schritt spezialisierten sich die Zellen, wobei sie ihre Omnipotenz (jede kann alles und macht alles) aufgaben und sich über Pluripotenz (kann fast alles) und Multipotenz (kann vieles) in unterschiedlichen Richtungen zu Spezialisten ausbildeten.

Mit jeder Spezialisierung der Zellen war auch eine Erweiterung der Aufgabenstellung verbunden. Für jede neue Aufgabe mussten Enzymsysteme entwickelt werden, die naturgemäß im Genom codiert werden mussten. Das Genom wuchs und wuchs, und es war ein großer Vorteil, dass die DNA schon zu Beginn der Eukaryontenentstehung verdoppelt worden war, dass also alle (Doppel)Stränge 2-fach vorlagen. Die erzielte Sicherheit besteht vor allem darin, dass nach schädlichen Mutationen in einem Gen ja noch das unbeschädigte Parallelgen da ist, das gegebenenfalls benutzt werden kann. Der Aufwand bei der Zellteilung wird durch die DNA-Verdoppelung zwar erhöht, aber der Fortpflanzungserfolg zeigt, dass es der Mühe wert war. Wenn die Verdoppelung ein Nachteil gewesen wäre, wäre sie schon längst wieder von der Evolution beseitigt worden.

Die Aufteilung der DNA-Stränge in unabhängige Abschnitte (Chromosomen) existierte schon (wie oben beschrieben, Kap. 21, „Desoxyribonukleinsäure (DNA)" und Kap. 24, „Eukaryonten") seit der Entwicklung der Eukaryonten. Dazu kam später, dass sich innerhalb der Strukturgene unterschiedliche Zonen ausbildeten, die Exons und Introns genannt werden. Exons sind die codierenden Segmente eines Gens, Introns sind Einschübe, die vor der Übersetzung des Gens in Protein (Translation) aus dem Messenger herausgeschnitten werden müssen (Gen-Editieren).

Nach einer (ungenauen) Faustregel ist die Menge der DNA eines Organismus proportional zur Anzahl seiner Zelltypen (Zelltypen entsprechen ungefähr den Gewebetypen eines Organismus), d. h. jeder neue Zelltyp bringt einen großen Satz Enzyme und ihre Regelungssequenzen mit sich. Die DNA-Mengen von Bakterien und Säugetieren verhalten sich heute, wie oben schon erwähnt, etwa wie 1 : 1000. Genau sind diese Berechnungen nicht, da viele Gensequenzen nicht präzise nach ihrer Funktion eingeordnet werden können.

Zellen unterschiedlichen Typs sollen und dürfen nicht mehr das gesamte vorhandene Genom benützen. Bei der Zellspezialisierung müssen alle Genbereiche abgeschaltet werden, die für die Funktion des gegebenen Zelltyps nicht erforderlich sind und diese womöglich auch erheblich stören würden. Für diese Abschaltungen im Rahmen der Zelldifferenzierung werden die im vorigen Kap. 24 („Eukaryonten") beschriebenen Methoden der Epigenetik benutzt.

Es gab jetzt Organismen, die aus mehreren Zellen bestanden, welche auch zu unterschiedlichen Zelltypen gehörten. Zellhaufen differenzierten sich zu Geweben und Organen, und so entstanden vor ca. 800 Mio. Jahren die ersten sehr primitiven mehrzelligen Lebewesen, Pflanzen, Pilze und Tiere, die aber immer noch ausschließlich im Meer lebten. Allerdings verbanden sich nicht alle eukaryontischen Zellen zu Mehrzellern; einzellig gebliebene Arten sind manche Algen (pflanzlich), die tierischen Einzeller nennt man Protozoen, und von den einzelligen Pilzen sind die bekanntesten wohl Hefe und Schimmel.

Es ist anzunehmen, dass alle Gewebetypen der frühen Mehrzeller generativ waren, d. h. alle hatten die Fähigkeit zur unbegrenzten Fortpflanzung. Wenn ein Mehrzeller geteilt wurde, konnte aus jeder Hälfte ein neues Lebewesen entstehen. Bei steigender Größe im Laufe der Entwicklung verloren die Tiere diese Eigenschaft, und heute bestehen Tiere aus generativen und somatischen (nichtgenerativen) Zelltypen. Aus letzteren können bei Abtrennung keine neuen Individuen entstehen. Allerdings sind auch bei Tieren praktisch alle Zelltypen in mehr oder weniger großem Ausmaß **re**generativ. Regenerativ bedeutet, dass ein Tier zwar in gewissem Umfang verlorene Teile ersetzen kann, dass aber aus den verlorenen Teilen kein komplettes neues Individuum entstehen kann.

Mit dieser Zellspezialisierung und dem allmählich auftretenden Abnehmen der unbegrenzten Fortpflanzungsfähigkeit aller Zelltypen trat ein neues Phänomen auf, der Tod des Individuums. Der Tod war immer Begleiter des Lebens gewesen, aber es war immer nur der Tod durch die äußeren Umstände, sozusagen der Unfalltod. Jetzt aber tritt der Tod in systematischer Manier auf, unabhängig von irgendwelchen äußeren Einflüssen ist die Lebenszeit eines jeden Individuums begrenzt, das dann letztendlich an „Altersschwäche" stirbt. Ein Nebeneffekt des systematischen Todes ist, dass er die Evolution erheblich beschleunigt (Nurse, 2021). Durch die Entfernung „veralteter" Lebewesen werden die Bedingungen für die Entwicklung neuer Varianten deutlich verbessert.

Die ersten mehrzelligen Lebewesen waren – ebenso wie die einzelligen – so klein, dass sie mit bloßem Auge nicht erkennbar gewesen wären. Ihre Anwesenheit wäre bei großer Menge lediglich als Trübung des Wassers festzustellen gewesen. Es dauerte erhebliche Zeit, bis die Evolution zu sichtbarer Größe der Individuen führte. Der Zeitraum der Existenz von mit bloßem Auge sichtbaren Lebewesen wird in der Sprache der Geologie Phanerozoikum genannt (ein veralteter Ausdruck der Biologie ist Phänozoikum) und begann vor ca. 541 Mio. Jahren. Dieser Zeitpunkt ist so etwas wie ein Nullpunkt der klassischen geologischen Zeitskala. Der erste Abschnitt des Phanerozoikums ist das Paläozoikum, das mit dem Kambrium beginnt.

Die Pflanzen waren aufgrund ihrer endosymbiotischen Chloroplasten grün, und da sie vom Sonnenlicht lebten und dadurch in ihrer Energieversorgung autonom waren, benötigten sie keinen Bewegungsapparat. Sie trieben als Algen passiv im Meer. Tiere und Pilze waren in Abwesenheit symbiotischer Chloroplasten ungefärbt und auf Energieversorgung von außen angewiesen. Sie lebten von den Produkten, die die Algen abgaben, und die Tiere fraßen wohl auch komplette Algen.

Dafür benötigten und entwickelten sie Möglichkeiten zur Fortbewegung, was durch Zelldifferenzierung zu Muskel- und Nervenzellen ermöglicht wurde. Um eine brauchbare Geschwindigkeit und Stärke der Muskulatur zu erreichen, musste der Energieumsatz erhöht, also der Stoffwechsel beschleunigt werden. Chemische Steuerung durch Hormone war für schnelle Bewegung der immer größer werdenden Organismen zu langsam. In Tieren formte sich daher eine schnelle elektrochemische Steuerung durch Nervenzellen und Nervenbahnen. Im Laufe der Entwicklung bildete sich ein Organ für die zentrale Steuerung der Aktivität der Nerven aus, das Gehirn. Die Pilze lebten wie die Pflanzen stationär und suchten Standorte, an denen die vorhandenen Energiereserven ohne Bewegung erreichbar waren.

Die Mehrzeller blieben keineswegs unter sich. Es stellte sich heraus, dass mehrere unterschiedliche Arten von Lebewesen zum beiderseitigen Vorteil eng zusammenarbeiten und auch zusammenleben konnten, und die Symbiose von Mehrzellern mit Einzellern entstand. Viele Leistungen von Einzellern waren den Mehrzellern sehr willkommen, sie konnten dann darauf verzichten, die entsprechenden Gene und die darin codierten Enzyme selbst zu entwickeln. Bei höheren Tieren erbringen Bakterien Leistungen bei der Verdauung der Nahrung (Mundbakterien, Darmbakterien, Magenbakterien bei Wiederkäuern) und andere schützen vor feindlichen Keimen (Hautbakterien und Vaginalbakterien schützen vor Pilzbefall).

Bei Pflanzen sind die Leguminosen (Hülsenfrüchtler) zu erwähnen, die in Knöllchen an ihren Wurzeln symbiotische Rhizobien (Knöllchenbakterien) beherbergen. In Symbiose können Pflanzen und Bakterien den Stickstoff der Luft „fixieren", d. h. als Dünger, als Pflanzennahrung zugänglich machen. Jeder für sich allein kann es nicht. Die nützlichen symbiotischen Bakterien ziehen ihrerseits Nutzen aus dem Zusammenleben für ihre eigene Ernährung, da beim Wirtsorganismus ein erheblicher Überfluss an Nahrung besteht, gemessen am relativ geringen Bedarf der Bakterien.

Bei Mehrzellern wurde allerdings die Fortpflanzung zu einem Problem. Wenn die Zellen Spezialisten sind, ist es nicht mehr möglich, dadurch ein neues Lebewesen hervorzubringen, dass sich einfach alle Zellen teilen; das Trennen aller Tochterzellenpärchen voneinander wird zum mechanischen Problem. Die Aufgabe wurde aber gelöst, wir haben ja auch heute noch vegetative Vermehrung, beispielsweise bei Pflanzen wie Kartoffeln und Erdbeeren. Dazu sind aber nichtspezialisierte (generative) Zellen notwendig, Stammzellen, die omnipotent sind und aus denen sich ein kompletter neuer Organismus bilden kann.

Bei den Einzellern geht bei der Teilung die komplette Substanz in den Tochterzellen auf, die beide weiterleben. Das komplette Material wird in der Bevölkerung erhalten. Das bedeutet, dass Einzeller prinzipiell unsterblich sind, sofern sie nicht gefressen werden oder an Ereignissen wie Vergiftung oder dergleichen sterben. Bei den

Mehrzellern mit deren anderer Art der Vermehrung gehen jedoch nur die zur Keimung des Nachwuchses eingesetzten Teile des Körpers auf diesen über, der Mutterorganismus bleibt mit seiner Hauptmasse bestehen.

Eine Konsequenz dieses ganzen Verfahrens zur Fortpflanzung ist, dass gegebenenfalls von ein und demselben Mutterorganismus im Laufe der Zeit mehrere Nachwuchsorganismen erzeugt werden können. Eine Folge kann dann sein, dass aufgrund von Alterungsprozessen die innere Organisation des Mutterorganismus leidet und damit seine Vitalität abnimmt, der Mutterorganismus also bei jeder Nachwuchsproduktion in einer etwas anderen Verfassung ist. Die letzte Konsequenz des Alterns ist dann der Tod des Individuums.

Altern bedeutet einen schleichenden Verlust an Ordnung in Zellen und Körper, an Steuerung und Kontrolle. Die Unordnung nimmt zu, und damit ist der letztendlich eintretende Tod der endgültige Verlust der Kontrolle des Körpers über sich selbst. Ein Anzeichen des drohenden Kontrollverlustes über den Gesamtkörper ist ein Teilkontrollverlust über einzelne Zellen, der sich dann als die Krankheit Krebs bemerkbar macht, die fast alle Organe (beim Menschen ist das Herz die einzige Ausnahme) befallen kann. Kontrollverlust in der Sprache der physikalischen Chemie und der Thermodynamik ausgedrückt: Die Entropie gewinnt die Oberhand über die freie Energie.

Auch ein anderer Verlauf der Evolution erscheint denkbar: Die Zellen hätten so ausgefeilte Reparaturmechanismen entwickeln können, dass gar kein schädlicher Alterungsprozess eintritt. Die „überflüssige" Biomasse wäre dann nicht durch den programmierten Tod entsorgt worden, sondern durch „Unfälle", z. B. Raubtiere. Dass es so kam, wie es kam, hat seine Ursache natürlich in der Evolution mit ihrem Prinzip der Effizienz, die durch das Beseitigen veralteter Varianten erheblich verbessert wird.

Wir können jetzt das bereits früher benutzte Beispiel Auto noch einmal hervorholen. Auch bei diesem relativ aufwendigen technischen Produkt könnte man theoretisch durch Reparaturen eine unendliche Lebenszeit erzwingen. Dabei wären alle verschlissenen Komponenten regelmäßig bei Reparaturen durch neue Teile zu ersetzen. Das würde im Laufe der Zeit aber so aufwendig, dass ein Neubau und die Verschrottung des alten Fahrzeugs die weitaus wirtschaftlichere Lösung wäre bzw. auch tatsächlich ist. Der regelmäßige Austausch des alten Fahrzeugs gegen ein neues hat auch den Vorteil, dass neue Konstruktionsmerkmale leicht eingebaut werden können. Der Austausch der Individuen befördert also die (technische) Evolution.

Genauso war bei Organismen die jetzt existierende Variante mit dem systematischen Tod der alten und Neuaufbau der neuen Individuen in jeder Generation offenbar mit weniger Aufwand zu realisieren, während die hypothetische Alternative der perfekt reparierten Körper vergleichsweise mehr Aufwand erfordert hätte bzw. (die Natur hat es sicher versucht, in der Evolution wird ja alles ausprobiert) bei gleichem Aufwand weniger erfolgreich war.

Investition in schnelle Reproduktion und Entsorgung des Alten war offenbar effektiver als Investition in Qualität und endlose Wartung, die ja nur den Erhalt des Vorhandenen bewirkt und eine Weiterentwicklung zu verbessertem Design behindert hätte.

Man darf aber niemals übersehen, dass die Naturgesetze automatisch wirken und keinerlei Absicht hinter einer solchen Entwicklung steht. Es gibt nur die Ergebnisse, die aber immer von den geologischen und klimatischen Umständen und von den physikalischen und chemischen Gesetzen abhängen, letztendlich also von der Energie.

26 Sexuelle Fortpflanzung

Vor 700–600 Mio. Jahren gab es mehrere globale Eiszeiten, die sogar die Tropenmeere zufrieren ließen. Nach der letzten dieser Vereisungen stieg der Phosphatgehalt des Wassers plötzlich auf das 10-Fache des heutigen Wertes an, vermutlich durch Gletschererosion phosphathaltiger Gesteine. Das dürfte zu einer kolossalen Algenblüte geführt haben, die den Sauerstoffgehalt von Wasser und Luft schlagartig erhöhte, womit die Grundlage für mehr und komplexere energiehungrige Lebewesen geschaffen wurde.

Diese neuen Lebewesen entwickelten eine zunehmende Anzahl von Gewebetypen und Organen. Gleichzeitig wurden sie aber auch empfindlicher, denn ungünstige Mutationen, die ein wichtiges Teilsystem lahmlegten, konnten zu einer Gefahr für die Existenz einer ganzen Art werden. Man braucht Mutationen für die weitere Entwicklung, aber in der Praxis sind die schädlichen leider viel häufiger als die nützlichen. Die vegetative Vermehrung funktioniert zwar sehr gut, aber es ist schwierig, schädliche Mutationen auszumerzen, die sehr lange in der Bevölkerung präsent bleiben.

Das lässt sich verringern, indem das Erbgut mehrerer Individuen (sagen wir: zwei) kombiniert wird. Dieses Verfahren wurde schon von den einzelligen Eukaryonten, den Protisten, entwickelt. Wie gesagt, kann, wenn doppelte Chromosomensätze vorliegen, ein beschädigtes Gen auf dem einen Chromosom eines Pärchens ignoriert werden, wenn dafür das intakte Parallelgen auf dem anderen Chromosom aktiviert wird. Das hat nur einen Sinn, wenn die beiden Chromosomen eines Pärchens nicht völlig identisch sind. Die beim einfachen Kopieren auftretende natürliche Variation ist gering, besser sollten die Chromosomen einer größeren Gruppe durchgemischt werden, um die sehr vielen kleinen Unterschiede zwischen den Individuen ausnützen zu können.

Prokaryonten haben Mechanismen, kleine Genpakete auszutauschen (Plasmide), aber das ist nicht sonderlich wirkungsvoll. Komplette Chromosomensätze müssen getauscht werden! Die Lösung dieses Problems durch die Natur nennen wir heute sexuelle Fortpflanzung. Eine Vorstufe gab es schon seit Entstehung der Eukaryonten. Dabei fusionieren zwei haploide Zellen (mit nur jeweils einem Satz an Genmaterial) zu einer diploiden (Genmaterial doppelt), die dann die Genome noch ein weiteres Mal verdoppelt. In dieser tetraploiden Zelle (jetzt also vier Genkopien) findet dann an einem Chromosomenpaar *Crossing-over* statt (Verschränkungen, Austausch von Segmenten), während das andere Paar unverändert bleibt. Dieser Mechanismus ist bei der Bildung der Keimzellen (Meiose) wirksam und sorgt für zusätzliche Variationen, zusätzlich zum Umverteilen ganzer Chromosomen.

Dabei ist auch noch zu beachten, dass bei der Erzeugung der Aufspaltung der erst tetraploiden und dann diploiden Zellen in die haploiden Keimzellen die pro Satz vier bzw. zwei Chromosomen eines Satzes beliebig aufgeteilt werden können. Da je eines der beiden Chromosomen eines Paares vom Vater und von der Mutter stammt, werden in der nächsten Generation somit die Chromosomen der Großeltern neu gemischt und

https://doi.org/10.1515/9783110783155-027

kombiniert. Das ist der Hauptgrund dafür, dass Geschwister nicht gleich aussehen, oft nicht einmal ähnlich.

Beim Menschen mit 23 Chromosomenpaaren ist bei der Erzeugung einer Eizelle bzw. einer Samenzelle die Zahl der Kombinationsmöglichkeiten jeweils 2^{23}, das sind ca. 8 Millionen. Bei jeder Fortpflanzung kommt also eine von 8 Mio. Möglichkeiten der Eizellen der Mutter und eine von 8 Mio. Möglichkeiten der Samenzellen des Vaters zum Zuge und werden kombiniert, bei der Fortpflanzung eines Paares existieren also 64 Billionen Möglichkeiten der Chromosomenkombination. In der Realität wirkt sich das aber nicht allzu stark aus, da die Gene aller Individuen einer Art sehr ähnlich sind, weil die ganze Art ja gemeinsame Vorfahren hat. Die Variationen in den Chromosomen sind also recht gering, die Kombinationsmöglichkeiten tragen aber wirksam zur Beseitigung von schlechten Varianten und zur Verteilung guter Varianten bei.

Für sexuelle Fortpflanzung muss, wie erwähnt, jede Zelle zwei Chromosomensätze besitzen. Dann benötigt man von jeder Art zwei Typen von Individuen, die man beispielsweise männlich und weiblich nennen kann, den einen Typ, um den Nachwuchs aufzubauen (weiblich), den anderen lediglich, um seine Chromosomen dazuzugeben (männlich).

Eine Fortpflanzung kann nur erfolgen, wenn zwei Exemplare verschiedenen Typs (Geschlechts) zusammenarbeiten und ihre haploiden Keimzellen kombinieren. Dafür werden Mechanismen benötigt, die die beiden Typen zusammenführen, d. h., sie müssen gegenseitig füreinander attraktiv werden, und beide müssen den Akt der Genvereinigung als vorteilhaft empfinden. Dann dürfen diejenigen Zellen, die für die Fortpflanzung benützt werden (die Keimzellen), nur noch einen einzigen Satz Chromosomen enthalten (haploid), damit aus der Verschmelzung der männlichen mit der weiblichen Keimzelle eine neue diploide Zelle entsteht, deren Chromosomen je zur Hälfte vom männlichen und vom weiblichen Erzeugerorganismus stammen.

Bei dieser Art der Fortpflanzung werden alle Genvarianten im Laufe der Zeit und der Generationen über die gesamte Population einer Art verteilt. Das ist in völligem Gegensatz zur bisher üblichen vegetativen Fortpflanzung. Bei dieser hatte die Folgegeneration dieselbe genetische Ausstattung wie der Mutterorganismus, alle Nachkommen waren Klone der Mutter. Genetische Veränderungen, die über die natürliche Mutation entstanden waren, konnten dabei nur über die Fortpflanzung innerhalb der Generationenfolge einer Familie verbreitet werden, und die ist langsam. Bei der sexuellen Fortpflanzung kommen die Elemente der Verteilung und der Kombination dazu, was eine enorme Beschleunigung der Evolution darstellt. Eine seitliche Genweitergabe innerhalb einer Generation ist jetzt nicht mehr möglich, der Gentransfer ist rein vertikal. Mit ihrer schnellen weiten Verteilung neuer Genvarianten eröffnete die sexuelle Methode für die Evolution ganz neue Möglichkeiten.

Neben der vegetativen Fortpflanzung, bei der die Weiterentwicklung nur auf Mutationen und ihrer direkten Weitergabe beruht, gibt es also seit ca. 600 Mio. Jahren die sexuelle Fortpflanzung, bei der die Weiterentwicklung auf Mutationen und ihrer sehr vielfältigen Kombination beruht. Die praktische Ausbildung der Fortpflanzung ist in der Natur in vielen Varianten realisiert, Eierlegen, Beuteltiere, lebendgebärende Tiere, einhäusige, zweihäusige, zwitterblütige Pflanzen, usw. Diese Methode, die auf der Entwicklung des neuen Wesens aus einer einzigen mütterliches und väterliches Erbgut enthaltenden Zelle beruht, hatte allerdings gewisse Konsequenzen.

Elternorganismen und Kindorganismus sind nicht mehr genetisch identisch, da die Gene des Kindes ja eine Kombination der Gene beider Eltern (d. h. aller vier Großeltern) darstellen. Außerdem ist der somatische (körperliche) Unterschied erheblich, da der Nachwuchsorganismus erst aus einer einzigen Zelle entstehen muss, während die Eltern schon eine gewisse Lebensspanne hinter sich gebracht haben und ausgewachsen sind.

Wie schon bei den früher entstandenen mehrzelligen Lebewesen mit vegetativer Vermehrung tritt auch hier ein Alterungsprozess auf, der letztendlich zum Tod des Individuums führt. Hier ist der evolutionäre Vorteil dieses Prinzips sogar noch größer als bei der vegetativen Vermehrung, da bei der sexuellen Vermehrung der Fortschritt der Entwicklung sehr viel schneller ist. Nur die Gene leben ewig, im Nachwuchs werden sie von Generation zu Generation weitergegeben und jedes Mal durch Mischen der Chromosomen einer Mutter und eines Vaters von neuem kombiniert.

Vom Gesichtspunkt der Fortpflanzung aus haben Tiere zweierlei Arten von Zellen mit prinzipiell unterschiedlicher Funktion. Es gibt einerseits die generativen Fortpflanzungszellen (Urkeimzellen), aus denen die Keimzellen erzeugt werden. Dazu gehören sowohl die Stammzellen für die Keimbahn als auch die eigentlichen Keimzellen (Eizellen und Spermien), die aus ihnen hervorgehen. Andererseits gibt es die rein somatischen Zellen, die den Körper bilden und aus denen keine Keimzellen hervorgehen können. Eine vegetative Vermehrung ist bei höheren Tieren nicht möglich. Die Zellen von Pflanzen und Pilzen können aber prinzipiell alle zur vegetativen Vermehrung führen. Daher kann im Prinzip aus jedem Zweig eine neue Pflanze und aus jedem Stückchen Myzel ein neuer Pilz hervorgehen.

27 Landgang

Durch die starke Entwicklung der Pflanzen im Meer (Algen) hatte sich der Sauerstoffgehalt der Atmosphäre immer weiter erhöht. Sauerstoff hat wie oben erwähnt (Kap. 23,
„Photosynthese") die Eigenschaft, UV-Licht zu absorbieren, so dass nur noch wenig
davon die Erdoberfläche erreicht. In den oberen Schichten der Atmosphäre, wo die
UV-Strahlung am intensivsten ist, werden durch eben diese UV-Bestrahlung Sauer-
stoffmoleküle (O_2) so stark angeregt, dass sie sich in das sehr energiereiche Ozon
(O_3) umwandeln. Ozon absorbiert UV-Strahlung noch wesentlich besser als norma-
ler Sauerstoff und schützt damit das Leben auf der Erde noch sehr viel effektiver als
O_2-Sauerstoff allein.

Vor ca. 410 Mio. Jahren war so viel Sauerstoff und Ozon vorhanden, dass die gele-
gentlichen Ausflüge von Algen an Land (von der Flut an Land gespült) nicht mehr im
UV-Licht zwangsläufig tödlich endeten, sondern dass einige überlebten und sich an
dieses Leben anpassen konnten. Bald konnten sie auch die Gezeiten- und die Küsten-
region verlassen und das Inland erobern. Die wichtigste Voraussetzung dafür war die
Entwicklung einer Wachsschicht, die das Austrocknen verhinderte, und von Wurzeln.
Jetzt bekam die Sauerstoffproduktion einen weiteren Schub durch die Photosynthese
der Landpflanzen, die ihren Sauerstoff direkt an die Luft abgaben. Die Landpflanzen
wurden immer größer und bildeten im Laufe der Zeit ganze Wälder.

Die Besiedlung des Landes durch Pflanzen hatte zur Folge, dass die Steine und
Felsen der Oberfläche der Sonne und dem Regen, und damit der Verwitterung, weit
weniger ausgesetzt waren und daher die Erosion der Landoberfläche stark verringert
wurde. Es änderte sich der Charakter der Flüsse, die ab der Periode des Silur (vor
445–420 Mio. Jahren) weniger wild ihr Bett änderten und sich in kanalartig regelmäßige Flussläufe zurückzogen. Wieder hatte das Leben (organisch-chemische Evolution)
in die Geologie (anorganisch-chemische Evolution) eingegriffen (Bjornerud, 2018).

Die Landbesiedlung durch Pflanzen war so effektiv, dass nach lediglich weiteren
10 Mio. Jahren (also vor ca. 400 Mio. Jahren) Pilze und die ersten Tiere den Pflanzen
folgen und ebenfalls an Land gehen konnten. Den Anfang machten Würmer, Weichtiere und Krabbentiere, die ja auch heute noch einen großen Anteil der Wattbewohner
stellen und durch diese Lebensweise in der Übergangszone zwischen Nass und Trocken natürlich prädestiniert waren, diesen revolutionären Schritt zu tun.

Schwieriger war es für die Wirbeltiere. Damals waren Fische die einzigen Wirbeltiere, und zum Teil hatten die eine durchaus respektable Größe, eine Länge von mehr
als einem Meter, und wogen über 50 kg. Für die Eroberung des Landes kamen natürlich nur Arten infrage, die am Rand des Meeres in zum Teil recht seichten Gewässern
lebten. Das erste Problem war die Sauerstoffzufuhr, denn an Land funktionieren die
Kiemen nicht mehr. Wie in der Einleitung beschrieben, wurden die Schwimmblasen
von einigen Fischen mit oberflächennahem Lebensraum in Lungen umgewandelt, das
war also erledigt.

https://doi.org/10.1515/9783110783155-028

Ein anderes Problem war dann, dass in der Luft (an Land) das Gewicht der Tiere nicht mehr vom Wasser getragen wurde, man brauchte halbwegs kräftige Stützen. Dazu gehörte natürlich auch eine brauchbare Muskulatur, um beweglich zu sein. Fast alle Fischarten gehören zu den Strahlenflossern. Als Strahlenflosse bezeichnet man die üblichen Fischflossen, bei denen eine Vielzahl von knöchernen Flossenstrahlen eine Schwimmhaut zwischen sich aufspannen. Die wenigen und kleinen Muskeln befinden sich an der Flossenbasis, die meisten Flossen sind recht schwach, was aber genügt, da sie beim Schwimmen ja nur zum Steuern gebraucht werden. Der Vortrieb kommt von der Schwanzflosse, die ganz anders konstruiert ist.

Eine deutliche Verbesserung war die Entwicklung der Fleischflosser, deren Flossen Muskeln über die gesamte Länge enthalten. Eine bis heute überlebende frühe Ordnung sind die Quastenflosser, deren Brust- und Bauchflossen auch mit kleinen Knochen versehen sind. Eine weiter entwickelte Unterklasse sind die ebenfalls heute noch vorkommenden Lungenfische, die Lungenatmung mit muskulösen Quastenbrustflossen verbinden, mittels derer sie auch an Land beweglich sind. Hier ist auch schon der Kopf nicht mehr fischartig hoch und schmal, sondern ähnelt mit niedriger Breite bereits den Köpfen von Amphibien und Reptilien (*Stegocephalia*). Die nächsten Entwicklungsstufen sind ausgestorben, aber es wurden Fossilien gefunden, die zwischen 380 und 360 Mio. Jahre alt sind. Die frühesten dieser Arten gehören teils zur Gruppe der Vierbeinerartigen (*Tetrapodomorpha*), teils zu den echten Vierbeinern (*Tetrapoda*).

Der Tiktaalik (380 Mio. Jahre alt) hatte bereits Oberarmknochen, ein Ellbogengelenk und Handknochen, aber noch keine Fingerknochen. Beim sehr ähnlichen Elpistostege (375 Mio. Jahre) waren dann noch Fingerknochen dazugekommen. Er wird bereits zu den echten Vierbeinern (*Tetrapoda*) gezählt. Nach einigen weiteren fossilen Zwischenstufen, deren Brust- und Bauchflossen immer mehr zu echten Beinchen werden, kommen wir dann zum frühesten heute noch lebenden Amphibium, dem Shenandoah-Salamander. Wir haben jetzt die Stufe erreicht, auf der Tiere gleichermaßen im Wasser und an Land leben können, die Amphibien (Long & Cloutier, 2021).

In weniger als 50 Mio. Jahren hatten sich so aus den Fischen die ersten vierbeinigen Landtiere entwickelt. Es folgte die weitere Entwicklung hin zu den Reptilien, die notfalls ohne Umgebungswasser auskommen, und weiter zu Vögeln und Säugetieren. Der Sauerstoffgehalt der Atmosphäre nahm weiter zu und war vor ca. 200 Mio. Jahren schon so hoch, dass Menschen in dieser Atmosphäre hätten überleben können.

Die Energiefrage wurde geregelt. Die Pflanzen holten sich die Energie von der Sonne, die Tiere (Pflanzenfresser) fraßen die Pflanzen, und manche Tiere (Fleischfresser) fraßen auch andere Tiere. Auch gab es Gemischtfresser, die sich von Pflanzen *und* Fleisch ernährten. Nun konnte die Evolution alle Register ziehen, und die Natur probierte alle möglichen Designs aus. Die allererste und wichtigste Unterscheidung ist zwischen stationären und autonom beweglichen Organismen. Zu den ersten gehören alle Pflanzen und Pilze, zu den zweiten fast alle Tiere (eine Ausnahme sind z. B. die sesshaften Korallen).

Bei den Tieren gibt es Arten ohne Stützen wie z. B. Würmer, Maden, Quallen, Kraken, die allein von ihrer Muskulatur und ihrer Haut stabilisiert werden. Dazu kommen die Arten mit fester Außenschale aus anorganischem Material (Kalk) wie Schnecken und Muscheln. Die leichte Schalenbauweise (Chitinschale) der Gliederfüßler (Insekten, Spinnen) war ein weiterer Fortschritt, aber das höchste Potential für Entwicklung hatte die Skelettbauweise der Wirbeltiere mit Gräten und Knochen, die ein innenliegendes Gerüst darstellen. Im Mikromaßstab war das „Endoskelett" schon bei den einzelligen Radiolarien (Strahlentierchen) erprobt worden. Das Potential der überlegenen Skelettbauweise ersieht man schon daraus, dass die Wirbeltiere in Körpergröße und Körpermasse alle anderen Stämme des Tierreichs weit übertreffen.

28 Intelligentes Leben

Die Wirbeltiere waren schon vor ca. 500 Mio. Jahren im Meer entstanden, nach der Vorstufe der Chordatiere waren die Knorpelfische die ältesten (heute gibt es von ihnen nur noch Hai, Rochen und Seekatzen, der Stör wurde früher auch dazugezählt). Die recht anspruchsvollen Säugetiere entstanden vor ca. 190 Mio. Jahren, die Primaten vor ca. 80 Mio. Jahren, die Menschenaffen vor ca. 25 Mio. Jahren. Die intelligentesten Tiere sind die großen Menschenaffen mit ihrer höchsten Intelligenzstufe, dem Menschen. Den Spiegeltest zur Ich-Erkennung bestehen jedoch auch Delphine und Wale, Elefanten, Rabenvögel (Raben, Krähen, Elstern, Dohlen und Häher) und sogar Kraken, die ein hochentwickeltes Nervensystem in der Haut haben (ein sogenanntes Hauthirn zur Steuerung ihrer Farbenspiele).

Die Frühmenschen (Gattung *Homo*) entstanden in Afrika vor 3–2,8 Mio. Jahren, möglicherweise ausgelöst durch einen regionalen Klimawandel, bei dem sich ihr Lebensraum vom Urwald zur Baumsteppe wandelte. Der Lebensraum von Schimpansen, Bonobos, Gorillas und Orang-Utans blieb immer der Wald. Schon die Vorgänger des Menschen hatten gelernt, auf flachen Fußsohlen mit längeren Beinen aufrecht zu gehen: für weite Sicht über die Steppe, Hände frei für Jagdwaffen (es wird immer mehr Fleisch gegessen, biologisch ist der Mensch ein Gemischtfresser), beide Augen im Schädel nach vorn gerichtet zum Stereoblick (Entfernungen schätzen), der Kopf auf dem Hals frei balanciert, um ein immer größeres und schwereres Gehirn zu tragen, das es ihnen ermöglichte, Werkzeuge herzustellen und zu verwenden, das Feuer zu beherrschen und Sprache zu entwickeln. Seit ca. 1,9 Mio. Jahren wird das Feuer auch zur Zubereitung von Nahrung verwendet, um das Herdfeuer herum begann eine neue Stufe der Sozialisierung (Parzinger, 2014).

Vor knapp 2 Mio. Jahren verbreitete sich der *Homo erectus* von Afrika aus über die ganze damals erreichbare Welt (Krause & Trappe, 2021). Er entwickelte vor ca. 1,5 Mio. Jahren eine soziale Monogamie, verbunden mit dem Verschwinden der weiblichen Genitalschwellungen zur Anzeige der befruchtungsfähigen Zeit. Die Hilfe bei Pflege und Ernährung der Kleinkinder durch ältere Geschwister und Großeltern (Menopause!) ermöglichte die Ausdehnung der Reifezeit und die Entwicklung eines Gehirnvolumens von über 700 ml. Das war ein sozialer Umbruch, der Beginn von Familien-, Sippen- und Stammesbildung.

Die Art *Homo erectus* teilte sich in zahlreiche Unterarten auf, zu denen in West- und Mitteleuropa auch der *Homo heidelbergensis* und in jüngerer Vergangenheit der *Homo neanderthalensis* mit 1.500 ml Gehirnvolumen (!) gehörte, in Asien der *Denisova*-Mensch, und als jüngste Art wir, der *Homo sapiens*. Der *Homo denisova* weicht vom modernen Menschen genetisch in etwa doppelt so stark ab wie der Neandertaler, muss sich also früher abgespalten haben.

Nach einer umstrittenen Hypothese stammen vom *Homo rhodesiensis*, der ein direkter Spross des *Homo erectus* war, der Neandertaler, der *Homo denisova* und der *Homo sapiens* ab, aber der *Homo rhodesiensis* ist als Art ist umstritten. Es gibt über die

https://doi.org/10.1515/9783110783155-029

genauen Stammbäume unterschiedliche Ansichten unter den Paläontologen, und bei jedem neu gefundenen Knöchelchen werden sofort wieder neue Systeme entwickelt. Seit November 2019 spielt sogar das bayerische Allgäu eine Rolle in diesem Spiel.

Die beschriebene Entwicklung spielte sich (wie auch die vorhergehenden Phasen der Menschheitsentwicklung) vollständig in Afrika ab, von wo aus sich die entstandenen Stämme dann nach Asien und Europa verbreiteten. Der *Homo sapiens*, also wir moderne Menschen, unterscheidet sich von den anderen Arten durch zusätzliche Kopien eines Gens im 16. Chromosom, dem Gen BolA2, das wichtig ist für die Versorgung mit Eisen. Dieses wird u. a. benötigt für den roten Blutfarbstoff Hämoglobin und damit für den Sauerstofftransport. Das machte den modernen Menschen besonders ausdauernd, er ist der geborene Marathonläufer. Die große Menge an Hämoglobin ermöglichte auch eine besonders zuverlässige Versorgung seines großen Gehirns mit Sauerstoff.

Der vor ca. 300.000 Jahren entstandene moderne Mensch, *Homo sapiens*, hat ein durchschnittliches Gehirnvolumen von ca. 1350 ml. Nach einigen erfolglosen früheren „Ausflügen" nach Asien und Europa verbreitete er sich endgültig vor etwa 100.000 Jahren von Afrika aus sehr weit und bevölkerte in mehreren Siedlungswellen die ganze Welt. In Mitteleuropa traf er vor ca. 50.000 Jahren ein und lebte mit dem Neandertaler zusammen, bis dieser vor etwa 30.000 Jahren ausstarb. Dabei muss es sogar eine gewisse Vermischung gegeben haben, denn der europäische Homo sapiens hat ca. 2,5 % seiner Gensequenzen mit dem Neandertaler gemein, nicht jedoch die Afrikaner. Die Süd-Ost-Asiaten (Papua-Neuguinea) und die australischen Aborigines haben zusätzlich ca. 5 % des Genoms gemein mit dem Denisova-Menschen. Es ist also falsch, den Neandertaler und den Denisovaner als separate „Art" des Menschen zu bezeichnen. Wenn sie sich miteinander fortpflanzen können und auch ihr Nachwuchs weiterhin fruchtbar ist, muss man Neandertaler, Denisovaner und *Homo sapiens* als eine einzige Art ansehen (Krause & Trappe, 2021).

Diese von unseren „Vettern" importierten Gene liegen allerdings nicht als geschlossener Block vor, sondern bestehen aus individuell auf die Chromosomen verteilten Einzelstücken. Sie ergeben also keine Begründung für den alten Begriff Rasse, der heute in Zweifel geraten ist. Die zweifellos vorhandenen Unterschiede zwischen Menschen sehr unterschiedlicher Herkunft dürften eher auf kulturelle Prägungen zurückzuführen sein, sind also nicht biologischen Ursprungs. Was die Persönlichkeit eines Menschen am meisten bestimmt, ist seine frühkindliche Prägung, d. h. das intensive Erlernen der sozialen Umwelt und die Erziehung in den ersten drei Lebensjahren, dem Zeitraum, an den man sich als Erwachsener nicht mehr erinnern kann. Man sollte möglicherweise das Wort „Rasse" heute mit „Kultur" übersetzen.

Heute gibt es von der Gattung *Homo* weltweit nur noch die Art *Homo sapiens*, also uns; alle früheren Formen sind ausgestorben. Kunst wurde erst beim *Homo sapiens* nachgewiesen, aber es gibt auch Gegenstimmen, die Kunst schon bei den Neandertalern geortet haben wollen. Die ersten Kunstwerke Europas sind etwa 40.000 Jahre alt (Schnitzereien aus Mammutelfenbein und Höhlenmalereien). Neuere Datierungen von Höhlenmalereien stellen das aber infrage, man muss damit rechnen, dass es schon vor 65.000 Jahren und möglicherweise früher einfache Höhlenmalereien gab, also zu der Zeit, als der Neandertaler in Europa vermutlich noch allein war. Vor ca. 12.000 Jahren begannen Viehzucht, Ackerbau, Sesshaftigkeit und Zivilisation. Die Schrift wurde vor 5.100 Jahren in Mesopotamien und fast gleichzeitig in Ägypten erfunden. Unabhängig vom Westen folgte die chinesische Schrift knapp 2000 Jahre später.

Die Entwicklung zur Sesshaftigkeit in Verbindung mit Viehzucht und Ackerbau geschah unabhängig voneinander an zwei Orten. Die beschriebene westliche Variante im „Fruchtbaren Halbmond", einer mondsichelförmigen Region, die sich von Palästina über den Libanon nach Norden zieht, über den Südrand der Türkei und Nordsyrien nach Osten abbiegt und dann in südöstlicher Richtung in Mesopotamien endet, dem heutigen Irak. Etwa 1000 Jahre später entstand die östliche Variante in China, gleichzeitig in zwei Regionen, nämlich im Norden am „Gelben Fluss" (Huang He oder Huang Ho) und im Süden am Jangtse (auch Yangtse Kiang genannt).

Trotz Sprache, Kultur, Wissenschaft und Technik gehört auch der moderne Mensch biologisch natürlich zum Tierreich. Es gibt aber einige Dinge, in denen er sich von den anderen Säugetieren unterscheidet. Das klassische Unterscheidungsmerkmal war die Fähigkeit des Menschen, Werkzeuge nicht nur zu benutzen, sondern auch selbst herzustellen. Man weiß aber inzwischen, dass auch Schimpansen und sogar eine neuseeländische Häherart Zweige bearbeiten, um sie als Werkzeuge zum Stochern (z. B. nach Ameisen) zu benutzen.

Das extrem leistungsfähige Gehirn erlaubte dem Menschen auch, Sprache zu entwickeln, nachdem die Organe im Kehlkopf angepasst waren. Auch Tiere kommunizieren mit Lauten, die manchmal sehr vielfältig sind, aber nur der Mensch kann mit seiner Sprache auch Dinge bereden, die nicht sichtbar sind, dazu gehören auch abstrakte Begriffe wie z. B. Zeitverlauf oder Charakter.

Eine einmalige menschliche Fähigkeit ist, was in der Psychologie *"Theory of mind"* genannt wird (deutsche Bezeichnungen wie z. B. „Theorie des Bewusstseins" haben sich nicht allgemein durchgesetzt). Das ist die Fähigkeit, das Denken und die möglichen Absichten anderer Menschen über mehrere Stufen hinweg nachzuvollziehen. Tiere können nur die Absichten von direkt gegenüber Stehenden einschätzen, beim Menschen soll diese Fähigkeit bis zu sieben Stufen weit reichen.

Voraussetzungen zur Entstehung des Menschen und zur Entwicklung seiner Intelligenz waren

1.) Leben an Land (im Wasser kann man kein Feuer machen),
2.) Körpergröße (für Gehirngewicht; lange Arme, um Feuer zu handhaben),
3.) Greifhände (um Werkzeuge und Jagdwaffen zu halten),
4.) beide Augen nach vorn (zum Stereosehen und Entfernungen schätzen),
5.) aufrechter Gang (für Gehirngewicht und um die Hände frei zu haben),
6.) Entwicklung von Kehlkopf und Stimmbändern zur Sprachfähigkeit,
7.) Ernährungsumstellung (mehr Fleisch = mehr Energie fürs Gehirn),
8.) Bildung großer Gruppen für effiziente Jagd,

9.) Fischfang (essentielle Aminosäuren für Gehirnwachstum),
10.) kontrollierte Benutzung des Feuers (Braten, später auch Kochen),
11.) Soziale Monogamie und Familienbildung, längere Reifezeit,
12.) Anpassung der Verdauung an gekochte Nahrung.

Waren alle diese Dinge für die Entwicklung der Intelligenz wirklich erforderlich? Zumindest für die höchste Stufe, die menschliche, die mit der Herstellung von Werkzeug verbunden ist, scheint das der Fall gewesen zu sein. Generell gilt:

Intelligenz wird dann – und nur dann – entwickelt, wenn sie einen Vorteil für Überleben und Fortpflanzung bringt (Darwin-Prinzip, das die ganze Evolution bestimmt), d. h. sie muss durch die Außenbedingungen angeregt und gefordert werden (z. B. schwierige Jagd, Notwendigkeit des Gebrauchs von Jagdwaffen, Belohnung der Anstrengung durch Jagderfolg mit der Konsequenz einer besseren Fortpflanzungsrate). Werkzeugherstellung (Handwerksgeschick) ist ein hervorragendes Stimulans zur Weiterentwicklung. Für den Aufbau eines Gehirns sind natürlich die richtigen Rahmenbedingungen Voraussetzung, also ein geeigneter Körperbau für Schutz und Transport des Organs und physiologische sowie biochemische Leistungsfähigkeit (Energieversorgung).

Die Voraussetzungen für die Entwicklung von Intelligenz im einzelnen:
- das Gehirn (der Sitz der Intelligenz) benötigt eine gewisse Mindestgröße, die durch Anzahl und Größe der Schaltelemente (Neuronen) und den Raumbedarf der Verbindungen zwischen ihnen (Axone, Dendriten und Synapsen) bestimmt ist. Nur Wirbeltiere kommen hier infrage.
- Das Gehirn benötigt die Funktionalität „Bewusstsein".
- Das Gehirn benötigt die Funktionalität „Gedächtnis".
- Die Versorgung des Gehirns mit Energie (Traubenzucker und Sauerstoff) muss gesichert sein (energiereiche Nahrung, Lungenatmung, Blutkreislauf, Sauerstofftransport durch Hämoglobin). Das menschliche Gehirn hat nur 2 % der Masse, verbraucht aber 20 % der Energie des Körpers.
- Um diese enorme Energiezufuhr permanent garantieren zu können, muss der Körper Langzeitenergiespeicher (Fettdepots) anlegen, um Hungerzeiten, Sonderbeanspruchung durch Schwangerschaft und dergleichen zu überbrücken.
- Der Körper muss ausreichend groß und so konstruiert sein, dass er das hohe Gewicht des Gehirns gut tragen kann. Optimal ist aufrechter Gang, wobei das Gehirn senkrecht über dem Körperschwerpunkt balanciert wird.
- Die Muskulatur muss kräftig sein (Glykogen als Traubenzuckerspeicherung und Myoglobin für Sauerstoffspeicherung direkt in den Muskelzellen), das Skelett stabil genug aber nicht übermäßig schwer.
- Für Handwerk und Jagdwaffen müssen Gliedmaßen zur Verfügung stehen, die nicht für die Fortbewegung gebraucht werden, das erzwingt bei Vierbeinern den aufrechten Gang, um die Hände zur Verfügung zu haben.

- Die Ernährung muss energiereich (Fleisch) und flexibel sein (ideal sind Gemischt-fresser). Fleisch und Fisch sind wichtig als Lieferanten für essentielle Aminosäu-ren, speziell zum Aufbau der Proteine des Gehirns.

Erreicht wird der immer höhere Entwicklungsstand wie seit Milliarden Jahren ge-wohnt durch Mutationen, die speziell für die Gehirnentwicklung durch die Anforde-rungen zur Werkzeug- und Jagdwaffenherstellung selektiert werden. Wer ungeschickt ist, verhungert, der bessere Handwerker und Jäger vermehrt sich stärker als der mit-telmäßige.

Welche Lebewesen kommen für die Entwicklung hoher Intelligenz infrage?

Alle Prokaryonten fallen aus (denen fehlt es an allem).

Alle Pflanzen- und Pilzarten fallen aus (alles viel zu langsam, keine Nerven).

Folgende Tierarten fallen aus:

- Einzeller (siehe Prokaryonten, denen fehlt es an allem)
- Gliederfüßler (Größe nicht ausreichend, Sauerstoffversorgung limitiert durch Tra-cheenatmung)
- Fische (zu wenig Sauerstoff durch Kiemenatmung, zu schwache Muskulatur, zu geringe Ausdauer)
- Amphibien und Reptilien (Körpertemperatur nicht konstant, zu stark abhängig von Umweltbedingungen.
- Vögel (bei den allermeisten flugfähigen gibt es Gewichtsprobleme)
- Wassertiere aller Art (auch Delphine und Wale), da zur Entwicklung von Hand-werk und Technik Hitze gebraucht wird und damit die Beherrschung des Feuers erforderlich ist.
- nicht aufrecht gehende Tiere (Hände müssen frei sein).

Nach allen Ausschlüssen bleibt für eine Alternative zum Menschen nicht viel übrig.

Nach Douglas R. Hofstadter ist Intelligenz die Fähigkeit, „den Wesenskern einer Sache von ihrer Oberfläche zu unterscheiden und ihn mit anderen vergleichen zu kön-nen." Also Tiefenanalyse, Mustererkennung und Mustervergleich. Dafür ist das große Gehirn gefragt.

Es bleibt festzuhalten, dass alle Reaktionen des Lebens spontan ablaufen und aus-schließlich den Naturgesetzen folgen, den Gesetzen von Physik und Chemie. Das gilt auch für die Funktion des Gehirns.

29 Außerirdisches Leben

Beim Nachdenken über das Leben und über mögliche Alternativen seiner Chemie auf anderen Himmelskörpern darf man nicht nur auf die Oberfläche blicken oder alles am Menschen mit Gehirn und Denkfähigkeit festmachen, sondern man muss sich auch über die elementaren Grundlagen klar werden:

Alle Naturgesetze der Physik und der Chemie haben im ganzen Universum volle Gültigkeit, während die sogenannten Gesetze der Biologie eher Sammlungen von Erfahrungen sind, etwas unschärfer, und sie können je nach Umweltbedingungen unterschiedlich sein.

Wir wiederholen die Bemerkungen von Kap. 1 („Allgemeine Grundlagen"): Für die Chemie des Lebens, das ja auf autonomem Selbstkopieren von polymeren Molekülen beruht, ist es essentiell, dass es drei Klassen von chemischen Bindungen gibt. 1. die sehr festen (z. B. C–H, C–C, C–N, C–O), die den Zusammenhalt der Grundbausteine der Polymere garantieren; 2. die mittelstarken (z. B. P–O, einige C–N und C–O), die zwar auflösbar sein müssen aber trotzdem eine hohe Stabilität des Polymers bedingen sollen; 3. die schwachen (z. B. Wasserstoffbrücken), die mit geringem Energieaufwand gelöst werden können, um „Positiv" und „Negativ" im Kopiervorgang zu trennen.

Es gibt keinen Grund, auf fremden Planeten ein „Leben" anzunehmen, das eine wesentlich andere Art von Chemie benutzt als das Leben auf der Erde (Plaxco & Gross, „Astrobiology", 2011). Zumindest müsste eine alternative Lebenschemie die Hauptbedingung erfüllen: Große Moleküle, die viel Information enthalten können und die Fähigkeit haben, sich selbst zu kopieren mit allen damit verbundenen Problemen der chemischen Reaktionsenergie. Ein möglicher Unterschied, unter Erhalt aller sonstigen physikalischen und chemischen Bedingungen, könnte darin bestehen, dass extraterrestrisches Leben ein molekulares Spiegelbild des unsrigen (Kap. 2) ist, ein Leben, dessen optisch aktive (chirale) Grundmoleküle zu unseren enantiomer sind, also mit Proteinen, die aus D-Aminosäuren anstatt aus L-Aminosäuren bestehen, und mit L-Zuckern, wo auf der Erde D-Zucker auftreten. Alle Moleküle der dortigen Lebewesen wären somit die Spiegelbilder der unsrigen.

Auch wenn eine andere chemische Basis vielleicht möglich sein könnte (für den Chemiker bietet sich keine an), dürfte sie doch bei allen Problemen der Energie und Reaktionsgeschwindigkeit der auf der Erde gefundenen optimierten Chemie des Lebens unterlegen und damit schon in frühen Phasen aus der Konkurrenz ausgeschieden sein, wie es sicher auch auf der Erde der Fall war, falls es je eine Alternative gegeben hatte. Das obige Kap. 5 („Wasser") gilt fürs gesamte Universum, da nur in wässriger oder ähnlicher Umgebung Wasserstoffbrücken existieren. Die Wasserstoffbrücken, diese lockeren Bindungen niedriger Energie, sind neben hochenergetischen (festen) und mittelstarken Bindungen auf jeden Fall erforderlich, damit der Prozess des Kopierens von Molekülen (= Leben) überhaupt funktionieren kann.

Als einzige halbwegs vernünftige Alternative zum Wasser könnte man sich flüssigen Ammoniak als Lösungsmittel vorstellen, aber dagegen spricht der sehr viel nied-

https://doi.org/10.1515/9783110783155-030

rigere Siedepunkt. Bei höherer Temperatur, damit die chemischen Reaktionen mit brauchbarer Geschwindigkeit ablaufen können, würde alles nur bei sehr hohem Atmosphärendruck funktionieren. Ungünstig ist auch, dass der Temperaturbereich für den flüssigen Zustand (die Differenz zwischen Schmelz- und Siedepunkt) bei 1 bar Druck nur 44 °C umfasst (Tab. 6.1). Die weitere rein theoretische Alternative Fluorwasserstoff liegt zwar in einem günstigeren Temperaturbereich als Ammoniak und hat mit 103 °C auch einen brauchbaren Temperaturbereich des flüssigen Zustands, aber es fällt schon deshalb aus, weil Fluor im Sonnensystem und im Universum ein sehr seltenes Element ist.

Wie oben gezeigt (und seit mehr als einem halben Jahrhundert bekannt), funktioniert der beschriebene Kopierprozess bei unserer Form des Lebens nicht mit Proteinen, sondern nur mit Nukleinsäuren. Für die Entstehung von Leben sind die Basen der Nukleotide der wichtigste Bestandteil. Da sie nur in Photoreaktionen in einer Umgebung mit hoher UV-Intensität spontan entstehen können, muss davon ausgegangen werden, dass unser Typ von Leben nur in der relativen Nähe von Sternen entstehen kann. Lebensentstehung auf Kometen (Variationen der Panspermiehypothese) ist nach gegenwärtiger Kenntnis der Biochemie nicht denkbar. Wenn also Leben von Kometen transportiert worden sein soll, müssen diese Kometen von Planeten gestartet sein...

Die Panspermiehypothese geht auf den schwedischen Chemiker Svante Arrhenius zurück. Er vertrat schon zu Beginn des 20. Jahrhunderts die Ansicht, das Leben sei aus dem Weltall auf die Erde eingewandert. Das scheint eine recht bequeme Lösung des Problems der Entstehung des Lebens zu sein, aber sie beantwortet nicht die Hauptfrage: *Wie* entstand das Leben? Eine Koordinatenverschiebung in ihrer Banalität ist keine Begründung. Es gibt auch keinerlei naturwissenschaftliche Evidenz irgendwelcher Art, die die Hypothese stützte. Die Panspermiehypothese ergibt also keinen wirklichen Sinn, sie ist nicht hilfreich.

Falls es extraterrestrisches Leben gibt (und dafür spricht schon die reine Wahrscheinlichkeit) dürfte es so wie bei uns in jedem Einzelfall dort entstanden sein, wo es existiert. Es ist zu bedenken, dass Leben dort, wo die Möglichkeit zu seiner Existenz besteht, nicht notwendigerweise auch wirklich entsteht; die Entstehung ist zwar spontan und folgt den Naturgesetzen zwangsweise, die Vorgänge hängen aber völlig von den lokalen Verhältnissen ab. Aus der Möglichkeit der Existenz von Leben an manchen Orten darf keineswegs geschlossen werden, dass es an diesen Orten auch entstehen kann.

In die Definition von „habitablen" Zonen (Zonen des Abstands von ihrem Stern, in denen Strahlungsintensität und Temperatur in dem Bereich liegen, in dem auf Planeten Leben möglich ist) muss auch ein möglicher Treibhauseffekt eingehen. Bei der Vermutung tatsächlichen Lebens muss man aber noch viel vorsichtiger sein als bei der Vorhersage habitabler Zonen. Ein paar Spektrallinien von Molekülen, wie sie auch in lebenden Systemen auftreten, sagen überhaupt nichts aus. Man muss sich vor allem bewusst sein, dass Aminosäuren Allerweltschemikalien sind, die in vielerlei Situationen auch durch normale Chemie spontan erzeugt werden.

Bisher wurden mehrere tausend Exoplaneten (Planeten außerhalb des Sonnensystems) entdeckt. Nur sehr wenige befinden sich in habitablen Zonen, Leben wurde bisher außerhalb der Erde nirgends gefunden. Das kann aber an der Beschränktheit der zur Verfügung stehenden Methoden zur Planetenentdeckung liegen, die bevorzugt solche Planeten aufspüren, deren Umlaufbahn um ihren Stern die Sichtlinie zwischen Stern und Erde schneidet.

Für die Wahrscheinlichkeit der Möglichkeit der Kommunikation mit einer fremden Zivilisation in der Milchstraße hat Frank Drake 1961 eine sehr einfache Formel angegeben:

$$N = R_* \cdot f_p \cdot n_e \cdot f_l \cdot f_i \cdot f_c \cdot L$$

Dabei ist R_* die Sternentstehungsrate in der Milchstraße, f_p der Anteil an Sternen mit Planeten, n_e die Anzahl an Planeten pro Stern innerhalb der Ökosphäre, f_l der Anteil an diesen Planeten mit Leben, f_i der Anteil an diesen Planeten mit intelligentem Leben, f_c der Anteil an diesen Planeten mit Interesse an interstellarer Kommunikation und L die Lebensdauer einer technischen Zivilisation in Jahren (alles Mittelwerte). Diese Formel ist allerdings praktisch wertlos, da man für die meisten Faktoren keine realistischen Zahlenwerte angeben kann.

Unabhängig von den technischen Schwierigkeiten einer Funkverbindung (erforderliche Sendeleistung zur Überbrückung mehr als gigantischer Entfernungen) verbietet auch der Zeitfaktor jeden Gedanken an eine Kommunikation: Schon bei einer Entfernung von lediglich 100 Lichtjahren wäre die Laufzeit der Signale für eine Frage und eine Antwort bereits 200 Jahre, und bei größeren Entfernungen (die Milchstraße hat fast 100.000 Lichtjahre Durchmesser) wird die Sache völlig aussichtslos. Wir sind von anderen Lebensformen der Milchstraße durch unüberbrückbare Zeitschluchten getrennt.

Wenn man rein hypothetisch annimmt, dass bei jedem 10.000. Stern ein Planet ist, der tatsächlich Leben trägt, dann sind das bei ca. $5 \cdot 10^{11}$ Sternen in der Milchstraße 50 Millionen solcher Planeten. Es scheint aber vernünftig zu sein anzunehmen, dass höchstens in jedem hundertsten Fall die Rahmenbedingungen so günstig sind, dass dieses Leben auch zu einer Zivilisation führt, also bei einer halben Million Planeten. Bei rationaler Schätzung der zu erwartenden Lebensdauer von Zivilisationen, auch anhand der Erfahrung mit unserer eigenen Zivilisation, könnte man die mittlere Zahl der zu einem gegebenen Zeitpunkt in der ganzen Milchstraße existierenden Zivilisationen berechnen. Das ist aber mit unserem heutigen Wissen noch nicht einmal annähernd möglich.

Alle diese Betrachtungen ignorieren einen entscheidend wichtigen Faktor: Die Zeit, bzw. die Geschichte der Sternentwicklung. Unsere Milchstraße ist ca. 10 Mrd.

Jahre alt, vielleicht auch 12 Mrd.. Zuerst entstanden die sehr großen Sterne der ersten Generation („Population III"), die so gut wie keine Elemente schwerer als Helium bildeten. Diese schwereren Elemente sind aber die Grundlage des Lebens. Nach wenigen 100 Mio. Jahren kamen Sterne der zweiten Generation („Population II") dazu, bei denen die Menge an Elementen schwerer als Helium etwas höher war, aber noch lange nicht für Leben ausreichte. Die Hauptmenge dieser schwereren Elemente wurde dann erst in Sternen der dritten Generation („Population I") erbrütet, die einige Milliarden Jahre später begann und bis heute andauert. Eine Galaxie braucht also ziemlich lange, bis die richtigen Sterne das nötige Material für terrestrische Planeten und Lebewesen erzeugt haben. Unsere Sonne gehört zur dritten Generation, aber das Material für die Erde und für das Leben auf ihr müssen Vorgängersterne erbrütet haben.

Ein weiterer Gesichtspunkt ist, dass die Sonne auf ihrem Umlauf (Umlaufzeit etwa 225 Mio. Jahre) um das Zentrum der Milchstraße eine mittlere Distanz (ca. 26.000 Lichtjahre) einhält. Etwas näher am Zentrum erhöht sich die Sternendichte und damit die Gefahr zahlreicher Supernovaexplosionen in der Nähe, die jedes Leben nahebei auslöschen würden. Noch dichter am Zentrum haben wir eine tödliche Intensität an UV- und Röntgenstrahlen. Weiter entfernt, bei größerem Bahnradius, gerät man in ein Gebiet, in dem sich fast nur noch Sterne der zweiten Generation befinden, in dem es also an den schwereren Elementen, den Elementen des Lebens, mangelt. Die Sonne ist also optimal in der galaktischen habitablen Zone positioniert! Dazu kommt, dass die Bahn der Sonne in der Milchstraße fast kreisförmig ist, nur wenig exzentrisch. Darum besteht keine große Gefahr, dass die Sonne auf ihrem Umlauf sich den gefährlicheren Bereichen um das Zentrum nähert.

Das Sonnensystem entstand wahrscheinlich bereits, als unsere Galaxis 5,5–6 Mrd. Jahre alt war, die Sonne gehört also zu den relativ frühen Sternen der dritten Generation in der Milchstraße, mit zu den frühesten derer, denen für das Leben ausreichende Mengen schwererer Elemente zur Verfügung standen. Außerdem hat sie die richtige Größe für ausreichend langes Brennen, schließlich hat die Entwicklung des Lebens bis zum Menschen immerhin 4 Mrd. Jahren gedauert.

Wir müssen aus alledem schließen, dass wir Menschen zu den frühesten Zivilisationen der Milchstraße gehören dürften, vielleicht sind wir sogar tatsächlich die allerersten. Es ist wirklich nicht angebracht zu erwarten, dass eine größere Anzahl von „Nachbarn" uns besuchen kommen kann oder auf Distanz mit uns Kontakt aufnehmen möchte. Diese immer zahlreicher werdenden Nachbarn werden erst in kommenden Jahrmilliarden entstehen, wenn wir längst verschwunden sind.

Die chemische Entwicklung hin zur Entstehung des Lebens auf der Erde begann ca. 300 Mio. Jahre nach der Entstehung des Sonnensystems, das sich vor 4,6 Mrd. Jahren gebildet hatte (siehe Zeittafel im Anhang D). Nach weiteren ca. 300 Mio. Jahren entstanden die ersten lebenden Zellen, das Leben hatte begonnen. Für weitere 3 Mrd. Jahre existierte es nur auf der Ebene von Einzellern wie beispielsweise Bakterien. Mehrzellige Lebewesen entstanden vor ca. 800 Mio. Jahren, seit ca. 540 Mio. Jahren gibt es Lebewesen, die groß genug sind, um mit dem bloßen Auge sichtbar zu sein.

Die ersten wirklich intelligenten Lebewesen, die Gattung *Homo*, gibt es seit ca. 3 Mio. Jahren, unsere eigene Spezies *Homo sapiens* seit 300.000 Jahren. Die Zivilisation auf der Erde in der Form von Viehzucht, Ackerbau und festen Siedlungen ist gerade einmal 12.000 Jahre alt. Das sind 0,00031 % des Zeitraums, in dem Leben existierte, und 0,00026 % der bisherigen Lebensdauer unseres Planeten. Die von verantwortungslosem Geschwätz begleitete Nichtaktivität aller Politiker weltweit angesichts der drohenden Klimakatastrophe macht uns jedoch klar, dass man keine wesentlich längere Lebensdauer unserer Zivilisationen erwarten darf. Wenn die Politiker nicht radikal umdenken (und dafür spricht nichts), werden in wenigen Jahrhunderten die Ozeane verdampfen, und das Leben ist Vergangenheit. Von anderen Lebensformen irgendwo da draußen im Universum wissen wir nichts, und so gibt es auch keinerlei Grund anzunehmen, dass sie klüger sind als wir.

Publizierte Zahlen über die mögliche Anzahl und Lebensdauer extraterrestrischer Zivilisationen erscheinen aus einer Vielzahl von Gründen völlig überoptimistisch. Publikationen der „Astrobiologie" zeigen sehr viel Wunschdenken und Tagträume, manchmal sogar Sektierertum. Die sogenannte Astrobiologie ist überfrachtet mit unbewiesenen und unbeweisbaren Hypothesen, sie ist nach Aussage eines Vertreters des Fachs die „Wissenschaft des Konjunktivs". Die meisten „Astrobiologen" sind Astronomen, also Physiker, und haben bedauerlicherweise keine ausreichende Ausbildung in Chemie (geschweige denn in Biochemie), und das Leben ist nun einmal eine chemische Angelegenheit.

Daher ist zu erwarten, dass die Astrobiologen weiterhin die Planeten und Monde unseres Sonnensystems nach möglichen Spuren von Leben durchsuchen, aber wenig finden werden, was über vage Möglichkeiten hinausgeht. Und alles, was in den Spektren der Strahlung „extrasolarer" Planeten gefunden werden wird, wird nur zu langen Diskussionen, massiver Überinterpretation und viel bedrucktem Papier führen. Ein Nachweis intelligenten Lebens außerhalb der Erde erscheint vom Standpunkt des Realisten aussichtslos, und die mit hoher Wahrscheinlichkeit eintretende Klimakatastrophe (William W. Hays *"Experimenting on a Small Planet"*, 2013) wird wohl auch für das Leben auf der Erde bald sein natürliches Ende einleiten.

Zusammenfassung

Logische Schritte und Ereignisse

Um das Leben auf naturwissenschaftliche Weise zu erklären, muss man sich zunächst vom „typisch Menschlichen" trennen, also von den Ideen über Moral, Ethik, Philosophie und Theologie, die alle mit dem menschlichen Denken zu tun haben aber nicht mit der Natur im Allgemeinen. Die Naturwissenschaften beschäftigen sich ausschließlich mit für jeden zugänglichen Tatsachen, also den biologischen Fakten, nicht aber mit individuellen Ansichten, Meinungen, Ideologien, Philosophien und „Schulen".

Wir müssen uns auf die natürlichen Vorgänge beschränken und uns quasi in den Zustand zurückdenken, als der Mensch noch unbeleckt war von Religion, Zivilisation und philosophischen Gedanken wie z. B. Entstehung der Welt, Ethik und Moral. Wir müssen die Welt betrachten mit dem Blick des geradeaus denkenden Menschen, des Naturwissenschaftlers, dem es nur auf Ursache und Wirkung ankommt und nicht auf Götter, Prinzipien und Moral. Das Leben auf der Erde ist etwa 4 Mrd. Jahre alt und unsere Zivilisation noch keine fünfzehntausend, die spielt hier keine große Rolle.

Für die Erfassung des Lebens ist der erste Schritt die Erkenntnis, dass das Leben auf chemischen Reaktionen beruht, *Leben ist Chemie*, und zwar Chemie, die in Wasser und mit Wasser stattfindet. Lebewesen sind chemische Maschinen, enorm große, kompliziert aufgebaute Aggregate von chemischen Verbindungen, in denen in systematischer Weise spontan chemische Reaktionen ablaufen. Da die Ordnung des Aufbaus und die Steuerung der inneren chemischen Reaktionen zu ihrer Aufrechterhaltung Energie benötigt, haben alle Lebewesen einen *Stoffwechsel*, bei dem energiereiche Substanzen von außen zugeführt und intern verwertet werden. Fallen Energiezufuhr und Stoffwechsel aus, zerfällt das geordnete Chemikalienaggregat, das wir Lebewesen nennen.

Das eigentliche und mit Abstand wichtigste Charakteristikum des Lebens ist die *Fortpflanzung*, d. h. dass diese Aggregate von Chemikalien sich selbst kopieren und vervielfältigen können. Wenn wir also nach der Entstehung des Lebens fragen, dem allerersten Beginn, denn müssen wir zuerst nach einfachen chemischen Verbindungen suchen, die sich *selbst kopieren* können bzw. durch bestimmte Umweltbedingungen spontan kopiert werden.

Damit das Kopieren einen Sinn ergibt, muss etwas da sein, das zu kopieren sich lohnt, nämlich *Variation*. Die ist vorhanden, wenn die kopierfähigen Moleküle modular aufgebaut sind (d. h. aus einzelnen Bausteinen zusammengesetzt) und die Module sich leicht unterscheiden dürfen. Die Unterschiede dürfen aber nicht so groß sein, dass sie stören, sie müssen mit dem Funktionieren des Gesamtsystems kompatibel sein. Die Abfolge der unterschiedlichen Module (Sequenz) stellt dann die *Information* dar, die vom Ausgangsmolekül auf die Kopie übertragen wird.

Zu Beginn der Entwicklung war die Bedeutung dieser Information noch wenig bestimmt, prinzipiell geht es aber immer um Nützlichkeit, z. B. Stabilität. Später ent-

https://doi.org/10.1515/9783110783155-031

wickelte sich die Information zu den Bauplänen der Einzelteile des Aggregats. Nur mit Variation (Information) und Kompatibilität ist *Entwicklung* möglich. Das gilt für Entwicklungen jeglicher Art, nicht nur biologische.

Die chemischen Verbindungen, die den Aufbau und den Charakter der Aggregate bestimmen, sind Makromoleküle, die aus Modulen aufgebaut sind. Übertragung von Information auf chemischem Weg ist nur möglich durch die Assoziation von Molekülen. Dazu muss es passende und unpassende Paare von Varianten der Module geben. Man benötigt Molekülpaare, die zueinander *komplementär* sind, deren Außenprofile so gut zueinander passen, dass sich bei der richtigen Paarung Anziehungskräfte ergeben und bei falscher Paarung Abstoßungskräfte, die eine falsche Anlagerung verhindern.

Nun erhebt sich die Frage, welche Klassen von chemischen Verbindungen die beschriebenen Eigenschaften haben und daher als Startermoleküle für das Leben infrage kommen könnten. Aus dem gesamten Spektrum der Chemie und Biochemie bieten sich da nur die *Nukleinsäuren* an. Sie sind Kettenmoleküle und bestehen aus *Nukleotiden*. Diese haben alle denselben Mechanismus für die chemische Kopplung, besitzen als Teile der Molekülmoduln aber sogenannte Basen, die sich unterscheiden und aufgrund ihres Bindungsmusters von Wasserstoffbrücken auch die erforderliche Spezifität und Komplementarität aufweisen. Nukleotide und Nukleinsäuren lösen sich in Wasser, und das ist einer der Gründe, weshalb Wasser das Grundelement des Lebens ist. Die auf der jungen Erde spontan erzeugten ersten Nukleotide waren Ribonukleotide, die aus ihnen erzeugten Nukleinsäuren nennt man Ribonukleinsäuren (RNA).

Woher kamen die Nukleotide? Sie entstanden auf der frühen Erde spontan aus Verbindungen, die zum größten Teil aus Substanzen der frühen Atmosphäre gebildet worden waren, d. h. aus Verbindungen, die ursprünglich aus der Gas- und Staubwolke stammten, aus der das Sonnensystem entstanden war. Die spontane Synthese der Nukleotide benötigt photochemische Schritte, die von der intensiven *Strahlung der Sonne* ermöglicht und bewirkt wurden.

Um Nukleotide aneinander zu koppeln, muss pro forma ein Wassermolekül entfernt werden (chemische Kondensation). Das kann aber in wässriger Lösung aus kinetischen und energetischen Gründen nicht funktionieren, weshalb „aktivierte" Nukleotide benutzt werden müssen, bei deren Kopplung *Phosphat* oder *Pyrophosphat* abgespalten wird, Abspaltung von einfachen Wassermolekülen verbraucht Energie und findet schlicht und einfach nicht statt. Die aktivierten Nukleotide müssen also anstatt der einen Phosphatgruppe eine Gruppe Pyrophosphat oder ein Oligophosphat enthalten.

Pyrophosphat entsteht aus Phosphat durch Wasserabspaltung bei Temperaturen über 200 °C. Bei 300 °C und darüber lagern sich weitere Phosphatmoleküle an, und es bilden sich Oligophosphate. Solche Temperaturen herrschten in der Frühzeit der Erde (zu Zeiten des vollen Treibhauseffekts, bevor das Kohlendioxid durch Sedimentation von Karbonatmaterial im Urmeer entfernt worden war) überall, und in späteren Zeiten, nach Abkühlung durch Entfernung des Kohlendioxids aus der Atmosphäre, an und in Vulkanen. Pyrophosphat und Oligophosphate waren also die allererste „Nahrung" des Lebens, lange bevor das Leben überhaupt richtiges Leben wurde.

In manchen populärwissenschaftlichen Schriften kann man den Hinweis finden, dass die Energie für die Synthese der biologischen Makromoleküle aus den Protonengradienten der alkalischen hydrothermalen Quellen in der Tiefsee stammen könnte und dass die ersten lebenden Zellen an den Poren dieser „weißen Raucher" entstanden sein könnten. Energiegewinn aus dem Protonengradienten scheint zwar prinzipiell möglich zu sein, aber wie geht das denn im Einzelnen? Von keinem der diesbezüglichen Autoren ist bisher ein einleuchtender Vorschlag für einen möglichen Mechanismus und die entsprechenden chemischen Reaktionen bekannt geworden. Man kann diese Idee also vorerst auf die Seite schieben.

Das Kopieren der ersten Oligonukleotide (sehr kurze Nukleinsäuren) war nicht sehr präzise, da Fehler häufig auftraten. Der Grund ist, dass bei freier Synthese nur geringe Kräfte die Passung des jeweiligen Gegenstücks kontrollieren und auch die Reaktionszeit gering war, d. h. dass die Reaktionspartner nur kurze Zeit zum Anpassen hatten. Die Fehler sorgten aber für Variationen der Produkte, es gab stabilere und weniger stabile Oligonukleotide. Da die weniger stabilen schneller wieder durch Umwelteinflüsse zerstört wurden als die stabileren, ergab sich eine Auslese, die sich in diesem frühen Stadium der Evolution nur auf die Stabilität bezog.

Mit hohen Fehlerraten ist eine echte Entwicklung (Evolution) nicht möglich, die Produkte des Kopierens sind zu stark vom Zufall beeinflusst. Sobald sich aber Nukleinsäuren mittlerer Länge gebildet hatten, gab es Wechselwirkungen zwischen den Reaktionskomplexen und fertigen Nukleinsäuren, die dafür sorgten, dass einerseits die Anlagerung länger dauerte und durch zusätzliche physikalische Kräfte kontrolliert wurde, andererseits die Reaktion als solche beschleunigt wurde. Diese Art, die Qualität und Geschwindigkeit der chemischen Reaktionen zu verbessern, nennt man Katalyse, Ribonukleinsäuren waren einfache *Katalysatoren*. Evolution und natürliche Auslese hatten jetzt ein weiteres Kriterium dazubekommen, es ging um die Qualität der Katalyse.

Parallel zu den Nukleinsäuren waren in der Chemiefabrik der Natur auch die ersten Aminosäuren spontan gebildet worden, aus denen in der Folge dann Peptide entstanden, die aufgrund ihrer aktiven chemischen Gruppen ebenfalls katalytische Fähigkeiten hatten, wie die Nukleinsäuren. Im Gegensatz zu den Nukleinsäuren konnte allerdings die Abfolge ihrer Bausteine, die Aminosäuresequenz, (noch) nicht gespeichert werden. Diese Peptide entstanden also immer zufällig, so dass ihre katalytischen Fähigkeiten auf Zufall beruhten und sehr unzuverlässig waren.

Die katalytischen Ribonukleinsäuren, die Ribozyme, waren dagegen als Teil der kopierten Nukleinsäurestränge der Evolution unterworfen (Veränderung des Genotyps mit folgender Auslese des Phänotyps) und wurden immer effizienter. Das bedeutete vor allem eine *höhere Genauigkeit beim Kopieren*, also eine Verringerung der Fehlerquote. Das hatte zur Folge, dass immer längere RNA-Stücke mit der erforderlichen

Präzision kopiert werden konnten, der Umfang der kopierbaren und damit speicherbaren Information nahm zu.

Ein mindestens genauso wichtiger Gesichtspunkt ist, dass bei den durch immer bessere (präzisere) Katalyse beschleunigten Reaktionen auch immer weniger Nebenprodukte erzeugt wurden, die gut katalysierten Reaktionen also sauberer und mit höherer Ausbeute abliefen. Effizienz und Selektivität der Katalysatoren nahmen immer weiter zu, bis hin zum heutigen Zustand mit Enzymen, bei denen bei quasi 100,0 % Spezifität für die Ausgangssubstanzen praktisch *keine Nebenreaktionen* und keine falschen Produkte mehr auftreten. Die Spezifität heutiger Enzyme betrifft sowohl die Substrate, die umzusetzenden Moleküle, als auch die an ihnen katalysierten Reaktionen.

Der Metabolismus, das ist die Gesamtheit aller für das Leben wichtiger Reaktionen, nahm weiter zu an Qualität und auch an Umfang, und aus der chemischen Affinität von Nukleinsäuren und Peptiden/Proteinen entstand in uns bisher weitgehend unbekannten Einzelschritten der *genetische Code*, der es erlaubt, die Aminosäuresequenz in den Nukleotidsequenzen der Nukleinsäuren zu speichern. Die Proteine waren damit ebenso der Evolution und damit der Verbesserung durch Veränderung und Auslese unterworfen wie vorher nur die Ribozyme, so dass sich *Enzyme* (katalytisch wirksame Proteine) entwickeln konnten, die den Ribozymen an Qualität der Katalyse noch überlegen waren.

Der Ausdruck „genetischer Code" wird in der Tagespresse oft fälschlich für das ganze Genom benützt. Ein besserer Name für den genetischen Code wäre wohl „genetischer Codierschlüssel" oder „genetischer Chiffrierschlüssel". Im Grunde ist dieser Code nur ein Wörterbuch zum Übersetzen einer 4-buchstabigen Sprache (Nukleotide) in eine 20-buchstabige (Aminosäuren). Ein ähnliches System sind unsere Dezimalzahlen (10 Ziffern, 0 bis 9), die direkt in das Binärzahlensystem der Computer (2 Ziffern, 0 und 1) übersetzt werden können. Als Hilfsmittel zum besseren Verstehen waren dazu erst die Oktalzahlen (8 Ziffern, 0 bis 7) und später die Hexadezimalzahlen (16 Ziffern, 0 bis F) erfunden worden.

Neben Nukleotiden und Aminosäuren gab es in der Ursuppe ungezählte andere kleinere Moleküle, darunter auch Fettsäuren (Karbonsäuren mit langem Kohlenwasserstoffschwanz), die sich aus Essigsäure gebildet haben könnten. Diese Fettsäuren können an Glyzerin gebunden werden (immer drei Moleküle Fettsäure pro Glyzerinmolekül), wobei Fettmoleküle entstehen. Bei Ersatz der dritten Fettsäure durch eine Gruppe, die Phosphorsäure enthält, werden elektrische Ladungen eingeführt, und die Substanz wird zum „amphoteren" Phospholipid, halb wasserabstoßend und halb wasserfreundlich. Analog entstanden aus Essigsäure über die Zwischenstufe Isopren Oligoterpene, aus denen di-Terpen-Alkohole und tetra-Terpen-di-Alkohole gebildet wurden. Daraus konnte ein anderer Typ von Phospholipiden entstehen.

Aus Phospholipiden konnten sich Lipiddoppelmembranen bilden, die als Außenwand von individuellen Zellen dienten. Es konnten sich jetzt kleinste Tröpfchen des Urmeers mit einer Lipidmembran umgeben und sich damit abtrennen und ein chemisches Eigenleben führen, wir hatten *individuelle Zellen*. Schon sehr früh existierten zwei Typen dieser Zellen, die sich u. a. im chemischen Charakter ihrer Lipidmembran unterschieden, die Bakterien mit den Membranen auf Fettsäurebasis und die Archäen mit den Membranen auf Oligoterpenbasis.

Diese Zellen benötigen aber eine Versorgung mit Energie, d. h. Zufuhr von „Nahrung", um ihre innere Ordnung aufrechtzuerhalten und somit überleben zu können. Jetzt wurde es wirklich entscheidend, dass bei den Reaktionen der „Verdauung" der energieliefernden Nahrung die Katalyse so gut war, dass nur ein tolerables Minimum von „Abfallmolekülen" auftrat, oder noch besser gar keine.

Der nächste (große!) Schritt bestand darin, dass sich Ribozyme oder Enzyme entwickelten, die den wesentlichen Inhalt dieser Zellen so weit vervielfältigen konnten, dass sich dann eine Zelle in zwei lebensfähige Tochterzellen aufteilen konnte. Dazu gehörte auch ein mechanischer Apparat, der die Bestandteile gleichwertig auf zwei Hälften der Ausgangszelle verteilte, worauf sich die Zelle einschnürte und teilte. Wir haben mit der Zellteilung die *Vermehrung* von Individuen erreicht und sind im richtigen *Leben* angekommen, in der *Biologie*.

Als nächstes Ereignis erfolgte die Bildung mehrerer Typen von Zellen sowohl der Archäen als auch der Bakterien, der beiden Hauptdomänen des Lebens. Beide gehören zu den Prokaryonten, einfachen Lebewesen ohne Zellkern. Die Erfindung der Fettsäuren und ihre Verwendung in den Lipidmembranen durch die Bakterien trennte diese von den Archäen. Die beiden Stämme entwickelten sich fortan getrennt, aber nicht völlig unabhängig voneinander. Die Verbindung zwischen beiden konnte durch Genaustausch über Plasmide und Viren geschehen. In der weiteren Folge war die nächste wichtige Erfindung der Prokaryonten die Photosynthese, um Licht als Energiequelle für die Zellen auszunützen.

Die mögliche Länge der RNA und damit auch die Qualität und Quantität der gespeicherten Information stießen aber auf Stabilitätsgrenzen, die die Komplexität der Lebewesen einschränkten. Es gelang jedoch, die Schwachstelle der Nukleinsäuren zu beseitigen, indem in den Nukleotiden eine Hydroxylgruppe aus dem Zuckeranteil Ribose entfernt wurde, so dass anstatt RNA die wesentlich stabilere DNA als Informationsträger benutzt wurde.

Ein Vergleich von mehr als 3000 vollständig sequenzierten Genomen aller möglicher Lebewesen ergab eine Anzahl von 355 Genen, die (mit geringen Variationen) allen Genomen gemeinsam sind. Diese Gene zusammengenommen bilden so etwas wie ein Urgenom, das man *Luca* (*L*ast *U*niversal *C*ommon *A*ncestor = letzter universeller gemeinsamer Vorfahr) nennt. Allerdings ist Luca rein hypothetisch, und man darf es sich nicht als ein real existierendes Wesen vorstellen, das in der Vergangenheit lebte. Luca ist lediglich eine Sammlung von Gensequenzen, eine Liste.

Da Luca eine Sammlung moderner Gensequenzen darstellt, muss es einen Zustand in der DNA-Welt repräsentieren, weil alle modernen Lebewesen DNA benutzen. Es ist aber sehr wahrscheinlich, dass die meisten der Luca-Gensequenzen mit ihrem Ursprung (nicht in ihrer heutigen Form) in den Zeitraum der frühen Zellen fallen und bis in die RNA-Welt zurückreichen, und dass manche sogar auf den Bereich des Protoplasmas zurückgehen, der Urmeer-Suppe noch vor der Entstehung der Zellen.

Aus den Luca-Genen lassen sich viele Schlüsse auf die Fähigkeiten der frühesten Lebewesen und die Umweltbedingungen ziehen, unter denen sie lebten. Die Ergebnisse dieser Untersuchungen legen nahe, dass das Leben auf der Erde nicht auf eine Gruppe von verschiedenen Lebewesen zurückgeht, deren angesammelte Gene als Schwarm auf uns gekommen sind, sondern tatsächlich einen einzigen Ursprung = Vorfahren hat. Alle anderen Stämme, die möglicherweise existierten, sind untergegangen, nur ein einziger hat sich endgültig durchgesetzt. Bakterien und Archäen sind Verwandte, Abkommen derselben ersten Quelle im Protoplasma. Da sie sich aber so früh getrennt haben, sind die Unterschiede zwischen ihnen nach mehreren Jahrmilliarden getrennter Entwicklung sehr groß.

Die Vorgänge der Evolution lassen sich in verschiedene Phasen einteilen:

In der *Vorläuferwelt mit niedermolekularer Chemie* gab es viel chemische Aktivität, u. a. bildete sich in der Hitze Pyrophosphat und Oligophosphate, die in der Folge als Energieträger dienen konnten. Außerdem fand spontane Synthese von Nukleotiden und Aminosäuren statt, wobei speziell für die Nukleotide chemische Photoreaktionen mit der (UV-)Strahlung der Sonne eine Rolle spielten.

In der Periode *RNA-Welt I* kam es durch spontane „aktivierte" Kondensation zu Oligonukleotiden und Peptiden mit zufälligen Sequenzen zur Synthese von kleineren Makromolekülen. Die Energie für diese Synthesen kam von Pyrophosphat und anderen kondensierten Phosphaten, die in den späteren Zeiten, nachdem die Oberflächentemperatur der Erde auf unter 200 °C gesunken war, nicht mehr überall sondern nur noch in heißen Zonen (in und an Vulkanen) entstanden. Die Oligonukleotide boten die Möglichkeit, dass von ihnen komplementäre Kopien entstanden bzw. hergestellt wurden, sie wurden in zweistufigen Prozessen mehr oder weniger fehlerhaft kopiert.

Es entwickelten sich kürzere Ribonukleinsäuren, die das Kopieren katalysieren konnten (*Ribozyme*), wodurch die Fehlerrate beim Kopieren sank, die Vervielfältigung gewann an Präzision. Die Sequenz dieser Ribozyme war auf der RNA gespeichert, so dass ein und dieselbe Molekülgattung für Informationsspeicherung und Katalyse verantwortlich war. Mit Kopieren und Selektion (der beste Katalysator erzeugt die besten Kopien von sich selbst) begann die Evolution. Das allererste Kriterium zur natürlichen Auslese war die Stabilität der Nukleinsäuren in einer feindlichen und zerstörerischen Umgebung, später kam die Qualität der Katalyse der Ribozyme dazu.

In der *RNA-Welt II* lernten die Ribozyme, auch Aminosäuren zu längeren Proteinen (anfangs aber immer noch mit zufälliger Sequenz) zusammenzusetzen. Aus molekularer Assoziation von RNA und Proteinen durch schwache oder auch starke Bindungen entwickelte sich der *genetische Code*, mit dem die Aminosäuresequenz der Proteine in der Basensequenz der RNA gespeichert werden konnte. Damit in Zusammenhang entwickelte sich auch ein Ablesemechanismus, mit dem die Sequenz ausgelesen und entsprechende Proteine synthetisiert werden konnten.

Die Proteine nahmen jetzt an der Evolution teil und entwickelten sich zu Katalysatoren, *Enzyme* genannt, die den Ribozymen an Effizienz und Präzision überlegen waren. Von nun an war die RNA nur noch Informationsträger, die Proteine besorgten weitestgehend die Katalyse und andere Funktionen. Die Auslese der Evolution verlagerte sich jetzt mit Schwerpunkt auf die funktionelle Qualität der Enzyme. „Luca" gibt uns indirekte Nachricht aus dieser Zeit.

Wir haben möglicherweise Zeitzeugen aus dieser Periode. Die Herkunft der wiederholt erwähnten Bakteriophagen und Viren ist nicht geklärt. Da angenommen wird, dass sie bei der Entstehung der DNA als Speichermoleküle beteiligt waren, müssen sie aus sehr frühen Zeiten stammen und dürften noch vor den ersten Zellen existiert haben, d. h. schon in der Phase II der RNA-Welt entstanden sein.

Sie bestehen in ihrer Grundform nur aus RNA und Protein und entsprechen damit in ihrer Zusammensetzung den Komplexen dieser Substanzklassen, die frei in der Ursuppe herumschwammen. Sie begleiteten das echte zelluläre Leben während seiner ganzen Entwicklung, und manche eigneten sich später im Laufe der Zeit auch neuere Errungenschaften an wie z. B. Lipidmembranen. Einige stellten sich auch um auf die neuartigen Speichermoleküle DNA anstatt der alten RNA und konnten dadurch besonders groß werden.

In der *RNA-Welt III* wurden die Fehlerraten des Kopierens minimiert, und es wurden Lipide synthetisiert, aus denen Membranen entstanden. Mit diesen Membranen als Außenhülle entstanden die ersten Protozellen, die dann die Fähigkeit zur Zellteilung und damit zur Vermehrung entwickelten. Dieser Vorgang muss sich zweimal unabhängig voneinander ereignet haben, denn es entstanden einerseits die Archäen mit ihren auf Ätherbindungen beruhenden Terpenoidlipiden, andererseits die Bakterien, deren Fettsäurelipide Esterbindungen aufweisen, was in Chemie und Stabilität einen fundamentalen Unterschied darstellt. In der Tat sind die Unterschiede in Zellaufbau und Genen zwischen Archäen und Bakterien insgesamt größer als diejenigen zwischen Mensch und Gänseblümchen.

Damit hatte das echte *Leben*, die *Biologie*, begonnen, und es bildeten sich die ersten Prokaryonten auf der Basis der Enzymsammlung von Luca. Archäen und Bakterien werden Prokaryonten genannt, da sie keinen Zellkern besitzen. Diese beiden Domänen des Lebens waren wohl separat entstanden, es kann aber nicht ausgeschlossen werden, dass sich die Bakterien aus den Archäen entwickelt hatten. Weiterhin entwickelten sich beide getrennt, hatten aber durch Bakteriophagen die Chance der Übertragung einzelner Informationsstücke aufeinander. Vielleicht war auch die direkte Übertragung durch Plasmide möglich. Die Entwicklung ging weiter, neue Wege zur Energiegewinnung entstanden, beispielsweise die erste Photosynthese mit Schwefelwasserstoff.

Die Kapazität der RNA als Speichermedium stieß an ihre Stabilitätsgrenze, weil die benötigte Information, Aminosäuresequenzen für zahlreiche Enzyme für Biosynthesen und Stoffwechsel, immer größer geworden war. Mit der Erfindung der DNA, die bei Bakterien und Archäen unterschiedlich verlief, wurde diese zum Informationsträger. Die Evolution verlagerte sich jetzt auf die Auslese der besten Kapazität zur Zellteilung, d. h. Vermehrung. Das bedeutet, dass von nun an die Gesamtqualität der Lebewesen, die Vitalität samt Fortpflanzungsfähigkeit, die Hauptrolle spielte. Dabei blieb es bis heute.

Die *DNA-Welt* reicht bis heute und ist *unsere Welt*. Aufgrund ihrer sehr viel höheren Stabilität (Resistenz gegen spontane Hydrolyse) konnten aus DNA erheblich längere und stabilere Ketten gebildet werden als aus RNA, und die DNA-Ketten konnten dann entsprechend mehr Proteinsequenzen enthalten. Damit war der Weg frei für eine sehr viel umfangreichere weitere Entwicklung. Einen Statusbericht der Anfangszeit der DNA-Welt übermittelte uns *Luca*, wie oben beschrieben.

Auf welchen Vorgängen beruht(e) diese Entwicklung? Einzelne Fehler beim Kopieren oder Mutationen aus anderen Gründen führen zu einem Austausch einzelner Basen der Nukleinsäuren und damit von Aminosäuren der Proteine, sie sind der einfachste Weg für Veränderungen. Um neue Leistungen zu etablieren, wäre aber ein Neuerfinden von Enzymen bzw. ihrer DNA-Sequenz Nukleotid für Nukleotid nicht effizient genug, viel zu langsam und zu umständlich.

Die Natur ist sehr konservativ und benutzt, wenn möglich, vorhandenes Material, das für neue Zwecke angepasst wird. Das geschieht, indem – anfangs in der Evolution zufällig, später auch durch biochemische Prozesse aktiv gesteuert – Gensequenzen von Proteinen (Strukturgene) einmal zu viel kopiert werden, so dass in der Zelle noch eine zweite Kopie des Gens vorhanden ist, die sich dann in weiteren Generationen mittels Mutationen weiterentwickeln und für eine neue nützliche Funktion angepasst werden kann. So können aus Enzymen mit einem breiten Wirkungsspektrum und geringer Effizienz mittels Vermehrung und Differenzierung der Gene getrennte Spezialisten mit hoher Effizienz entstehen.

Cyanobakterien entwickelten die Photosynthese des Schwefelwasserstoffs weiter, so dass unter Verwendung von sichtbarem Licht (das natürlich nur in den oberen Schichten des Meeres vorhanden war) auch Wasser gespalten werden konnte, in Sauerstoff und Wasserstoff. Der Wasserstoff diente der Ernährung der Organismen bzw. zusammen mit Kohlendioxid dem Aufbau von Zellkomponenten und dem Energieträger Zucker, der Sauerstoff wurde als Abfallprodukt ausgeschieden.

Die Umstellung auf Sauerstoff, der für die meisten damals lebenden Arten ein tödliches Gift war, bewirkte das „Große Sauerstoffereignis", das schlimmste Artensterben der Erdgeschichte. Die überlebenden Proteobakterien erfanden bald Methoden, um diesen Sauerstoff ihrerseits zur Energiegewinnung zu benutzen und starteten damit die Phase des aeroben Lebens mit Sauerstoffatmung.

Der nächste Schritt in der Entwicklung war die Endosymbiose (Zusammenleben zweier Organismen, wobei einer im anderen lebt) von Proteobakterien in Archäen, wodurch ein völlig neuer Zelltyp entstand, die Eukaryonten. Dazu musste das Kapsid, die mechanisch starre Außenhülle der Archäen entfernt werden. Dabei wurde auch die Lipidmembran ausgetauscht, so dass die Eukaryonten nicht die äthergebundenen

Terpenlipide der Archäen behielten, sondern sich auf die Esterbindungslipide (mit Fettsäuren) der Bakterien umstellten.

Die innerhalb der Zellen lebenden Proteobakterien entwickelten sich zu Organellen der Eukaryonten, die nicht mehr zu selbstständigem Leben fähig sind und Mitochondrien genannt werden. Als weitere Organelle wurde der Zellkern gebildet, in dem das Genom, die DNA, untergebracht wurde, und noch weitere Organellen folgten wie z. B. das endoplasmatische Retikulum, das die Zelle unterteilt, der Golgi-Apparat für Sekretbildung und anderes, und die Lysosomen, in denen die Abfallbeseitigung (Abbau denaturierter Proteine usw.) unter Freisetzung der biochemischen Bausteine für neue Synthesen stattfindet. Die Zellen wurden größer und bekamen einen komplizierteren Aufbau.

Die Evolution der Eukaryonten wurde massiv beschleunigt, als ihr Genom verdoppelt und die sexuelle Fortpflanzung erfunden wurde, bei der für die Fortpflanzung Gene von zwei Individuen kombiniert werden. Auch die Aufteilung des Genoms in einzelne Chromosomen erhöhte die Flexibilität der Genmanipulation. Durch die sexuelle Fortpflanzung wird der gesamte Vorrat an Genvarianten in der ganzen Bevölkerung einer Art verteilt, was vor allem den Vorteil hat, dass Genvarianten mit Schadwirkung effizient neutralisiert und beseitigt werden können.

Wir dürfen uns nicht vorstellen, dass das Innere heutiger lebender Zellen noch viel Ähnlichkeit mit der Ursuppe hat: enorm viel Wasser und darin einige Moleküle. Die Entwicklung zur Effizienz führte dahin, dass das Innere einer Zelle sehr dicht gepackt ist und oft so gut wie kein wirklich freies Volumen an Wasser mehr vorliegt, es herrscht ein dichtes Gedränge der Moleküle. Dieser Effekt wird als *Molecular Crowding* bezeichnet und führt dazu, dass die effektive Wasserkonzentration deutlich niedriger sein kann als die oben (Kap. 9, „Reaktionsenergie zum Polymerisieren") beschriebenen 55 Mol/l. Das hat zur Konsequenz, dass die in Kap. 9 („Reaktionsenergie zum Polymerisieren") beschriebenen Effekte der Reaktionsenergie in der heutigen Realität der Zellen deutlich modifiziert sein können. Verminderte Wasserkonzentration und kurze Wege der Substrate von einem Enzym zum anderen haben positive Wirkung auf die Effizienz des Stoffwechsels.

Von den einzelligen Eukaryonten (Protisten) entwickelten sich drei Typen: Die Protozoen als eine Art einzelliger Tiere, die einzelligen Pilze (Hefe, Schimmel, Mehltau und viele andere), und aus einer weiteren Eukaryontenart, die mit Cyanobakterien eine zusätzliche Endosymbiose eingegangen war, die einzelligen Pflanzen, Algen. Die aus den Cyanobakterien entstandenen zweiten Symbionten der Algen sind Organellen, die Chloroplasten genannt werden. Sie erledigen die Photosynthese und geben Algen und Pflanzen ihre grüne Färbung. Als die eukaryotischen Zellen gelernt hatten, sich zu mehrzelligen Lebewesen zusammenzuschließen, entstanden aus den Algen die Pflanzen, aus den einzelligen Pilzen die makroskopisch sichtbaren Pilze und aus den Protozoen die Tiere. Mit den immer größer werdenden mehrzelligen Organismen kam auch der systematische Tod des Individuums. Nur die Erbsubstanz lebt ewig.

Es gab Experimente der Natur mit verschiedenen Architekturen der Körper der immer größer werdenden Organismen. Im Tierreich gibt es Weichtiere, Schalenbauweise mit stabiler Kalkschale oder mit flexiblerer Chitinschale, innen liegendes Stützskelett und anderen Konstruktionsprinzipien. Als das wirkungsvollste stellte sich das System des Innenskeletts heraus, das die größte Tierklasse ermöglichte, die Wirbeltiere. Die Entstehung sehr vieler Körperkonstruktionen und Tierarten kurz nach Erfindung der sexuellen Fortpflanzung führte zur „kambrischen Explosion". Vor etwas mehr als 500 Mio. Jahren entstanden in einem auf der geologischen Zeitskala „winzigen" Zeitraum (vielleicht 10 Mio. Jahre) die Urahnen fast aller heute lebender Tierstämme. Bei den Pflanzen war es sehr ähnlich.

Man muss bei der ganzen Vielfalt der Formen allerdings beachten, dass diese Vielfalt hauptsächlich die mechanischen Äußerlichkeiten betrifft. Die innere Mechanik, d. h. die Biochemie verwandter Lebewesen, ist sehr ähnlich. Mit ein und demselben Metabolismus der einzelnen Zellen können ganz unterschiedliche Körperformen aufgebaut werden; ‚mehr Zellen' oder ‚andere Verbindung der Zellen' muss nicht notwendigerweise bedeuten ‚andere Zellen'. Bei den inneren Mechanismen aller Lebewesen, vor allem ihrer Zellen, hat sich also bei ihrer Entwicklung gar nicht so viel Unterschied ergeben, wie die äußeren Formen vermuten lassen. Je kleinere Details man betrachtet, desto größer ist die Ähnlichkeit.

Die Cyanobakterien, nun unterstützt durch Algen und zahlreiche weitere Pflanzen, gaben dann mit ihrer Photosynthese so viel gasförmigen Sauerstoff in die Luft ab, dass die Ultraviolettstrahlung der Sonne auf der Erdoberfläche ausreichend weit gedämpft wurde, dass die Lebewesen zum Überleben bald nicht mehr die schützende, UV-absorbierende Wasserschicht des Meeres benötigte, es gelang die Eroberung des Landes. Seit etwa 400 Mio. Jahren ging die Entwicklung des Lebens auch an Land weiter und führte u. a. zu den Amphibien, den Reptilien, den Vögeln und den Säugetieren. Die Reptilien, die gigantischen Dinosaurier, beherrschten die Erde über viele Jahrmillionen, aber nach ihrer Ausrottung vor 66 Mio. Jahren durch den Meteoriten, der den Chicxulub-Krater verursachte, nahmen die vorher lange unterdrückten Säugetiere das Heft in die Hand und dominieren heute die Erde.

Innerhalb der Klasse der Säugetiere entstand die Ordnung der Primaten, aus denen sich die Menschaffen und zuletzt der Mensch entwickelte. Erst wurde der aufrechte Gang erfunden, der den Händen ihre Freiheit gab, dann wurden Werkzeuge hergestellt, und dann konnte auch noch das Feuer beherrscht werden. Vor ca. 12.000 Jahren begannen Sesshaftigkeit und Zivilisation mit der Erfindung von Viehzucht und Ackerbau. Die Kultur begann vor 5.100 Jahren mit der Erfindung der Schrift durch die Sumerer, und heute besiedelt der Mensch den ganzen Globus und glaubt, ihn zu beherrschen. Dass er das nicht wirklich tut, zeigt ihm der Kampf gegen die Klimaverschlechterung, der der Kampf von unwilligen blutigen Amateuren gegen Windmühlen zu sein scheint.

Es ist schier unglaublich, was die Natur mit ihren Gesetzen erreicht hat, mit dem simplen Prinzip von zufälligen Änderungen und strenger Auslese nach Nützlichkeit.

Wenn man den Erfolg dieser Methode bei Entstehung und Entwicklung des Lebens richtig einschätzen will, muss man bedenken, welche unendlich langen Zeiträume vergingen und wie unendlich viele Wiederholungen der Prozeduren geschehen mussten, um den heutigen Stand zu erreichen. Aber schon der kleinste Fortschritt verbessert die Ausgangslage für den nächsten Schritt, und der wird dann ein winzig kleines bisschen leichter. Die strenge Verknüpfung von *Veränderung* und *Auslese* ist die Voraussetzung des Erfolgs.

Oft trifft man Menschen, die die rein zufällige Veränderung als Basis der Evolution nicht akzeptieren wollen, da sie den Zufall für ein minderwertiges Prinzip halten. Dem ist aber entgegenzuhalten, dass diese Zufälligkeit die große Stärke des Verfahrens ist. Der Zufall – im Gegensatz z. B. zu den Ingenieuren in einem Konstruktionsbüro – lässt keine Option aus, und sähe sie anfangs auch noch so wenig erfolgversprechend aus. Daher nutzt die Evolution *jede* Chance, auch wenn die Methode mit großem Aufwand (aufgrund der kleinen Schritte werden viele Generationen der Auslese benötigt) und einer Vielzahl von Irrwegen und Sackgassen verbunden ist.

Abschließend muss festgestellt werden, dass das Leben in allen seinen Aspekten zwangsläufig entstanden ist. Alles, was in der Natur geschieht, geschieht ohne irgendjemandes Zutun, weil es durch die Naturgesetze erzwungen wird. Alle physikalischen und chemischen Reaktionen werden durch die Umgebungsbedingungen gesteuert und laufen ab in der Richtung, in der die gesamte freie Energie des Systems verringert wird. Mit der Strahlung der Sonne wird immer wieder neue Energie nachgeliefert, und damit ist die Sonne die eigentliche Quelle des Lebens auf der Erde.

Die beschriebenen physikalischen und chemischen Gesetzmäßigkeiten sind nicht auf die Erde beschränkt, sondern sie gelten in vollem Umfang im gesamten Universum. Es ist also zu erwarten, dass die wahrscheinlich existierenden Lebensformen auf Planeten anderer Sterne der Milchstraße und in fernen Galaxien prinzipiell ähnliche Entwicklungen durchlaufen haben und zum Leben auf der Erde durchaus Ähnlichkeiten und Parallelen aufweisen.

Anhang

A Hierarchie der Strukturen des Lebens

Materielle Strukturen:

Atome	(Kap. 3)
Moleküle	(Kap. 5)
Molekülaggregate	(Kap. 10)
Prokaryontenzellen (kleine Zellen)	(Kap. 14)
Eukaryontenzellen (große Zellen mit Zellorganellen)	(Kap. 24)
Zellaggregate	(Kap. 25)
Gewebe	
Organellen	
Organe	
Körperteile	
Körper	

Soziale Strukturen des Menschen:

Familie
Stamm
Volk
Menschheit

Weitere Strukturen des Lebens:

Ganze Tierwelt
Domäne der Eukaryonten
Ganze Welt des Lebens

Die Anatomie als Gebiet der Medizin ging historisch den umgekehrten Weg; sie begann ihre Untersuchungen der Strukturen beim Gesamtkörper und den Körperteilen, ging über Mikroskopie und Elektronenmikroskopie immer mehr ins Detail und ist heute bei den Molekülen und Atomen angekommen.

B Gliederung des Lebendigen

Wir haben heute eine lebende Natur, die in 2 primäre prokaryontische Domänen und eine sekundäre eukaryontische mit 3 Reichen eingeteilt werden kann:

https://doi.org/10.1515/9783110783155-032

Archäen   (früher: „Archebakterien“, die urigen)
Bakterien   (früher: „Eubakterien“, die „normalen“)
Eukaryonten: 3 Reiche: Pflanzen
                          Pilze
                          Tiere
Das *Tier*reich: 8 Stämme: Urtiere (Protozoen, einzellig, z. B. Amöben)
                              Schwämme
                              Hohltiere (z. B. Quallen)
                              Würmer
                              Stachelhäuter (z. B. Seesterne)
                              Weichtiere (z. B. Schnecken)
                              Gliederfüßler (z. B. Insekten)
                              Wirbeltiere
Der Stamm der *Wirbeltiere*: 5 Klassen: Fische
                                           Amphibien
                                           Reptilien
                                           Vögel
                                           Säugetiere
Die Klasse der *Säugetiere*: u. a. folgende Ordnungen:
                              Schnabeltiere
                              Beuteltiere
                              Zahnarme (z. B. Ameisenbär)
                              Flattertiere (z. B. Fledermaus)
                              Insektenfresser (z. B. Igel)
                              Nagetiere
                              Hasenartige
                              Wale
                              Robben
                              Raubtiere
                              Rüsseltiere
                              Unpaarhufer (z. B. Pferd)
                              Paarhufer (z. B. Rind)
                              Primaten
Die Ordnung der *Primaten*: 4 Familien: Halbaffen
                                           Koboldmakis
                                           echte Affen
                                           Menschenaffen
Zu den *Menschenaffen* zählt biologisch auch die Gattung   **Mensch**.

C Schematische Übersicht über die frühe Entwicklung

Wie es gewesen sein dürfte, aber auch andere Varianten kommen infrage.

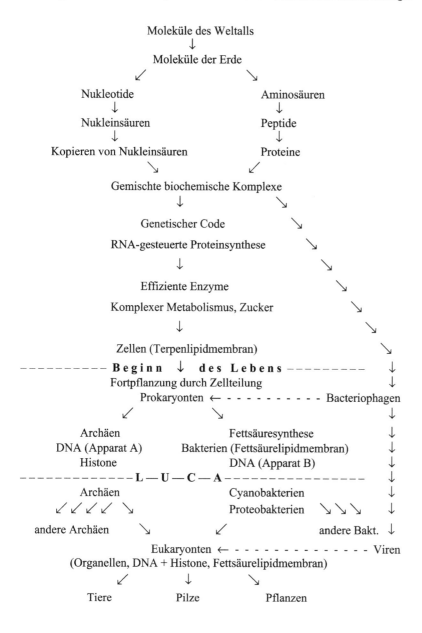

Moleküle des Weltalls
↓
Moleküle der Erde
↙   ↘
Nukleotide   Aminosäuren
↓   ↓
Nukleinsäuren   Peptide
↓   ↓
Kopieren von Nukleinsäuren   Proteine
↘   ↙

Gemischte biochemische Komplexe
↓   ↘

Genetischer Code
RNA-gesteuerte Proteinsynthese   ↘
↓   ↘

Effiziente Enzyme   ↘
Komplexer Metabolismus, Zucker   ↘
↓   ↘

Zellen (Terpenlipidmembran)   ↘
– – – – – – – – – B e g i n n ↓ d e s L e b e n s – – – – – – – – –   ↓
Fortpflanzung durch Zellteilung   ↓
Prokaryonten ← - - - - - - - - - Bacteriophagen   ↓
↙   ↘   ↓
Archäen   Fettsäuresynthese   ↓
DNA (Apparat A)   Bakterien (Fettsäurelipidmembran)   ↓
Histone   DNA (Apparat B)   ↓
– – – – – – – – – – – – –L — U — C — A– – – – – – – – – – – – –   ↓
Archäen   Cyanobakterien   ↓
↙ ↙ ↙ ↙ ↘   Proteobakterien   ↘ ↘ ↘   ↓
andere Archäen   ↘   ↙   andere Bakt. ↓
Eukaryonten ← - - - - - - - - - - - - - - Viren
(Organellen, DNA + Histone, Fettsäurelipidmembran)
↙   ↓   ↘
Tiere   Pilze   Pflanzen

D Zeittafel

13,8 Mrd. J.: Entstehung des Universums

~10 Mrd. J.: Entstehung der Milchstraße

4,567 Mrd. J.: Entstehung des Sonnensystems

4,56–4,45 Mrd. J.: Aufbau der Erde, anfangs glutflüssig

4,51 Mrd. J.: Entstehung des Mondes

4,45 Mrd. J.: Ältestes bisher gefundenes Gestein auf dem Mond

4,4 Mrd. J.: Erde etwas abgekühlt, erste Mikrokristalle

4,3 Mrd. J.: Erde weiter abgekühlt, Wasserdampf kondensiert zum Meer

4,2 Mrd. J.: Beginn der präbiotischen chemischen Evolution im Meer

4 Mrd. J.: Ältestes *bisher gefundenes* Gestein auf der Erde

3,8 Mrd. J.: Noch nicht fortpflanzungsfähige individuelle Zellen

3,7 Mrd. J.: Erste Prokaryonten, Fortpflanzung, die Biologie hat begonnen

3,6 Mrd. J.: Früheste als Gesteinsabdrücke nachgewiesene Bakterien

3,3 Mrd. J.: Schwefelwasserstoffphotosynthese (heute: Purpurbakterien)

2,7 Mrd. J.: Cyanobakterien, Photosynthese, Beginn der Sauerstoffproduktion

2,2 Mrd. J.: Sauerstoffüberschuss beginnt, in die Atmosphäre zu entweichen

2,1 Mrd. J.: Eiseneinlagerung in Gesteinen: Wechsel von Fe^{2+} zu Fe^{3+}

1,9 Mrd. J.: Sauerstoffatmende Proteobakterien

1,8 Mrd. J.: Eukaryonten mit Mitochondrien (endosymbiot. Proteobakterien)

1,6 Mrd. J.: Eukaryonten entwickeln Zellkern

1,4 Mrd. J.: Eukaryonten mit Chloroplasten (endosymbiot. Cyanobakterien)

1,2 Mrd. J.: Auftrennung in einzellige Pilze, Pflanzen und Tiere

800 Mio. J.: Erste Mehrzeller, komplexe Organismen

600 Mio. J.: Beginn der sexuellen Fortpflanzung

541 Mio. J.: Erste Lebewesen von mit bloßem Auge sichtbarer Größe

500 Mio. J.: Erste Wirbeltiere entstehen

410 Mio. J.: Pflanzen (Algen) gehen an Land

400 Mio. J.: Tiere (Würmer, Weichtiere, Krabbentiere) gehen an Land

200 Mio. J.: Genug Sauerstoff in der Atmosphäre für menschliches Überleben

190 Mio. J.: Erste Säugetiere

80 Mio. J.: Erste Primaten

25 Mio. J.: Erste Menschenaffen

6 Mio. J.: Trennung der Entwicklungslinien Mensch – Schimpanse

4 Mio. J.: Aufrechter Gang

3 Mio. J.: Erste Herstellung von Steinwerkzeug zum Schneiden

2,8 Mio. J.: Erste Frühmenschen, Gattung *Homo*

2 Mio. J.: Beherrschung des Feuers

1,9 Mio. J.: Benutzung des Feuers zum Zubereiten der Nahrung

700.000 J.: *Homo erectus*, unser unmittelbarer Vorfahr erobert die Welt

300.000 J.: *Homo sapiens*, der moderne Mensch erscheint in Afrika

100.000 J.: *Homo sapiens* verlässt Afrika und erobert auch den Rest der Welt

12.000 J.: Beginn von Sesshaftigkeit und Zivilisation

E Einige Grundlagen der Physik

E.1 Der Zweite Hauptsatz der Thermodynamik

Für den Chemiker (und damit natürlich auch für den Biochemiker) gehört der Zweite Hauptsatz der Thermodynamik zu den wichtigsten physikalischen Gesetzen. Er war zuerst 1850 von Rudolf Clausius formuliert worden in der Form, dass in einem abgeschlossenen physikalischen System alle Temperaturunterschiede danach streben, sich aufzuheben, so dass im Endzustand überall eine gleichmäßige Temperatur herrscht. Damit können zwischen verschiedenen Bereichen des Systems keine Unterschiede des thermodynamischen Potentials mehr auftreten. Das System ist somit inert, nichts geht mehr. Clausius führte auch den Begriff der Entropie ein, die ein Maß für die Energieentwertung (Energieverfall) des Systems ist.

Der Satz in seiner heutigen Form beschreibt Energieänderungen, die bei einem Vorgang auftreten. In der Formulierung der Physiker lautet seine Formel:

$$\Delta U = \Delta F + T \cdot \Delta S$$

bzw.

$$\Delta F = \Delta U - T \cdot \Delta S$$

U = Innere Energie eines Systems bei der Temperatur T
F = Freie Energie eines Systems bei der Temperatur T
S = Entropie eines Systems bei der Temperatur T
T = Absolute Temperatur
Der griechische Großbuchstabe Delta = Δ kennzeichnet eine Differenz, die Veränderung einer Zustandsgröße bei einem Vorgang. Der Satz betrifft also Veränderungen der Energie bei Vorgängen. Er bedeutet, dass die Änderung der Gesamtenergie aus zwei Teilen besteht: Erstens der Änderung der „freien Energie", und dazu kommt zweitens ein Term, der proportional zur absoluten Temperatur ist und die Änderung der schlecht vorstellbaren und weitgehend unbekannten Größe Entropie enthält.

Die Physik unterscheidet zwei Klassen von Energieformen. Die höherwertigen, die verlustfrei in andere Energieformen umgewandelt werden können, ergeben in ihrer Summe die freie Energie F. In der Klasse der niedrigen Energieformen, die nicht direkt umgewandelt werden können und deren Umwandlung nur aus ihrer Differenz und mit Verlusten möglich ist, findet sich vor allem die Wärme, die den Term $T \cdot \Delta S$ bestimmt.

Die von Clausius so benannte Entropie S hat die Dimension E/T (Energie/Temperatur) und ist ein schwierig zu erfassender Begriff, da es für sie keine direkte Erfahrung im täglichen Leben gibt. Sie ist verbunden mit der Wahrscheinlichkeit des Zustands eines Systems (proportional zum Logarithmus der Wahrscheinlichkeit) und ist ein Maß für seine Unordnung. In einem *abgeschlossenen* physikalischen System kann die *Summe der Entropie* nur zunehmen. Das bedeutet, dass jedes abgeschlossene System immer seinem wahrscheinlichsten Zustand zustrebt, der auch der Zustand der geringsten Ordnung ist. Ein geschlossenes System ist dann im Gleichgewicht, wenn die Entropie ebenso wie die Unordnung ihren Maximalwert erreicht hat.

Die Chemiker ziehen eine alternative Formulierung vor. Bei chemischen Reaktionen ändert sich häufig das Volumen des Systems, vor allem wenn Gase entstehen (z. B. Kohlendioxid bei der Auflösung von Kalkstein mit Säure) oder aber verbraucht werden. Bei Volumenänderungen tritt ein Term der mechanischen Energie in Erscheinung, die die Arbeit darstellt, die beim Zurückschieben der Luft gegen den Atmosphärendruck zu leisten ist. Diese Arbeit entsprich dem Term $p \cdot \Delta V$, wobei p der Druck ist und ΔV die Änderung des Volumens.

Um die Energie der Volumenänderung automatisch zu berücksichtigen, wird die „Wärmefunktion" oder „Enthalpie" H definiert als $H = U + p \cdot V$, und analog dazu definiert man die „freie Enthalpie" $G = F + p \cdot V$, die auch als „Gibbs-Energie" bezeichnet wird. Damit ergibt sich die von den Chemikern bevorzugte Formulierung:

$$\Delta H = \Delta G + T \cdot \Delta S$$

oder

$$\Delta G = \Delta H - T \cdot \Delta S$$

ΔH = gesamte Energieänderung bei der Reaktion
ΔG = Änderung der Gibbs-Energie
Die bei einer chemischen Reaktion im Kalorimeter gemessene Änderung der Energie ΔH (Enthalpie) besteht aus den Komponenten freie Energie (Gibbs-Energie) ΔG und (niederwertiger) Wärmeenergie, die ein Produkt aus der absoluten Temperatur T und der Entropieänderung ΔS ist. Der verlustfrei umwandelbare Energieanteil, die Gibbs-Energie, ist die eigentliche Triebkraft chemischer Reaktionen.

Wie oben erwähnt ist die Entropie S gekoppelt mit der Wahrscheinlichkeit und ist ein Maß für die Unordnung. Ordnung kann nur erzeugt werden, indem freie Energie zugeführt und dadurch Entropie (d. h. Wahrscheinlichkeit und Unordnung) aus dem betrachteten Teilsystem heraus verlagert werden. Dass Ordnung und Energie zusammenhängen, wird jedermann klar beim Aufräumen eines zugemüllten Schreibtischs.

Man wird gelegentlich mit dem Einwand konfrontiert, dass das Leben gar nicht hätte spontan entstehen können, da Leben ja Ordnung bedeute und eine Zunahme der Ordnung als Abnahme der Entropie zu sehen sei, was nach dem Zweiten Hauptsatz der Thermodynamik nicht möglich sei. Dem ist zu entgegnen, dass dieses Gesetz sich nur auf die *Summe* der Entropie in einem *geschlossenen* physikalischen System

(z. B. dem gesamten Universum) bezieht und eine Fluktuation innerhalb und damit auch eine lokale Zu- und Abnahme in Teilen des Systems jederzeit zulässt. Dafür ist ein Transfer von freier Energie erforderlich, der für die Erde hauptsächlich durch die Sonnenstrahlung von der Sonne auf die Erde stattfindet. Die Sonne sendet also freie Energie und übernimmt damit die Entropie, die auf der Erde durch die Erzeugung von Ordnung in den Komponenten des Lebens freigesetzt wird.

Die beschriebenen Gesetze aus dem Bereich Physikalische Chemie wurden dem ausführlichen Lehrbuch von John Eggert (Eggert, 1960) und dem kompakteren Lehrbuch von Hermann Ulich und Wilhelm Jost (Ulich & Jost, 1960) entnommen.

E.2 Gesetze zur Strahlung eines Schwarzen Körpers

Ein Schwarzer Körper steht im Energiegleichgewicht mit seiner Umgebung. Das bedeutet, dass er immer die gleiche Leistung abstrahlt, die ihm zugeführt wird, z. B. durch Strahlung von außen oder durch Kernreaktionen im Inneren. Ein wahrer schwarzer Körper absorbiert alles Licht, das auf ihn trifft, ist also noch viel schwärzer als ein Stück Kohle. Da so etwas in Realität nicht existiert, wird er im physikalischen Laboratorium dargestellt durch einen Hohlraum mit einer sehr kleinen Öffnung. Alles Licht, das durch die Öffnung in den Hohlraum fällt, kann nicht mehr entkommen, da es von den Wänden (gegebenenfalls nach mehrfacher Reflexion) absorbiert wird. Das vom Schwarzen Körper (also dem Hohlraum) abgegebene Licht kann durch die Öffnung entweichen und gemessen werden.

Die im folgenden beschriebenen Gesetze werden nicht in voller Ausführlichkeit vorgestellt. Da diese Gesetze im vorliegenden Text (Kap. 4, „Die junge Erde") nur zum Vergleich von Himmelskörpern benutzt werden, genügt es an dieser Stelle, nur die Proportionalitäten darzustellen. Proportional bedeutet, dass Dinge sich immer nur im gleichen Verhältnis zueinander verändern.

1. Stefan–Boltzmann-Gesetz: $P_{\text{gesamt}} \sim T^4$

Das von Josef Stefan experimentell gefundene und von Ludwig Boltzmann durch theoretische Ableitung aus der Thermodynamik bestätigte Gesetz beschreibt den Zusammenhang zwischen der Temperatur eines Schwarzen Körpers und der von ihm abgegebenen Strahlungsleistung. Die Summe der gesamten Strahlungsleistung über alle Wellenlängen hinweg ist proportional zur vierten Potenz der absoluten Temperatur. Bei Verdoppelung der Temperatur steigt die Strahlungsleistung also auf das 2^4-Fache, das 16-Fache.

2. Wiensches Verschiebungsgesetz: $v_{\text{max}} \sim T \quad \lambda_{\text{max}} \sim 1/T$

Das von Wilhelm Wien gefundene Gesetz beschäftigt sich mit der Verteilung der Wellenlängen (den Spektren) der abgegebenen Strahlung. Wien fand, dass die Lage des Strahlenmaximums, d. h. die Wellenlänge, bei der die Kurve den Punkt der höchsten Leistung aufweist, umgekehrt proportional zur absoluten Temperatur ist. Bei Verdoppelung der Temperatur verschiebt sich das Maximum der Strahlungsenergie also zur halben Wellenlänge, die Farbe des emittierten Lichts verschiebt sich in der Richtung von Rot nach Blau. Halbe Wellenlänge entspricht einer Verdoppelung der Frequenz des Lichts.

3. Plancksches Strahlungsgesetz: $I_{max} \sim T^3$

Nachdem einige Physiker an der Aufgabe gescheitert waren (dem einen gelang es nur, den linken Ast der Kurve zu modellieren, der andere schaffte dasselbe mit dem rechten Ast), gelang es Max Planck, den ganzen Verlauf des gemessenen Spektrums theoretisch darzustellen. Dabei ist die Strahlungsleistung *am Maximum des Spektrums* (d. h. die Höhe der Kurve im Maximum) proportional zur dritten Potenz der absoluten Temperatur. Doppelte Temperatur bedeutet also 8-fache Strahlung bei der Wellenlänge des Maximums (und nach Stefan und Boltzmann die 16-fache Strahlung über alle Wellenlängen hinweg summiert).

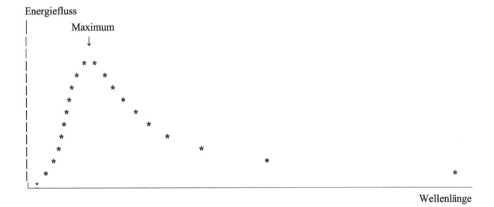

Abb. A.1: Strahlungskurve nach Planck.

Die Kurve hat immer dieselbe Form, unabhängig von der Energie. Wenn der Energiefluss (und damit die Temperatur) steigt, erhöhen sich alle Werte, und das Maximum verschiebt sich zu kürzeren Wellenlängen hin, in Abb. A.1 nach links. Dabei wird die Kurve auch höher. Das Gegenteil geschieht bei fallender Energie/Temperatur, die Form des Kurvenverlaufs bleibt aber immer gleich.

Die Plancksche Theorie erforderte die Annahme, dass das Licht nicht kontinuierlich ausgesandt wird, sondern diskontinuierlich in kleinen Paketen, die Planck „Quanten" nannte. Albert Einstein experimentierte später mit diesen Lichtquanten und ihrer Fähigkeit, beim Auftreffen auf bestimmte Substanzen elektrische Energie freizusetzen. Dieser „photoelektrische Effekt" brachte ihm den Nobelpreis und uns zuerst die Photozelle und den Belichtungsmesser zum Photographieren und später den photovoltaischen Solarstrom.

Die beschriebenen Gesetze aus dem Bereich Physik wurden dem Lehrbuch „Gerthsen Physik" von Dieter Meschede (Meschede, 2010) entnommen.

F Geologische Altersbestimmungen

Die allgemein bekannten herkömmlichen Altersbestimmungsmethoden der Archäologie reichen bei weitem nicht weit genug zurück, um für Probleme der frühen Geologie anwendbar zu sein. Die C^{14}-Methode (β-Zerfall des Kohlenstoffisotops C^{14}) ist bis etwa 50.000 Jahre verwendbar, die Thermolumineszenz von Quarz- und Feldspatkristallen bis maximal 500.000 Jahre. Für Anwendungen, die bis zur Zeit der jungen Erde zurückreichen, kann man nur den Zerfall sehr langlebiger radioaktiver Isotope verwenden. Radioaktiver Zerfall verläuft völlig gleichmäßig und unabhängig von äußeren Bedingungen wie Temperatur und Druck.

Dafür geeignet sind $Uran^{238}$ mit einer Halbwertzeit von 4,51 Mrd. Jahren, $Uran^{235}$ mit 713 Mio. Jahren und $Thorium^{232}$ mit 13,9 Mrd. Jahren Halbwertzeit für den jeweils ersten Schritt der Zerfallskette. Die Folgeschritte sind so schnell, dass ihr Zeitverbrauch keine Rolle spielt. Die stabilen Endprodukte dieser drei Ausgangsisotope sind $Blei^{206}$, $Blei^{207}$ und $Blei^{208}$. Mit modernen Massenspektrometern können kleinste Mengen dieser entstandenen Bleiisotope genau bestimmt werden. Durch die Bestimmung der Menge an Ausgangsstoffen (Uran und Thorium) und der Menge an Endprodukten (die Bleiisotope) kann man mittels der Halbwertzeiten das Alter der Probe sehr genau berechnen.

Zirkone sind Kristalle des Silikats des Metalls Zirkon: $Zr(SiO_4)$. Es sind extrem stabile Kristalle von hohem Schmelzpunkt (1676 °C unter Zersetzung), die auch die meisten geologischen Metamorphosen (Umschmelzen im Erdinneren) überdauern. Die ältesten stammen noch aus der Erstarrungsphase der anfangs glutflüssigen Erde. Zirkone enthalten immer Verunreinigungen durch alle möglichen Substanzen in sehr geringen Mengen. Die als Verunreinigungen in Zirkonen vorhandenen Uran-, Thorium- und Bleiisotope werden für die Altersbestimmungen der Zirkone benutzt. Dieselbe Methode kann auch mit Monazitkristallen (Phosphat des Metalls Cer, $CePO_4$) durchgeführt werden, die ähnlich stabil wie Zirkone sind und ebenfalls Verunreinigungen von Uran, Thorium und ihren Zerfallsprodukten enthalten.

Hier die Zerfallsreihen der erwähnten radioaktiven Materialien mit α- und β-Zerfallsschritten:

$$\mathbf{U^{238}}(\alpha) > Th^{234}(\beta) > Pa^{234}(\beta) > U^{234}(\alpha) > Th^{230}(\alpha) > Ra^{226}(\alpha) > Rn^{222}(\alpha) > Po^{218}$$

$$(\alpha) > Pb^{214}(\beta) > Bi^{214}(\beta) > Po^{214}(\alpha) > Pb^{210}(\beta) > Bi^{210}(\beta) > Po^{210}(\alpha) > \mathbf{Pb^{206}}$$

$$U^{235}(\alpha) > Th^{231}(\beta) > Pa^{231}(\alpha) > Ac^{227}(\beta) > Th^{227}(\alpha) > Ra^{223}(\alpha) > Rn^{219}$$
$$(\alpha) > Po^{215}(\alpha) > Pb^{211}(\beta) > Bi^{211}(\alpha) > Tl^{207}(\beta) > \mathbf{Pb^{207}}$$

$$\mathbf{Th^{232}}(\alpha) > Ra^{228}(\beta) > Ac^{228}(\beta) > Th^{228}(\alpha) > Ra^{224}(\alpha) > Rn^{220}(\alpha) > Po^{216}$$
$$(\alpha) > Pb^{212}(\beta) > Bi^{212}(\beta) > Po^{212}(\alpha) > \mathbf{Pb^{208}}$$

G Einige Grundlagen der Chemie

G.1 Atome und Allgemeines

Die normale Materie setzt sich aus kleinsten Einheiten zusammen, den Atomen (griechisch *atomos* = unteilbar). Es gibt mehr als 100 Typen davon, die nur aus einem einzigen Atomtyp gebildeten Stoffe nennt man Elemente. Die logische Anordnung dieser Elemente sortiert nach Kernladungszahl und Zahl der Elektronen nennt man das Periodensystem der Elemente.

Atome bestehen aus einem elektrisch positiv geladenen Kern und einer aus negativ geladenen Elektronen bestehenden Hülle. Der Kern besteht aus Protonen, deren Anzahl (die Ordnungszahl eines Elements) die elektrische Ladung des Kerns und damit die Identität und den chemischen Charakter des Elements bestimmt, sowie ungeladenen Neutronen, deren Anzahl variieren kann (Isotope eines Elements mit unterschiedlicher Masse bzw. Gewicht des Kerns).

Die Hülle besteht aus Schalen (bezeichnet als K, L, M, N, usw.), die ihrerseits wieder in Bahnen unterteilt sind (benannt s, p, d, f, usw.). Die Schalen besitzen eine von innen nach außen zunehmende Anzahl von Bahnen, die ihrerseits wiederum eine zunehmende Zahl von Orbitalen (Umlaufbahnen mit je einem Elektronenpaar) enthalten. Die wichtigsten sind:

K-Schale:	$1s = 1$ Orbital $= 2$ Elektronen	insgesamt 2 Elektronen
L-Schale:	$1s = 2e^- + 3p = 6e^-$	insgesamt 8 Elektronen
M-Schale:	$1s = 2e^- + 3p = 6e^- + 5d = 10e^-$	insgesamt 18 Elektronen
N-Schale:	$1s = 2e^- + 3p = 6e^- + 5d = 10e^- + 7f = 14e^-$	insgesamt 32 Elektronen

Die äußerste Elektronenschale der Atome wird dabei nur auf bis zu acht Elektronen aufgefüllt, so dass chemische Reaktionen immer mit 8 Außenelektronen stattfinden. Eine Ausnahme bilden die Atome der ersten Reihe des Periodensystems der Elemente, Wasserstoff und Helium, die nur eine K-Schale aufweisen, die nur zwei Elektronen enthalten kann. Falls höhere Schalen (ab M) eine Zahl von Elektronen enthalten können, die höher ist als 8, werden diejenigen in den d- und f-Bahnen erst später aufgefüllt, so dass die jeweils äußerste Schale immer auf 8 Elektronen begrenzt ist.

Die Masse (das „Atomgewicht" AG) der Atome wird hauptsächlich von der Anzahl der Protonen und Neutronen im Kern bestimmt, da die Elektronen der Hülle sehr leicht sind und nur sehr wenig beitragen. Das Atomgewicht der unterschiedlichen Atomtypen steigt mit der Ordnungszahl OZ. Da die wirkliche Masse eines Atoms in Gramm extrem gering ist, hat man relative Zahlen eingeführt; die Reihe der Elemente beginnt mit Wasserstoff, dessen Kern nur ein Proton enthält und der auf den Zahlenwert AG = 1 gesetzt wurde. Hier eine Liste der für das Leben wichtigsten Elemente mit ihren Elementsymbolen:

H	Wasserstoff (lat. hydrogenium)	OZ = 1,	AG = 1
C	Kohlenstoff (lat. carbonium)	OZ = 6,	AG = 12
N	Stickstoff (lat. nitrogenium)	OZ = 7,	AG = 14
O	Sauerstoff (lat. oxygenium)	OZ = 8,	AG = 16
Na	Natrium (von gr. nitrum = Natron)	OZ = 11,	AG = 23
Mg	Magnesium	OZ = 12,	AG = 24
P	Phosphor (lat. phosphorus)	OZ = 15,	AG = 31
S	Schwefel (lat. sulfur)	OZ = 16,	AG = 32
Cl	Chlor (von gr. chloros = hellgrün)	OZ = 17,	AG = 35,5
K	Kalium	OZ = 19,	AG = 39
Ca	Calcium (lat. calcium)	OZ = 20,	AG = 40
Fe	Eisen (lat. ferrum)	OZ = 26,	AG = 56

Wie erwähnt ist das Atomgewicht das relative Gewicht eines Atoms, ursprünglich bezogen auf Wasserstoff = 1. Die heutige exakte Definition beruht auf dem Kohlenstoffisotop C^{12}, von dem ein Zwölftel des Gewichts zur Basis der Atomgewichte erklärt wurde. Bruchzahlen wie z. B. beim Chlor erklären sich daraus, dass die Elemente als Gemische von Isotopen unterschiedlichen Gewichts (unterschiedlicher Neutronenzahl) vorliegen. Bei den meisten dominiert aber ein Isotop so stark, dass man allgemein mit ganzen Zahlen arbeiten kann.

Ein „Grammatom" eines Elements ist die Menge in Gramm, die dem Atomgewicht entspricht. Ein Grammatom Kohlenstoff sind also 12 g, ein Grammatom Sauerstoff 16 g. Dasselbe System gilt auch für chemische Verbindungen, die Moleküle. Dafür werden die Atomgewichte aller Atome der Verbindung zusammengezählt, was das Molekulargewicht ergibt. Dem Grammatom der Atome entspricht das Mol der Moleküle.

Mittels der Elektronen der jeweils äußeren Schale können sich Atome verbinden; die Wissenschaft der Verbindung von Atomen zu größeren Einheiten (Moleküle) ist die Chemie. Es gibt mehrere Typen von chemischer Bindung. Eine davon ist die Ionenbindung, die auf elektrostatischer Anziehung beruht. Dabei gibt eines der Atome (dasjenige, das nur wenige Elektronen in der äußeren Schale hat) seine Elektronen ab und wird dadurch zum elektrisch positiv geladenen „Kation". Das andere Atom (eines, dessen Außenschale fast voll ist) nimmt die abgegebenen Elektronen auf und wird dadurch zum negativ geladenen „Anion".

Die Ionenbindung ist typisch für Salze. Dabei gibt es keine feste Zuordnung von individuellen Kationen und Anionen, die elektrostatischen Kräfte haben keine Richtung und sind auch nicht auf eine bestimmte Entfernung beschränkt, nehmen aber im Quadrat der Entfernung an Stärke ab. Die ebenfalls auf Elektrostatik (genauer: elektrischer Polarisation) beruhende Wasserstoffbrücke wird ausführlich in Kap. 6 („Wasser") beschrieben.

Die wichtigste chemische Bindung ist die kovalente (feste Verbindung zwischen zwei Atomen) und besteht im häufigsten Fall aus einem Elektronenpaar, zu dessen Bildung jedes der beteiligten Atome ein Elektron beisteuert. Kovalente Bindungen bestehen zwischen individuellen Atomen, die Abstände und die Ausrichtung (Geometrie im Raum) sind dabei festgelegt. Kovalente Bindungen sind nach außen elektrisch neutral. Für die Chemie des Lebens sind sie von zentraler Wichtigkeit, Ionenbindungen spielen hier nur eine Nebenrolle.

Durch chemische Bindung(en) wird die jeweils äußerste Elektronenschale aufgefüllt auf ihr Maximum von acht Elektronen (ab L-Schale). Bei Elementen der zweiten Reihe des Periodensystems, deren äußere Schale die L-Schale ist, sind beim Vorliegen chemischer Bindungen die Elektronen paarweise in vier sp^3-hybridisierten Orbitalen (Hybride aus einer s- und drei p-Elektronenbahnen) untergebracht, die sich vom Atomrumpf in Form eines Tetraeders nach außen erstrecken. Aufgrund dieser Geometrie stehen die Orbitale in einem Winkel von 109° zueinander. Die so hybridisierten Elektronen nennt man σ-Elektronen, die Bindungen (ausschließlich Einfachbindungen) σ-Bindungen.

Bei Vorliegen einer Doppelbindung tritt eine sp^2-Hybridisierung auf, wobei die erste Bindung wieder von hybridisierten σ-Elektronen gemacht wird, die zusätzliche Bindung von nicht hybridisierten π-Elektronen. Bei der sp^2-Hybridisierung sind die drei resultierenden σ-Bindungen in einer Ebene angeordnet, mit Winkeln von 120° zwischen den Bindungen. Ähnlich ist es bei einer Dreifachbindung mit der Hybridisierung sp^1 oder sp. Dabei gibt es nur noch zwei σ-Bindungen, die in einer Linie angeordnet sind mit Bindungswinkel 180°.

Die Zusammensetzung einer Verbindung stellt man dar als chemische Summenformel. Beispielsweise besteht ein Molekül Kohlendioxid aus einem Atom Kohlenstoff (Symbol „C") und zwei Atomen Sauerstoff (Symbol „O") und hat die Summenformel CO_2. Falls die Bindungen in ihrer Orientierung fixiert sind, kann man auch den „Bauplan" einer Verbindung darstellen, die sogenannte Strukturformel. Als Beispiel in Abb. A.2 die von Essigsäure. Die Form „CH_3-COOH" stellt einen Mittelweg dar. Dabei wird das Molekül in der Form der Atomgruppen beschrieben, aus denen es zusammengesetzt ist. Der Fachmann kann daraus im Allgemeinen die komplette Strukturformel ableiten.

Oft treten sogenannte Isomere auf, Verbindungen mit derselben Zusammensetzung aber unterschiedlicher Anordnung der Atome (Abb. A.5). Dafür werden oft die Atome des Molekülgerüsts durchnummeriert, damit der Punkt der Anknüpfung einer bestimmten Gruppe genau definiert werden kann. Die Fakten und Erkenntnisse aus

Abb. A.2: Essigsäure.

dem Bereich „Allgemeine Chemie" sind zum größten Teil im Lehrbuch von Arnold F. Hollemann und Egon Wiberg (Hollemann & Wiberg, 1960) beschrieben.

G.2 Reaktionskinetik und Reaktionsenergie

Nach der Regel von van't Hoff (einer allgemeinen Faustregel der Chemiker) erhöhen sich die Geschwindigkeiten chemischer Reaktionen bei einer Steigerung der Temperatur um 10 °C im Allgemeinen um einen Faktor von 2–4. Dass bei höherer Temperatur alles schneller geht, hat folgenden Grund: Je höher die Temperatur ist, desto schneller bewegen sich die Moleküle des Lösungsmittels, in dem die Reaktion stattfindet, und desto stärker sind ihre Stöße auf die Reaktionspartner. Je mehr Stoßenergie diese bekommen, desto häufiger sind dann die Voraussetzungen für den Start einer chemischen Reaktion erfüllt. Das nennt man Zufuhr von „Aktivierungsenergie".

Praktisch alle chemischen Reaktionen sind reversibel, d. h. sie laufen in beiden Richtungen ab. So wie zwei Nukleotide durch Abspaltung von Wasser verbunden werden können, so können sie durch Einfügen von Wasser wieder getrennt werden, die Reaktion läuft einfach rückwärts. Die Auftrennung durch Wasser nennt man Hydrolyse.

$$A + B \rightleftharpoons C + D + \Delta G$$

Die Geschwindigkeit der Vorwärtsreaktion ist proportional zum Produkt der Konzentrationen von A und B (eckige Klammern symbolisieren die Konzentration eines Stoffes), die der Rückreaktion proportional zu dem der Konzentrationen von C und D:

$$v_{\text{vorwärts}} = k_{\text{vorwärts}} \cdot [A] \cdot [B] \quad v_{\text{rückwärts}} = k_{\text{rückwärts}} \cdot [C] \cdot [D]$$

Die Proportionalitätskonstanten („Geschwindigkeitskonstanten") $k_{\text{vorwärts}}$ und $k_{\text{rückwärts}}$ sind abhängig von der freien Reaktionsenergie ΔG, der Änderung der Gibbs-Energie während der Reaktion. Im Laufe der Zeit stellt sich zwischen Vor- und Rückwärtsreaktion ein Gleichgewicht ein. Wenn dieses erreicht ist, ändert sich die Konzentration der Ausgangssubstanzen A und B und die der Produkte C und D nicht mehr, da immer dieselbe Menge C und D entsteht, die wieder in A und B zurückgeführt wird.

Der Grund für die Asymmetrie der Gleichgewichtslage, für den Unterschied der Geschwindigkeiten von Vorwärts- und Rückwärtsreaktion, d. h. der verschiedenen Werte der Geschwindigkeitskonstanten $k_{\text{vorwärts}}$ und $k_{\text{rückwärts}}$ ist die Verbindung dieser Konstanten mit der Gibbs-Energie ΔG, der chemischen Energie, die in den Reaktionen verbraucht oder freigesetzt wird. Auch die chemische Triebkraft („Chemisches Potential") von Substanzen hat damit zu tun.

Je mehr freie Energie in einer Richtung freigesetzt wird, desto schneller ist die Reaktion in dieser Richtung, je mehr freie Energie verbraucht wird, desto langsamer (wenn die Reaktion in dieser Richtung denn überhaupt läuft). Die schnellere Anfangsgeschwindigkeit ist also in derjenigen Reaktionsrichtung, in der Energie freigesetzt wird, die langsamere in der, in der Energie verbraucht wird. Das spiegelt sich in der Menge von A, B, C und D beim Gleichgewicht wider. Die Lage des Gleichgewichts (die Gleichgewichtskonstante) ist der Quotient aus Vorwärts- und Rückwärtsgeschwindigkeit:

$$K_{\text{Gleichgewicht}} = k_{\text{vorwärts}}/k_{\text{rückwärts}} = ([C] \cdot [D])/([A] \cdot [B])$$

Der Zusammenhang zwischen der Gleichgewichtskonstanten K_G und der Änderung der freien Reaktionsenergie ΔG ergibt sich nach den Gesetzen der physikalischen Chemie zu

$$\Delta G = -R \cdot T \cdot \ln K_G \quad \text{bzw.} \quad K_G = e^{(-\Delta G/R \cdot T)}$$

Dabei ist R die allgemeine Gaskonstante und T die absolute Temperatur. Man beachte, dass der Zusammenhang logarithmisch ist, das bedeutet, dass eine Verdoppelung der freien Energie eine Vervielfachung der Gleichgewichtskonstanten bewirkt.

Da sich bei der Kondensation von Nukleotiden in wässriger Lösung im Laufe der Reaktion weder die Zahl der Moleküle noch die Summe ihrer Freiheitsgrade der Bewegung noch Druck oder Volumen ändern, ist die Änderung der Ordnung des Systems und damit die Änderung der Entropie sehr klein. Für ungefähre Abschätzungen können wir sie vernachlässigen und betrachten die in Kap. 9 („Reaktionsenergie zum Polymerisieren") angegebenen Energiewerte als freie Energie.

Die Gleichgewichtslage ist auch mehr oder weniger von der Temperatur abhängig. Je höher die Temperatur, desto geringer ist der Einfluss des Energiebedarfs bzw. Energiegewinns.

In der Biochemie, der Chemie des Lebenden, finden alle chemischen Reaktionen ausschließlich in Wasser statt. Bei Anwendung der Reaktions- und Gleichgewichtsgleichung auf die Biochemie sind die Komponenten A und B entweder Monomere (Nukleotide, Aminosäuren oder Saccharide), oder aber jeweils ein Monomer und ein zu verlängerndes Oligomer (Oligonukleotide, Peptide oder Oligosaccharide). Die Reaktionsgleichung für Dimerisierung lautet dann z. B.

$$\text{Monomer A} + \text{Monomer B} \rightleftharpoons \text{Dimer AB} + \text{Wasser} + \Delta G$$

Dabei sind die Reaktionsgeschwindigkeiten

$$v_{\text{vorwärts}} = k_{\text{vorwärts}} \cdot [\text{Monomer A}] \cdot [\text{Monomer B}]$$
$$v_{\text{rückwärts}} = k_{\text{rückwärts}} \cdot [\text{Dimer AB}] \cdot [\text{Wasser}]$$

In Wasser als Lösungsmittel ist die Konzentration der Wassermoleküle (quasi die Molarität des reinen Wassers)

$$[\text{Wasser}] = \mathbf{55}\,\text{molar}$$

Da die Konzentration der Monomere und Oligomere bei Biosynthesen im Allgemeinen zwischen mikromolar und millimolar liegt, ist die Konzentration des Wassers etwa millionenfach höher als die Konzentrationen der anderen Reaktionspartner. Das hat folgende Konsequenzen:

Für die Vorwärtsreaktion: Abspaltung eines Wassermoleküls bei ungünstiger Gleichgewichtslage gegen eine *Flut von Wasser* ist eine ungeheure Herausforderung. Dazu kommt eine ungünstige Gleichgewichtskonstante, die Synthesereaktionen sind praktisch unmöglich.

Für die Rückreaktion: Ein Wassermolekül aus einem unerschöpflichen Vorrat einzufügen, funktioniert wie geschmiert, quasi von allein. Glücklicherweise sind die Zerfallsreaktionen durch Hydrolyse an und für sich sehr langsam, sie haben eine hohe Aktivierungsenergie und sind daher „kinetisch gehemmt"; Hydrolyse ist aber auf sehr lange Zeit kaum zu stoppen.

Die Folgerung: In wässriger Lösung lassen sich aus einfachen Monomeren durch simple Abspaltung von Wasser keine Kettenmoleküle herstellen. Man benötigt sogenannte „aktivierte" Monomere, bei deren Kondensation nicht Wasser- sondern andere Moleküle abgespalten werden, beispielsweise Phosphat. Damit taucht das Wasser in der Reaktionsgleichung nicht mehr auf.

Zu den Betrachtungen der Energie ist in Zusammenhang mit der Katalyse noch etwas zu ergänzen. In Abb. A.3 ist der Energieverlauf einer Reaktion dargestellt. Zuerst muss von der Umgebung Energie zur Verfügung gestellt werden, um die Barrieren zu überwinden, die sich der Bewegung der Atome und Moleküle entgegenstellen. Diese Energie nennt man die Aktivierungsenergie. Sie wird jedoch im Laufe der Reaktion wieder „zurückgezahlt", so dass sie sich nicht auf die Bruttoreaktionsenergie auswirkt. Diese ist der Energieunterschied zwischen dem Energieniveau des Systems vor der Reaktion („vorher", in Abb. A.3 links) und dem Energieniveau nach der Reaktion („nachher" in Abb. A.3) und wird durch Katalyse nicht verändert, so dass auch das Reaktionsgleichgewicht immer dasselbe bleibt. Wie des Öfteren erwähnt, erhöhen Katalysatoren durch Senken der Aktivierungsenergie lediglich die Geschwindigkeit der Einstellung, verändern aber nicht das Gleichgewicht selbst.

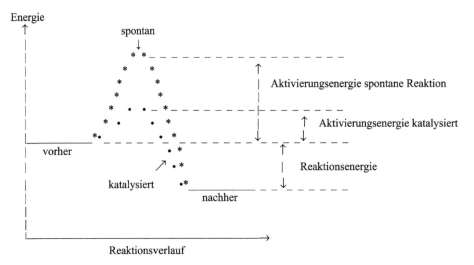

Abb. A.3: Energieverlauf bei chemischen Reaktionen. * Verlauf bei spontaner Reaktion; • Verlauf bei katalysierter Reaktion.

G.3 Kohlenstoff – Organische Chemie

Die Atome des Kohlenstoffs sind „vierwertig", d. h. die vier Elektronen der äußeren Schale des Atoms bilden mit vier Elektronen anderer Atome bindende Elektronenpaare. Kohlenstoff geht Einzel-, Doppel- und Dreifachbindungen ein.

Kohlenstoffatome können an ihresgleichen binden und dabei extrem lange Ketten ausbilden, wie sie z. B. bei Kunststoffen vorliegen. Kohlenstoff bindet auch stabil an eine Reihe anderer Elemente (H, O, N, S, Cl, F, Br, J, Se). Von diesen ist Wasserstoff („H") einwertig, d. h. er bildet stets nur eine einzige chemische Bindung aus. Sauerstoff („O") ist zweiwertig und bindet entweder mit zwei Einzelbindungen an zwei verschiedene Partneratome oder mit einer Doppelbindung an ein einziges. Schwefel („S") und Selen („Se") sind ebenfalls zweiwertig, neigen aber nicht zu Doppelbindungen. Stickstoff („N") ist normalerweise dreiwertig (Einzel-, Doppel- und Dreifachbindungen), kann aber im oxidierten Zustand (z. B. in Nitrogruppen) auch fünfwertig auftreten. Die ebenfalls erwähnten „Halogene" Fluor („F"), Chlor („Cl"), Brom („Br") und Jod („J") sind in der organischen Chemie alle nur einwertig, allerdings treten sie meist in Salzen als elektrisch negativ geladene Anionen auf (F^-, Cl^-, Br^-, J^-).

Alle Atome, außer Kohlenstoff und Wasserstoff, die in der organischen Chemie und der Biochemie auftreten, nennt man Heteroatome. Für die Biochemie ist wichtig, dass Kohlenstoff und direkt daran gebundener Wasserstoff meist nur als inertes Gerüst der Moleküle dienen. Alle wichtigen Aktionen finden an Heteroatomen statt (hauptsächlich an O und N). Im aktiven Zentrum von Enzymen sind daher Aminosäuren mit funktionellen Gruppen (Heteroatomen in den Seitenketten) entscheidend (His, Lys,

Asp, Ser). Peter Hemmerich: „Biochemie ist im Grunde Anorganische Chemie" (persönliche Äußerung).

Das in der Biochemie wichtige Element Phosphor („P") bindet nicht direkt an Kohlenstoff, sondern tritt immer oxidiert auf und ist über eine Sauerstoffbrücke an Kohlenstoff gebunden. Weitere Elemente, Metalle, die nicht an Kohlenstoff binden, liegen als Kationen vor, in elektrisch positiv geladener Form. Das sind Natrium („Na"), Kalium („K"), beide einwertig (Na^+, K^+), Calcium („Ca"), Magnesium („Mg"), beide zweiwertig (Ca^{2+}, Mg^{2+}), dazu das Eisen („Fe"), das in der Biochemie normalerweise zweiwertig auftritt (Fe^{2+}), aber auch zur dreiwertigen Form (Fe^{3+}) oxidiert werden kann.

G.3.1 Kovalente Bindungen

Die kovalenten Bindungen werden hier am Beispiel der Bindung zwischen zwei Kohlenstoffatomen diskutiert. Einfachbindungen sind sogenannte σ-Bindungen (hybridisierte Orbitale) und werden durch ein einziges gemeinsames Elektronenpaar zwischen zwei Atomen gebildet. Um C–C Einfachbindungen besteht Drehbarkeit, d. h. die Teile des Moleküls können gegeneinander rotieren. Die Endsilbe „an" im Namen der Verbindung zeigt an, dass das Molekül nur Einfachbindungen besitzt.

Einfachbindungen:

$$
\begin{array}{cc}
\text{H} & \text{H} \\
| & | \\
\text{H} - \text{C} - \text{C} - \text{H} & (\sphericalangle \cong 109°) \quad \underline{\text{Äthan}} \\
| & | \qquad\qquad\quad \text{C tetraedrisch} \\
\text{H} & \text{H}
\end{array}
$$

Doppelbindungen bestehen aus einer σ-Bindung (hybridisiertes Orbital) und einer zusätzlichen Pi-Bindung (p-Orbital).

Doppelbindung:

$$
\begin{array}{cc}
\text{H} & \text{H} \\
\backslash & / \\
\text{C} = \text{C} & (\sphericalangle \cong 120°) \quad \underline{\text{Äthylen}} \; (= \text{Äthen}) \\
/ & \backslash \qquad\qquad\quad \text{C planar} \\
\text{H} & \text{H}
\end{array}
$$

Die Endsilbe „en" im Namen der Verbindung zeigt eine Doppelbindung im Molekül an. Bei einer Doppelbindung besteht keine Drehbarkeit, d. h. die Teile des Moleküls sind fest und unverdrehbar miteinander verbunden. Der Grund ist, dass die π-Bindung (die zweite Bindung des Doppels) starr ist.

Dreifachbindungen bestehen aus einer σ-Bindung (hybridisiertes Orbital) und zwei zusätzlichen π-Bindungen (p-Orbitale, die senkrecht aufeinander stehen).

Dreifachbindung: $H-C{\equiv}C-H$ ($\sphericalangle = 180°$) <u>Acetylen</u> (= Äthin)

C linear

Die Endsilbe „in" im Namen der Verbindung zeigt eine Dreifachbindung im Molekül an. Bei einer Dreifachbindung besteht wie bei der Doppelbindung keine Drehbarkeit, das ist aber nicht von Bedeutung, da auf beiden Seiten koaxiale Einfachbindungen vorhanden sind, um die rotiert werden kann.

Manchmal treten Bindungen von Kohlenstoff an Kohlenstoff abwechselnd als Einfach- und Doppelbindungen auf, man nennt das „konjugierte Doppelbindungen". In diesen Fällen sind die π-Elektronen der Doppelbindungen durch Resonanz gekoppelt, was das Elektronensystem stabilisiert:

```
H      H   H      H
 \     /    \     /
  C = C      C = C
 /     \    /     \        Hexatrien (planar)
H       C = C      H
       /     \
      H       H
```

Diese Kopplung erlaubt es elektrischen Feldern der π-Bindungs-Elektronen, in Wellenbewegungen den gesamten konjugierten Bereich zu durchqueren, was zu stehenden Wellen führen kann. Ein solches System kann umso stärker mit den elektromagnetischen Lichtwellen in Wechselwirkung treten, je größer der Bereich ist. Das ist der Grund, dass die Moleküle der meisten organisch-chemischen Farbstoffe (Pigmente) ausgedehnte konjugierte Systeme aufweisen und damit Licht gewisser Wellenlängen absorbieren. Das macht sie farbig.

Kohlenstoff bildet auch ringförmige Moleküle, darunter auch Heterozyklen unter Einschluss anderer Elemente (N, O, S):

```
 H H  H H                    H       H
  \ /  \ /                    \       /
H  C -  C  H                   C  =  C
  \ /    \ /                  /        \
   C      C                 H - C      N
  / \    / \                  \\      //
H  C  -  C  H                  C  -  C
  / \   / \                   /        \
 H H  H H                    H          H

  Cyclohexan                   Pyridin
```

Ein Ringsystem, das geometrisch völlig flach ist und drei konjugierte Doppelbindungen enthält, nennt man „aromatisch"; das hier dargestellte Pyridin ist so ein aromatischer Heterozyklus. Ebenso kann ein 5-Ring aromatisch sein, wenn er zwei Doppelbindungen enthält und das fünfte Atom ein Heteroatom ist (z. B. Stickstoff, N), das ein nichtbindendes Elektronenpaar besitzt, welches dann in die Resonanz einbezogen wird. Aromatische Systeme können auch ausgedehnt werden, indem ein zweiter Ring „ankondensiert" wird, so dass insgesamt fünf Doppelbindungen und damit 10 Elektronen in Resonanz stehen. Alle Basen von Nukleotiden sind aromatische Verbindungen.

G.3.2 Oxidationsstufen

Die Reaktion von Molekülen mit Sauerstoff nennt man *Oxidation*. Dasselbe gilt für Reaktionen mit Stickstoff oder Schwefel. Gleichwertig zur Addition von Sauerstoff (Stickstoff, Schwefel) ist der Entzug von Wasserstoff. Ebenso kann man sagen, dass der Entzug von Elektronen (negative Ladung) eine Oxidation darstellt, ebenso wie eine Zufuhr von positiver Ladung. Das Gegenteil der Oxidation ist die chemische *Reduktion*.

Gehen wir aus vom Kohlenwasserstoff Äthan, C_2H_6. Werden ihm zwei Wasserstoffatome entzogen, entsteht eine Doppelbindung (siehe oben, Anhang G.3.1, „Kovalente Bindungen"). Das entstandene Äthen ist also ein Oxidationsprodukt des Äthans. Dasselbe gilt für die Bildung von Dreifachbindungen. Bei der Anlagerung oder der Abspaltung von Wasser ändert sich der Oxidationszustand nicht, Wasser ist vom Standpunkt der Oxidation/Reduktion aus neutral. Lagern wir nun ein Wassermolekül an die Doppelbindung des Äthens an, so öffnet sich die Doppelbindung zur Einfachbindung. Dabei lagert sich an das eine C-Atom eine –OH-Gruppe an, an das andere ein H-Atom. Damit erhalten wir Äthanol/Äthylalkohol (den Alkohol in alkoholischen Getränken), C_2H_5OH:

```
     H   H
     |   |
H –  C – C – O – H        Äthanol, Äthylalkohol
     |   |
     H   H
```

Weitere Oxidation (Entzug von zwei Atomen Wasserstoff) führt zu einem Aldehyd, dem Äthanoloxidationsprodukt Äthanal/Acetaldehyd, C_2H_4O:

```
     H   H
     |   /
H –  C – C          Äthanal, Acetaldehyd
     |   \\
     H   O
```

Verbindungen, bei denen ein Sauerstoffatom mit einer Doppelbindung an ein Kohlenstoffatom gebunden ist, nennt man Carbonylverbindungen. Davon gibt es zwei Arten, die Aldehyde und die Ketone. Von Aldehyden spricht man, wenn neben dem doppelt gebundenen Sauerstoffatom noch ein Wasserstoffatom am Kohlenstoffatom gebunden ist. Dieses kann dann oxidiert werden, und der Aldehyd wird zur Säure. Aldehydgruppen sind daher an einer Kohlenstoffkette immer endständig. Ketone sind dagegen diejenigen Carbonylverbindungen, bei denen neben dem Sauerstoffatom noch zwei weitere Kohlenstoffatome gebunden sind, Ketone sind nicht oxidationsempfindlich. Ihre Namen enden üblicherweise auf „-on". Das einfachste Keton ist das Aceton:

$$
\begin{array}{ccc}
\text{H} & \text{O} & \text{H} \\
| & \| & | \\
\text{H} - \text{C} - \text{C} - \text{C} - \text{H} \\
| & & | \\
\text{H} & & \text{H}
\end{array}
\qquad \text{Propanon, Aceton}
$$

Weitere Oxidation von Acetaldehyd durch Addition eines Sauerstoffatoms führt uns zu Äthansäure/Essigsäure:

$$
\begin{array}{cc}
\text{H} & \text{O} - \text{H} \\
| & / \\
\text{H} - \text{C} - \text{C} \\
| & \backslash\backslash \\
\text{H} & \text{O}
\end{array}
\qquad \text{Äthansäure, Essigsäure}
$$

Man erkennt, dass bei jeder Stufe Oxidation das betroffene Kohlenstoffatom eine Bindung zu Sauerstoff mehr erhält ($0 \rightarrow 1 \rightarrow 2 \rightarrow 3$). Wenn das C-Atom vier Bindungen zu Sauerstoff erreicht hat, liegt Kohlendioxid vor, das Endprodukt der Oxidationen, und wir sind in der anorganischen Chemie angelangt.

Bindungen von Kohlenstoff zu Kohlenstoff sind nur schwer herzustellen und erfordern viel Energie. Sehr viel einfacher zu erzeugen und zu trennen sind Verbindungen von Molekülen über Sauerstoff- oder Stickstoffatome. Solche Kopplungen sind daher im Metabolismus wesentlich häufiger.

G.3.3 Kondensationen

Die Verbindung zweier Alkoholmoleküle (durch Abspaltung von Wasser) führt zu *Äthern*. Zwei Äthanolmoleküle ergeben Diäthyläther, jenen Äther, der früher als Narkosemittel verwendet wurde, $(C_2H_5)_2O$:

```
    H   H       H   H
    |   |       |   |
H – C – C – O – C – C – H        di-Äthyl-Äther
    |   |       |   |
    H   H       H   H
```

Ätherbindungen liegen in der Biochemie vor bei der Kopplung der Oligoterpenalkohole an das Glyzerin in den Phospholipiden der Archäen.

Es können auch zwei Alkohole an einen Aldehyd gebunden werden. Dabei entsteht eine Art Doppeläther, den man *Acetal* nennt. Diese Bindung entsteht bei der Kopplung von Zuckermolekülen. Da die Zucker für unsere Betrachtungen weniger wichtig sind, wird hier auf eine nähere Erklärung verzichtet.

Wenn man auf ähnliche Weise eine Säure (z. B. Essigsäure) durch Entzug eines Wassermoleküls mit einem Alkohol (z. B. Äthanol) verbindet, erhält man einen sogenannten *Ester*, hier Essigsäureäthylester (Nagellackentferner):

```
    H   O
    |   //
H – C – C       H   H              Essigsäureäthylester, Essigester
    |   \       |   |
    H   O – C – C – H
            |   |
            H   H
```

Esterbindungen kommen in der Biochemie häufig vor, beispielsweise in der Kopplung der Fettsäuren an das Glyzerin in den Phospholipiden der Bakterien und der Eukaryonten. Auch sehr viele Naturstoffe sind Ester, z. B. viele Duftstoffe von Blumen und Früchten. Ester der Phosphorsäure sind die für das Leben zentralen Bindungen zwischen den Nukleotiden in den Nukleinsäuren.

Derselbe Mechanismus gilt auch, wenn anstatt eines Alkohols ein Amin an eine Säure gebunden wird. An die Stelle des Sauerstoffs des Alkohols tritt dann Stickstoff. Eine solche Bindung nennt man *Amidbindung*. Aminosäuren enthalten sowohl eine Säuregruppe als auch eine Aminogruppe. Werden Aminosäuren aneinandergekoppelt, nennt man die Amidbindung für diesen Spezialfall eine „*Peptidbindung*" (Abb. 11.4).

Auch zwei Säuremoleküle können durch Wasserabspaltung zusammengefügt werden, was zu *Säureanhydrid* führt. So ergeben zwei Moleküle Essigsäure in diesem Fall das Molekül Essigsäureanhydrid:

```
  H    O
  |    //
H – C – C        H        Essigsäureanhydrid
  |     \        |
  H     O – C – C – H
        //   |
        O    H
```

Anhydride der Phosphorsäure sind die energiereichen Verbindungen (z. B. ATP), die in der lebenden Zelle die Zellenergie überall dorthin bringen, wo sie benötigt wird. Pyrophosphorsäure ist das einfache Phosphorsäureanhydrid.

Die beschriebenen Verbindungen von Molekülen, Äther-, Acetal-, Ester-, Amid- (Peptid-) und Anhydridbindung, können alle durch das Einschieben von Wasser (Hydrolyse) wieder getrennt werden, unterscheiden sich aber erheblich in ihrer Stabilität, d. h. in der Empfindlichkeit gegen die Hydrolyse.

Ätherbindungen sind extrem stabil, weder Säure (niedriger pH) noch Lauge (hoher pH) katalysieren die Hydrolyse in nennenswertem Maße. Die Hydrolyse der Acetalbindung kann durch Säure katalysiert werden, durch Lauge kaum. Die Esterbindung ist jedoch sowohl gegen Säure als auch gegen Lauge sehr empfindlich. Amide bzw. Peptide werden ebenfalls durch Säure und durch Lauge gespalten, aber mit geringerer Geschwindigkeit als die Ester. Die Anhydride sind wohl von allen die empfindlichsten, sie werden von Wasser schon spontan, ohne Katalyse, recht leicht gespalten (mit Ausnahme der relativ stabilen Phosphorsäureanhydride).

G.3.4 Isomerie, Tautomerie, Mesomerie

Diese drei Begriffe betreffen Moleküle mit identischer Bruttozusammensetzung (d. h. gleicher Summenformel).

Falls sich zwei Moleküle mit derselben atomaren Zusammensetzung durch die Anordnung der Atome unterscheiden, spricht man von *Isomerie*. Isomere sind unterschiedliche stabile Moleküle, die sich nicht spontan ineinander umwandeln, d. h. nicht in einem Gleichgewicht zueinander stehen. Das gezeigte Beispiel sind die Moleküle n-Butan und Isobutan, die Summenformel beider ist C_4H_{10}.

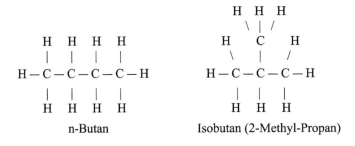

n-Butan   Isobutan (2-Methyl-Propan)

Als *Tautomerie* wird ein Gleichgewicht zwischen zwei Molekülen bezeichnet, bei dem Atome und die dazugehörigen Bindungselektronen ihre Position verändern. Ein Beispiel ist die Keto-Enol-Tautomerie, bei dem ein Keton („on") im Gleichgewicht mit einem Molekül mit Alkoholgruppe und Doppelbindung („en"-„ol") steht. Beim Beispiel Butanon und Buta-2-en-2-ol wechselt ein Wasserstoffatom seine Position, und anstatt einer C=O Doppelbindung entsteht eine C=C Doppelbindung:

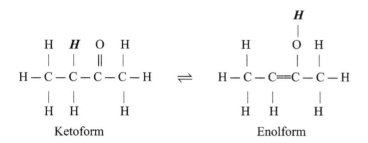

Analog tritt Tautomerie auch bei stickstoffhaltigen Verbindungen auf. Dabei entspricht das Amin dem Alkohol und das Imin dem Keton. Die Tautomerie spielt eine besondere Rolle bei den Basen der Nukleinsäuren, da sie die Eigenschaft der Gruppen als Wasserstoffbrückendonoren und -akzeptoren vertauscht und damit die Ausbildung der Wasserstoffbrücken und damit die Präzision beim Kopieren der Nukleotidketten beeinflussen kann.

Von *Mesomerie* spricht man, wenn sich die Struktur der Bindungselektronen (Doppelbindungen) unterschiedlich darstellen lässt, obwohl in Wirklichkeit nur eine einzige Wellenfunktion der Bindungselektronen vorliegt. Ein bekanntes Beispiel ist der Benzolring. Die beiden unterschiedlich aussehenden Darstellungen sind in der physikalischen Realität des Moleküls völlig identisch. Früher sprach man von Elektronenresonanz, aber dieser Begriff ist irreführend, weil eben nicht Resonanz verschiedener Elektronenstrukturen vorliegt, sondern nur eine einzige Wellenfunktion, die als Überlagerung zweier Formen angesehen werden kann. Man spricht auch von Eineinhalbfachbindungen.

```
     H     H              H     H
      \   /                \   /
       C══C                 C – C
      /   \                //   \\
  H – C     C – H      H – C     C – H
      \\   //      ↔        \   /
       C – C                 C══C
      /   \                 /   \
     H     H              H     H
```

Ein in der Biochemie wichtiges Beispiel der Mesomerie ist die Amidbindung, zwischen Aminosäuren Peptidbindung genannt. Die beiden elektronischen Formen sind

$$^+H_3N - CH - \underset{\underset{R_1}{|}}{C} \overset{\overset{O}{\|}}{-} \underset{\underset{H}{|}}{N} - \underset{\underset{R_2}{|}}{CH} - \overset{\overset{O}{\|}}{C} - O^-$$

und

$$^+H_3N - \underset{\underset{R_1}{|}}{CH} - \overset{\overset{O^-}{|}}{C} = \underset{\underset{H}{|}}{\overset{+}{N}} - \underset{\underset{R_2}{|}}{CH} - \overset{\overset{O}{\|}}{C} - O^-$$

Die Peptidbindung kann mehr oder weniger als 1,5-fache Bindung angesehen werden. Bei ihr ist der Abstand C–N kleiner als bei einem Amin (echte Einfachbindung), aber größer als bei einem Imin (echte Doppelbindung). Aufgrund des partiellen Doppelbindungscharakters ist diese Bindung steif, die Molekülteile können nicht um diese Bindung rotieren.

G.3.5 Enantiomere

Sobald ein Kohlenstoffatom an vier verschiedene Atome oder Gruppen bindet, d. h. vier verschiedene „Substituenten" hat, besitzt die Struktur keine Spiegelebene mehr. Es treten in solchen Fällen jeweils zwei Formen des Moleküls auf, die Spiegelbilder voneinander sind. Man nennt diese Eigenschaft Chiralität („Händigkeit", entsprechend dem Gegensatz von linker Hand und rechter Hand) und die beiden Spiegelbilder Enantiomere. Gemische von Enantiomeren im Verhältnis von exakt 1 : 1 bezeichnet man als racemisch. Enantiomere sind stabile Moleküle, die sich nicht ineinander umwandeln können, also nicht in einem Gleichgewicht miteinander stehen. Da beide Formen exakt dieselbe Energie aufweisen, spielen Energiefragen für ihre Verteilung keine Rolle.

Falls in einem Molekül mehrere asymmetrische Zentren existieren, spricht man bei Paaren, die keine Spiegelbilder voneinander sind, von Diastereomeren. Dabei sind die Asymmetriezentren so konfiguriert, dass eines oder mehrere, aber nicht alle, spiegelbildlich zueinander sind (enantiomer). Die anderen haben in beiden Mitgliedern des Paares dieselbe Konfiguration.

In der chemischen Synthese treten im Regelfalle immer Enantiomerengemische im exakten Verhältnis 1 : 1 auf. Das bedeutet, dass die Spiegelsymmetrie, die in nichtchiralen Molekülen Teil der Molekülstruktur ist, durch das Mischen beider Formen erreicht wird.

Die reinen Enantiomere zeichnen sich aufgrund der fehlenden Symmetrie durch die Fähigkeit aus, mit Lichtwellen zu wechselwirken und die Schwingungsebene des

Lichts zu drehen (dieser Effekt hat nichts mit Lichtabsorption = Farbigkeit zu tun). Um das nachzuweisen bzw. zu messen, benützt man monochromatisches (nur eine Lichtwellenlänge) polarisiertes Licht.

Das normale Licht schwingt in allen Ebenen parallel zu seiner Fortpflanzungs-richtung, Polarisationsfilter lassen aber nur Licht einer einzigen Ebene passieren. Mit-hilfe derartiger Filter lässt sich der Drehwinkel der Ebene der Lichtschwingung be-stimmen. Die spezifische Drehung einer Substanz ist der Winkel zwischen der Schwin-gungsebene des Lichts, *bevor* es die Substanz durchmisst, und der Ebene *dahinter*, normiert auf die Konzentration der Substanz und die Weglänge des Lichts. Wenn man die spezifische Drehung spektral (über alle Wellenlängen des Lichts) bestimmt, nennt man das Rotationsdispersion. Aufgrund dieses Verhaltens gegenüber Licht nennt man chirale Substanzen auch „optisch aktiv", und das asymmetrische Kohlenstoffatom kann in Strukturformeln durch ein Sternchen markiert werden (C*).

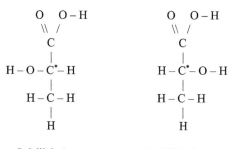

L-Milchsäure   D-Milchsäure

Abb. A.4: Enantiomere: D- und L-Milchsäure.

Ein Beispiel sei die Milchsäure, hier in Abb. A.4 in der Darstellung der sogenannten Fischer-Projektion. Um eine erste Annäherung an die wirklich räumliche Struktur zu erhalten, muss man sich vorstellen, dass am asymmetrischen C-Atom die seitlich gebundenen Atome/Gruppen etwas nach vorne aus der Papierebene herausgeklappt sind, während die oben und unten angebundenen Gruppen schräg nach hinten zeigen (etwas hinter der Papierebene liegen).

Die Bezeichnung L und D geht ursprünglich zurück auf die Drehrichtung des Lichts, wobei L für lateinisch *laevus* = links steht und D für lat. *dexter* = rechts. Die-se Definition gilt aber nur für Glukose (Traubenzucker). Später nahm man die oben beschriebene Fischer-Projektion mit dem am höchsten oxidierten Kohlenstoffatom nach oben, und aus der Position des höher oxidierten Substituenten am asymmetri-schen C-Atom ergibt sich L oder D. Heute gibt es neue Definitionen (R und S), um auch komplexere Moleküle beschreiben zu können.

G.3.6 Zucker

Zucker können durch chemische Addition von Formaldehyd entstehen. Der erste
Schritt führt zu einem „Zweierzucker", dem Glykolaldehyd:

$$
\begin{array}{ccccc}
\text{H} & & \text{H} & & \text{H} \\
| & & | & & | \\
\text{C=O} & + & \text{C=O} & \rightarrow & \text{H}-\text{O}-\text{C}-\text{C=O} \\
| & & | & & | \quad | \\
\text{H} & & \text{H} & & \text{H} \quad \text{H}
\end{array}
$$

Weitere Schritte führen dann zu längeren Zuckermolekülen. Drei Moleküle Formaldehyd ergeben die sogenannten Triosen, vier führen zu Tetrosen, fünf zu Pentosen (z. B.
Ribose), sechs zu Hexosen (z. B. Glukose und Fruktose) usw.

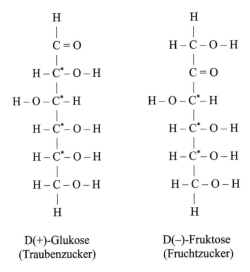

D(+)-Glukose   D(−)-Fruktose
(Traubenzucker)   (Fruchtzucker)

Abb. A.5: Glukose und Fruktose.

Die Oxogruppe kann entweder an Atom C1 stehen, was dann Aldehyde ergibt, die Aldosen genannt werden (z. B. Glukose). Steht die Oxogruppe an Atom C2, ergeben sich
Ketone, bei Zuckern Ketosen genannt (z. B. Fruktose). Die beiden letzteren werden
in Abb. A.5 dargestellt. Das ist eine „lineare" Darstellung entsprechend der Fischer-
Projektion.

In der Realität ist die dominante Konfiguration aber ein Ring, der mit der linearen Form im Gleichgewicht steht. Er wird gebildet, indem z. B. bei der Glukose das
Hydroxylwasserstoffatom an C5 zum Aldehydsauerstoff an C1 wandert und dabei eine Bindung des Sauerstoffatoms von C5 an das Kohlenstoffatom C1 gebildet wird. So
entsteht ein sechsgliedriger Ring. Bei der Fruktose findet eine analoge Ringbildung

zwischen C2 (Ketogruppe) und C6 statt. Bei chemischer Bindung der Fruktose (z. B. an Glukose) wird normalerweise der Ring umgebaut, und aus einem 6-Ring zwischen C2 und C6 (Pyranosering) entsteht ein 5-Ring zwischen C2 und C5 (Furanosering). Die Ribose der Nukleotide liegt immer als Furanosering vor (C1 verbunden mir C4).

Aldosen und damit auch Glukose können an der Aldehydgruppe zur Säure oxidiert werden, sie sind also Reduktionsmittel. Diese Eigenschaft der Glukose wurde früher dazu benutzt, um den Glukosegehalt des Blutes (Blutzucker) und des Urins (Harnzucker) zu bestimmen. Dazu benutzte man ein Kupfersalz in Ammoniaklösung (die tiefblaue Fehlingsche Lösung), das durch die Glukose zu elementarem Kupfer reduziert wurde. Heute verwendet man im Labor nur noch enzymatische Methoden zur Glukosebestimmung.

Unser Haushaltszucker (Saccharose) aus Zuckerrohr oder Zuckerrüben ist ein Disaccharid, das aus einem Molekül Glukose und einem Molekül Fruktose synthetisiert wird. Dabei bindet C1 der Glukose an C2 der Fruktose. Damit ist Glukose kein Aldehyd mehr, und der Haushaltszucker ist im Gegensatz zur freien Glukose nicht mehr oxidationsempfindlich. In Saccharose liegt der Fruktoseteil als Furanosering vor, C2 ist über O mit C5 verbunden (Abb. A.6).

```
HO – CH₂        HO
      \           |
     HC₅ – O    H₂C₁    O
     /      \      \   /   \
HO – CH   HC₁ – O – C₂   HC₅ – CH₂ – OH
     \    /          \     /
     HC – CH         HC – CH
     /    \          /    \
   HO     HO       OH     OH
```

Abb. A.6: Saccharose (vereinfachte Darstellung).

Es gibt mehr chemische Verbindungen des Kohlenstoffs als von allen anderen Elementen zusammengenommen.

Die Fakten aus dem Bereich Organische Chemie sind in den Lehrbüchern von Donald Cram und George S. Hammond (Cram & Hammond, 1959) und von Arnold F. Hollemann und Friedrich Richter (Hollemann & Richter, 1961) beschrieben.

G.4 Biochemie

G.4.1 Aminosäuren

Die Grundtatsachen wurden in Kap. 11 („Hilfstruppen: Proteine, Enzyme") im Detail beschrieben. Hier sollen die Strukturformeln der Seitenketten R aller 20 kanonischen (im genetischen Code berücksichtigten) Aminosäuren dargestellt werden:

1-Buchstaben-Code, 3-Buchstaben-Code, voller Name, Strukturformel der Seitenkette (R).

Kleine Aminosäuren:

G, Gly, Glycin: $\quad R = -H$ (im Grunde keine Seitenkette)

A, Ala, Alanin: $\quad R = -CH_3$

Aminosäuren mit Alkoholgruppe:

S, Ser, Serin: $\quad R = -CH_2 - OH$

T, Thr, Threonin:
$$R = -CH \begin{cases} {}^{CH_3} \\ {}_{OH} \end{cases}$$

Schwefelhaltige Aminosäuren:

C, Cys, Cystein: $\quad R = -CH_2 - SH$ (Thioalkohol)

M, Met, Methionin: $\quad R = -CH_2 - CH_2 - S - CH_3$ (Thioäther)

Saure Aminosäuren:

D, Asp, Asparaginsäure:
$$R = -CH_2 - C \begin{cases} {}^{O} \\ {}_{O^-} \end{cases}$$

E, Glu, Glutaminsäure:
$$R = -CH_2 - CH_2 - C \begin{cases} {}^{O} \\ {}_{O^-} \end{cases}$$

Amidaminosäuren:

N, Asn, Asparagin:
$$R = -CH_2 - C \begin{cases} {}^{O} \\ {}_{NH_2} \end{cases}$$

Q, Gln, Glutamin:
$$R = -CH_2 - CH_2 - C \begin{cases} {}^{O} \\ {}_{NH_2} \end{cases}$$

Basische Aminosäuren:

K, Lys, Lysin: $\quad\quad\quad$ $R = -CH_2 - CH_2 - CH_2 - CH_2 - NH_3^+$

R, Arg, Arginin: $\quad\quad$ $R = -CH_2 - CH_2 - CH_2 - NH - C \begin{cases} NH_2 \\ \\ NH_2^+ \end{cases}$

H, His, Histidin: $\quad\quad$ $R = -CH_2 - CH \underset{CH-NH}{\overset{N}{\diagup\diagdown}} CH$

Hydrophobe Aminosäuren:

V, Val, Valin: $\quad\quad\quad$ $R = -CH \begin{cases} CH_3 \\ \\ CH_3 \end{cases}$

L, Leu, Leucin: $\quad\quad$ $R = -CH_2 - CH \begin{cases} CH_3 \\ \\ CH_3 \end{cases}$

I, Ile, Isoleucin: $\quad\quad$ $R = -CH \begin{cases} CH_3 \\ \\ CH_2 - CH_3 \end{cases}$

Aromatische Aminosäuren:

F, Phe, Phenylalanin: $\quad$ $R = -CH_2 - C \underset{CH-CH}{\overset{CH=CH}{\diagup\diagdown}} CH$

Y, Tyr, Tyrosin: $\quad\quad$ $R = -CH_2 - C \underset{CH-CH}{\overset{CH=CH}{\diagup\diagdown}} C-OH$

$$
\begin{array}{c}
\text{CH} = \text{N} \\
/ \qquad \backslash \\
\text{R} = -\text{CH}_2 - \text{C} \qquad\qquad \text{C} - \text{CH} \\
\backslash \quad // \qquad \backslash\backslash \\
\text{C} \qquad\qquad \text{CH} \\
\backslash \qquad / \\
\text{CH} = \text{CH}
\end{array}
$$

W, Trp, Tryptophan:

Ringförmige Aminosäure (die Aminogruppe ist ein sekundäres Amin):

$$
\begin{array}{c}
\text{H} - \text{O} \qquad \text{CH}_2 - \text{CH}_2 \\
\backslash \quad / \qquad \backslash \\
\text{C} - \text{CH} \qquad \text{CH}_2 \\
// \quad \backslash \qquad / \\
\text{O} \qquad \text{NH}
\end{array}
$$

P, Pro, Prolin:

Die Formeln der Aminosäuren können in Peter Karlsons kompaktem Lehrbuch gefunden werden (Karlson, 1964), den unten folgenden genetischen Code findet man zusätzlich im ausführlicheren Lehrbuch von Lubert Stryer (Stryer, 1971), sowie bei James Watson (Watson, 1965), C. Bresch (Bresch, 1965) und dem eher medizinisch orientierten Werk von Schartl, Gessler & von Eckardstein (2009).

G.4.2 Genetischer Code
Erste Base = U:

UUU	UUC	UUA	UUG	UCU	UCC	UCA	UCG
Phe	Phe	Leu	Leu	Ser	Ser	Ser	Ser

UAU	UAC	UAA	UAG	UGU	UGC	UGA	UGG
Tyr	Tyr	**Stop**	**Stop**	Cys	Cys	**Stop**	Trp
		(Ochre)	(Amber)			(Opal)	

Erste Base = C:

CUU	CUC	CUA	CUG	CCU	CCC	CCA	CCG
Leu	Leu	Leu	Leu	Pro	Pro	Pro	Pro

CAU	CAC	CAA	CAG	CGU	CGC	CGA	CGG
His	His	Gln	Gln	Arg	Arg	Arg	Arg

Erste Base = A:

AUU	AUC	AUA	AUG	ACU	ACC	ACA	ACG
Ile	Ile	Ile	Met	Thr	Thr	Thr	Thr
			(**Start**)				

AAU	AAC	AAA	AAG	AGU	AGC	AGA	AGG
Asn	Asn	Lys	Lys	Ser	Ser	Arg	Arg

Erste Base = G:

GUU	GUC	GUA	GUG	GCU	GCC	GCA	GCG
Val	Val	Val	Val	Ala	Ala	Ala	Ala

GAU	GAC	GAA	GAG	GGU	GGC	GGA	GGG
Asp	Asp	Glu	Glu	Gly	Gly	Gly	Gly

Und das Ganze jetzt rückwärts, aus der Sicht der Aminosäuren:

Start-Codon: AUG (Met)
Stop-Codons: UAA (Ochre), UAG (Amber), UGA (Opal)

Gly: GGU, GGC, GGA, GGG
Ala: GCU, GCC, GCA, GCG
Ser: UCU, UCC, UCA, UCG, AGU, AGC
Thr: ACU, ACC, ACA, ACG
Cys: UGU, UGC
Met: AUG
Asp: GAU, GAC
Glu: GAA, GAC
Asn: AAU, AAC
Gln: CAA, CAG
Lys: AAA, AAG
Arg: CGU, CGC, CGA, CGG, AGA, AGG
His: CAU, CAC
Val: GUU, GUC, GUA, GUG
Leu: UUA, UUG, CUU, CUC, CUA, CUG
Ile: AUU, AUC, AUA
Phe: UUU, UUC
Tyr: UAU, UAC
Trp: UGG
Pro: CCU, CCC, CCA, CCG

Übersicht über die Anzahl Codons der verschiedenen Aminosäuren:

2 Aminosäuren haben	1 Codon
9 Aminosäuren haben	2 Codons
1 Aminosäure hat	3 Codons
5 Aminosäuren haben	4 Codons
3 Aminosäuren haben	6 Codons

H Computermodelle

Computermodelle sind der Versuch, Vorgänge der Natur durch Berechnung mit Computerprogrammen zu simulieren. Zu diesem Zweck müssen alle physikalischen Kräfte, die auf ein System einwirken, in der Berechnung mit der korrekten Stärke angewandt werden. Computermodelle sind wertlos, wenn signifikante Kräfte ignoriert werden oder womöglich noch gar nicht bekannt sind.

Dabei werden zuerst die Daten der Ausgangslage definiert. Dazu werden alle größeren Objekte der Berechnung in möglichst kleine Elemente aufgeteilt. Da sowohl der Speicherplatz der Computer als auch die mögliche Rechenzeit begrenzt sind, kann die Welt niemals mit allen Atomen im Maßstab 1 : 1 im Computer abgebildet werden. Diese Aufteilung von Objekten wird bei Modellrechnungen in der Technik (Ingenieurwesen) die Methode der „finiten Elemente" (FE) genannt.

Es sind also erhebliche Vereinfachungen nötig. Man muss einen Kompromiss finden zwischen der möglichst feinen Aufteilung der größeren Objekte in einzelne Teilelemente (für gute Genauigkeit der Rechnung) und den limitierenden computertechnischen Möglichkeiten. Um innerhalb dieser Beschränkungen zu halbwegs verlässlichen Ergebnissen zu gelangen, müssen die Ausgangsdaten für die Berechnungen mit äußerster Sorgfalt definiert werden.

Dann wird in vielen aufeinanderfolgenden identischen Schritten die weitere Entwicklung der Situation berechnet. In jedem Einzelschritt werden dafür die benötigten Naturgesetze mit geeigneten Algorithmen auf die Elemente des Projekts rechnerisch angewandt, und das Ergebnis ist dann die neue Situation, die Ausgangslage für den nächsten Schritt. Dann folgt der nächste Schritt nach exakt derselben Methode, und so weiter.

Es gibt mehrere Fehlerquellen für die Methode, die auf jeden Fall ausgeschlossen werden müssen. Leider ist das nicht immer vollständig möglich:
- Alle für die Aufgabe relevanten Kräfte müssen berücksichtigt werden, und alle Parameter müssen mit ihren bestmöglichen Zahlenwerten eingesetzt werden. Leider gibt es viele Fälle, in denen gar nicht alle Einflüsse bekannt sind.
- Es können physikalische Instabilitäten auftreten, z. B. können Gleichgewichte von Kräften kippen.
- Es können mathematische Instabilitäten auftreten, z. B. können Zahlenwerte so klein werden, dass die Division durch diese Zahlen einer Division durch Null sehr nahekommt.

Wenn signifikante Fehler der beschriebenen Art eintreten, besteht eine erhebliche Gefahr, dass die Realität verlassen wird und die Ergebnisse der Rechnungen die Grenzen zur *Science Fiction* überschreiten.

Das populärste Computermodell ist die Wettervorhersage. Bei ihr wird sehr deutlich, welche Konsequenzen die beschriebenen Fehlerquellen haben. Dabei geht es vor allem um die erste, die fehlende Vollständigkeit der Daten. Bei der Wettervorhersage werden Zahlenwerte des Luftdrucks und der Lufttemperatur als Ausgangsdaten für die Berechnung der Bewegung der Luft benötigt. Diese Daten sollten aus einem dichten Netz von Messstationen rund um die Erde kommen. Dieses Netz ist aber vor allem für Messungen in großer Höhe in der Realität sehr löchrig und unvollständig. Daher kann bei der Berechnung nicht alles erfasst werden, was zu einer präzisen Vorhersage nötig wäre mit der Folge, dass die Vorhersage des Folgetages hervorragend ist, die für den zweiten Tag ist noch gut, und die für den dritten Tag schon grenzwertig. Für das Wetter nach einer ganzen Woche wäre Würfeln fast genauso gut wie der Computer.

Es muss allerdings berücksichtigt werden, dass bei der Wettervorhersage der Anfangszustand (jetzt) bekannt ist, bei astronomischen Modellen ist aber der Endzustand der bekannte Jetztzustand. Die Modellrechnung soll aufzeigen, wie es von einem eigentlich unbekannten Startzustand zum heutigen Zustand gekommen ist. Die Modellrechnungen von Wetter und Astronomie haben also unterschiedliche Voraussetzungen und Verläufe.

Um bei wissenschaftlichen Modellrechnungen die Zuverlässigkeit der Ergebnisse möglichst hoch zu halten, sollten, wenn immer möglich, experimentell ermittelte Messdaten oder exakte Beobachtungsdaten regelmäßig nach einer gewissen Zahl von Schritten in die Berechnungen einfließen, um diese auf dem richtigen Weg zu halten und ein Aufschaukeln von Fehlern zu vermeiden. Die Schritte selbst sollten so klein gehalten werden, dass auch komplizierte Verlaufskurven durch kurze Geraden mit ausreichender Genauigkeit angenähert werden können. Die geschilderten Erfordernisse können leider bei den meisten astronomischen Modellrechnungen nicht in ausreichendem Maße erfüllt werden, weshalb die Ergebnisse der publizierten „Computerastronomie" oft wenig verlässlich sind.

Publizierte Ergebnisse von Computersimulationen sind nur dann wirklich glaubwürdig, wenn die Autoren der Publikation 1. die im Programm verwendeten Algorithmen, 2. die Steuerparameter und 3. die Ausgangsdaten jeder spezifischen Berechnung (den Input des aktuellen Programmlaufs) präzise und vollständig angeben, oder eine andere Publikation zitieren, in der dies geschehen ist. Diese Offenheit findet man leider in populärwissenschaftlichen Publikationen nur sehr selten, eigentlich so gut wie nie.

Man muss sich immer darüber im Klaren sein, dass ein Computer lediglich eine schnelle Rechenmaschine ist, die weder denken noch Fakten schaffen kann. Der Output eines Programms ist lediglich der Input (also die Ideen des Programmierers und bekannte Daten), der hineingesteckt und von der Maschine transformiert (in eine andere Form gebracht) wurde. Im Gegensatz zu physikalischen Messungen und Beobachtungen der Natur kann eine Modellrechnung keine vorher unbekannten neuen Tatsachen zutage bringen, lediglich Zusammenhänge klarer sichtbar machen.

Die Rechnung kann möglicherweise die Unmöglichkeit einer Hypothese aufzeigen, aber niemals etwas positiv beweisen. Die klare Offenbarung vorher nicht erkannter Zusammenhänge sind das beste, das zu erwarten ist. Wenn aber andererseits gar die Inputdaten fehlerhaft waren, wird womöglich etwas Falsches „bewiesen". Damit sind alle Modellrechnungen lediglich Hilfsmittel der Forschung, und ihre Ergebnisse sind prinzipiell auf die Ebene von Hypothesen beschränkt, sie können niemals den Rang einer Theorie erreichen. Die Bedeutung des Wortes "Modell" ist ja, dass es sich *nicht* um die Realität handelt.

Dementsprechend müssen Modelle gelegentlich an neu gewonnene Erkenntnisse angepasst werden. Das geschieht z. Zt. beim in Kap. 4 („Die junge Erde") angesprochenen Thema der Entstehung der Planeten (Lichtenberg, 2021). Dasselbe droht auch dem Standardmodell der Teilchenphysik, weil sich die Natur bei einem Zerfallsprozess anscheinend nicht an die im Modell festgeschriebene Symmetrie hält. Desgleichen ist die Asymmetrie zwischen Materie und Antimaterie ungeklärt, und dazu scheint noch das magnetische Moment des Myons von der Vorhersage abzuweichen. Auch das kosmologische Modell mit seinem rein hypothetischen Big Bang kommt nicht aus den Diskussionen heraus. Der Astronom und Nobelpreisträger Adam Riess von der Johns-Hopkins-Universität, ein Pionier des Standardmodells der Kosmologie, sagte in einem Interview: „Alle Modelle sind falsch, aber einige sind nützlich. Ein Modell liefert selten eine vollständige Beschreibung der Realität. Üblicherweise fehlt immer irgendetwas."

Glossar

Å, Ångström-Einheit: Längenmaß in der Größenordnung der Atomabstände: Ein zehnmillionstel Millimeter. $1\,Å = 10^{-10}\,m = 10^{-8}\,cm = 0{,}1\,nm = 100\,pm$. Der Abstand der beiden Kohlenstoffatome des Äthans (Anhang G.3.1, „Kovalente Bindungen") ist $1{,}52\,Å$.

Acetylierung: Chemisches Anhängen eines Essigsäurerestes an ein Molekül.

Addition, chemische: Chemische Kopplung zweier Moleküle durch Öffnung einer Doppelbindung oder Dreifachbindung und Bildung von neuen Einfachbindungen ohne Beteiligung anderer Moleküle. Die Alternative ist die Kondensation durch Abspaltung z. B. eines Wassermoleküls.

Aerobier: Lebewesen, die nur mit Sauerstoff existieren können (Atmung).

Aerosol: Schwebeteilchen in der Luft, schwebender Staub und Tröpfchen.

Affinität: Physikalische Anziehung zweier Moleküle.

Aggregat, Komplex: Größeres Teil, das aus zusammenhängenden kleineren Teilen besteht.

Aktivierung eines Moleküls: Veränderung eines Moleküls durch Zuführung von Energie, damit es Reaktionen mit Energieverbrauch ausführen kann. Oft durch Phosphorylierung.

Aktivierungsenergie: Energieschub, der zum Start einer chemischen Reaktion erforderlich ist, manchmal durch Licht. Wirkt sich nicht auf die Reaktionsenergie (Bruttoenergiebilanz) der Reaktion aus, da die zum Start investierte Energie beim Ablauf der Reaktion wieder vollständig zurückgewonnen wird.

Akzeptor, Protonenakzeptor: Chemische Gruppe mit negativer (Teil)Ladung, die gegebenenfalls ein Wasserstoffatom als positives Ion binden kann.

Alkalisch: Basisch, pH größer als 7, wie eine Lauge, Gegensatz zu sauer.

Allgemeine Gaskonstante R: Naturkonstante, die Zusammenhänge der physikalischen Daten von Gasen mit Druck, Temperatur und anderen Parametern beschreibt, $R = 8{,}314\,J/(mol \cdot K)$.

Allosterisch: „Am anderen Ort", Steuerung von Enzymen (Aktivierung und Hemmung) nicht direkt im Aktiven Zentrum, sondern von einer anderen Stelle des Moleküls aus.

Alphaprozess: Entstehung von Elementen aus Atomkernen des Heliums („Alphateilchen").

Amid: Verbindung einer Säure mit einem Amin, Anhang G.3.3 („Kondensationen").

Amin: Verbindung von Ammoniak (NH_3) mit dem C-Atom eines anderen Moleküls durch Einfachbindung. Stickstoffanalog zum Alkohol ($-NH_2$ beim Amin anstatt $-OH$ beim Alkohol).

Aminosäuren: Organisch-chemische Verbindungen, die sowohl eine Aminogruppe ($-NH_2$) als auch eine Säuregruppe ($-COOH$) enthalten. Sie sind die Bausteine der Peptide (kurz) und der Proteine (lang). Anhang G.4.1 („Aminosäuren").

https://doi.org/10.1515/9783110783155-033

Amorph: Ohne regelmäßige innere Struktur, Gegenteil zu kristallin. Ein Beispiel ist Glas.

Amphoter: Eigenschaft einer chemischen Verbindung, die einen hydrophilen und einen hydrophoben Teil hat. Seife und Waschmittel gehören zu dieser Gruppe.

Anaerobier: Lebewesen, die nur in Abwesenheit von Sauerstoff existieren können.

Anion: Elektrisch negativ geladenes Atom oder Molekül (wandert im elektrischen Feld zur Anode).

Anorganische Chemie: Chemie der Mineralien, Salze und Metalle.

Anthropozän: Geologisches Zeitalter, in dem der Mensch die Erde maßgeblich veränderte. Frühere Definitionen setzten seinen Beginn auf das Jahr 1800 n. Chr., da damals die Industrialisierung erheblichen Einfluss gewann. Später wurde 1950 n. Chr. als Beginn definiert, da seither der Mensch dauerhafte Spuren in und auf der Erde hinterlässt: Radioaktivität aus Atombombentests, aufgrund der exponentiellen Bevölkerungszunahme große Beschleunigung des Ressourcenverbrauchs durch wirtschaftliche Aktivitäten, Beschleunigung der Klimaveränderung, Verunreinigung von Meeren und Sedimenten durch Flugasche, Beton- und Plastikpartikel, usw.

Anticodon: Folge von drei Basen einer Transferribonukleinsäure (tRNA), ist das komplementäre Gegenstück des Codons für eine Aminosäure.

Antiparallel: Parallele Anordnung, aber entgegengesetzte Laufrichtung.

Archäen: Prokaryonten mit zum Teil exotischem Lebensraum und auch Stoffwechsel, in Unkenntnis ihrer Natur früher als „Archebakterien" bezeichnet. Unterscheiden sich extrem stark von den Bakterien.

Art: Bevölkerung von sehr ähnlichen Lebewesen. Falls sie sich sexuell fortpflanzen, muss prinzipiell Fortpflanzung zwischen allen Individuen einer Art möglich sein, die entgegengesetztes Geschlecht haben.

Aromatisch: Ringmoleküle mit konjugierten Doppelbindungen, Anhang G.3.1 („Kovalente Bindungen").

Assoziation/Dissoziation: Dynamische Anlagerung und Trennung im Gleichgewicht.

Astronomie: Die Naturwissenschaft von den Sternen und der Entwicklung des Universums.

Asymmetrisches Kohlenstoffatom: In einem Molekül ein Kohlenstoffatom, das an vier unterschiedliche Gruppen bindet und dadurch das Molekül chiral (optisch aktiv) macht.

Atom: Kleinstmögliche Einheit eines Elements (griechisch *a-tomos* = unteilbar). Hat einen elektrisch positiv geladenen Kern und eine Hülle aus negativ geladenen Elektronen. Der Kern besteht aus Protonen, deren Anzahl die elektrische Ladung und damit den chemischen Charakter bestimmt, und ungeladenen Neutronen, deren Anzahl variieren kann (Isotope eines Elements mit unterschiedlichem Gewicht des Kerns). Chemie besteht in Wechselwirkungen der äußeren Schale der Elektronen. Näheres siehe Anhang G.1 („Atome und Allgemeines").

Atomgewicht: Das relative Gewicht (relative Masse) eines Atoms, ursprünglich bezogen auf Wasserstoff = 1. Die heutige Definition beruht auf dem Kohlenstoffisotop C^{12}, von dem ein Zwölftel des Gewichts zur Basis des Atomgewichts erklärt wurde. Bruchzahlen wie z. B. beim Chlor erklären sich daraus, dass diese Elemente als Gemische von Isotopen unterschiedlichen Gewichts (Neutronenzahl) vorliegen. Näheres siehe Anhang G.1 („Atome und Allgemeines").

ATP, Adenosintriphosphat: Die Substanz, die in jeder lebenden Zelle als der häufigste Verteiler von chemischer Energie für alle energiebedürftigen Prozesse benutzt wird (z. B. für die Muskelkontraktion).

Axon: Outputleitung von Nervenzellen (Neuronen), ein Stamm, aber stark verzweigt.

Bakterien: Prokaryonten, deren einfacher Stoffwechsel dem der Pflanzen und Tiere ähnlich ist. Viele leben in Symbiose mit uns (Haut, Mund, Darm), sehr wenige sind pathogen (krankmachend). Unterscheiden sich extrem von den Archäen.

Bakteriophagen, Phagen: „Bakterienfresser". Partikel, die aus RNA (manche auch aus DNA) mit einer Hülle (Kapsid) aus Proteinmolekülen bestehen und mit denen Bakterien sich infizieren können. Durch die Phagen wird der Metabolismus des Bakteriums so umgesteuert, dass es nur noch Phagen vermehrt, bis es total erschöpft ist und platzt, wobei die neuen Phagen freigesetzt werden. (Siehe auch „Viren").

Bacteriorhodopsin: Lichtempfindliches Protein mancher Bakterien. Es entspricht in Funktion und Struktur dem Rhodopsin im menschlichen Auge.

Bar: Maß für den Druck. Entspricht einer Atmosphäre.

Base: Chemische Verbindung von alkalischer Natur, in der organischen Chemie im Allgemeinen stickstoffhaltig.

Basensequenz: gleichbedeutend mit Nukleotidsequenz der Nukleinsäuren.

Biochemie: Chemie der Lebewesen, Substanzen und chemische Reaktionen des Lebens.

Biologie: Die Naturwissenschaft von den Lebewesen.

Biosynthese: Synthese chemischer Verbindungen im Körper, allgemein unter Verwendung von Enzymen.

Brownsche Molekularbewegung: Bewegung von Atomen, Molekülen und sehr kleinen Partikeln wegen der Stöße ihrer Nachbarn. Diese ungerichteten Stöße stellen die Energie der Temperatur dar, die Wärme. Je wärmer es ist, desto heftiger sind die Stöße. Völlige Ruhe und Stillstand treten erst am absoluten Nullpunkt der Temperatur ($0\,K = -273{,}2\,°C$) ein.

Chemie: Die Naturwissenschaft von den Stoffen, ihre Eigenschaften, Zusammensetzung, Struktur und Reaktionen.

Chemische Verbindung: Substanz aus Molekülen, die aus mehreren Atomen bestehen, die durch chemische Bindungen zusammengehalten werden.

Chiralität, chirale (händische) Moleküle: siehe u. a. Anhang G.3.5 („Enantiomere").

Chloroplasten: Zellorganellen der pflanzlichen Eukaryonten, Spezialisten für die Photosynthese mit Wasser. Stammen von den Cyanobakterien ab.

Chromosomen: Einzelne Abschnitte des Genoms von Eukaryonten. Beim Menschen sind es 23 lineare Abschnitte, die jeweils doppelt auftreten (je eines stammt von der Mutter und eines vom Vater), so dass die Gesamtzahl 46 ist. (Das wesentlich kleinere Genom von Prokaryonten wird nicht in Chromosomen aufgeteilt, ist nur einfach vorhanden und bildet ein ringförmig geschlossenes Molekül.) Die Chromosomen werden in jeder Generation neu kombiniert.

Codon: Folge von drei Basen der Nukleinsäuren, steht für eine Aminosäure.

Coenzym: Eigentlich ein Cosubstrat, Hilfssubstanz nicht von Proteinnatur, die wie ein Substrat an der Enzymreaktion teilnimmt. Ist Teil des Zellinhalts und wird immer wieder verwendet. Beispiel NAD: Es wird reduziert (NADH) und oxidiert (NAD^+) und ist ein Träger und Verteiler von Wasserstoff.

Cofaktor: Hilfssubstanz, die an Enzyme bindet und deren Effizienz erhöht. Keine Proteinnatur, manchmal Metalle.

***Copy, cut, and paste*:** „Kopieren, ausschneiden und zusammenkleben." Sprichwörtlich für das Zusammenflicken von Texten, auch für Texte klauen und plagiieren.

Computermodell: Der Versuch, Vorgänge der Natur oder der Technik durch Berechnung mit einem Computerprogramm zu simulieren. Siehe Anhang H („Computermodelle").

Coronen: Polyzyklischer aromatischer Kohlenwasserstoff aus 6 ringförmig angeordneten Benzolringen, Bestandteil von Ruß, entsteht bei über 1100 °C.

Cyanobakterien: (Früher: Blaualgen), Bakterien, die die photosynthetische Spaltung von Wasser entwickelten, wobei Sauerstoff freigesetzt wird.

Cytoplasma, Cytosol: Zellflüssigkeit, Lösung der chemischen Bestandteile der Zelle in Wasser. In ihm schwimmen die Organellen der Zelle.

Darwinismus: Auf Charles Darwin zurückgehende Lehre von der Entstehung der biologischen Arten aus gemeinsamen Vorgängern durch Evolution (Darwin, Druck von 2006). Von zentraler Bedeutung sind zwei Stufen: 1. Zufällige Veränderung des Erbguts durch unterschiedliche Einflüsse; 2. Auswahl der folgenden Generationen aufgrund von unterschiedlicher Anpassung an die äußeren Bedingungen (die Biotope).

Dehydrogenasen: Klasse von Enzymen, die ein Wasserstoffatom von einem Substrat auf ein Coenzym übertragen und umgekehrt. Sie gehören zur Gruppe der Oxidoreduktasen, die Oxidationen und Reduktionen katalysieren. Ihre Coenzyme sind NAD und NADP.

Dendriten: Inputleitungen, die in ein Neuron (Nervenzelle) führen, zahlreich, stark verzweigt.

Deterministisch: Durch die Naturgesetze vorgegeben, zwangsweise durch Ursache und Wirkung bestimmt. Das Gegenteil ist der Zufall.

Diastereomere: Organisch-chemische Verbindungen mit mehreren „asymmetrischen" Kohlenstoffatomen, die trotz identischer kovalenter Struktur keine Spiegelbilder voneinander sind; optisch aktive Substanzen. Siehe Anhang G.3.5 („Enantiomere").

Diëderwinkel, Torsionswinkel: Winkel zwischen zwei sich schneidenden Ebenen, der die Drehung um die Achse angibt, die die Schnittgerade zwischen den Ebenen darstellt. Bei Molekülstrukturen werden die beiden Ebenen durch jeweils drei Atome dargestellt, von denen zwei die betroffene Bindung darstellen und beiden Ebenen gemeinsam sind.

Differenzierung: a) Die Entstehung verschiedener Arten aus einer (wenn sich Biotope verändern). b) Die Entstehung unterschiedlicher Zelltypen aus einer Zelle nach Zellteilung. c) Die Entstehung unterschiedlicher Enzyme aus einem (durch Serien von Mutationen).

Dimerisierung: Chemische Kopplung zweier gleichartiger Moleküle. Dimere Proteine (Proteinmoleküle aus zwei Untereinheiten) sind meist durch nichtkovalente Kräfte symmetrisch über eine 2-fache Drehachse (180 °) verbunden.

Diploide Zelle: Eukaryontenzelle mit doppeltem Chromosomensatz, normale Körperzelle.

Dipol: Körper mit elektrisch entgegengesetzt geladenen Enden (elektrischen Polen), siehe „Polarisierung". Die Ladungen können auch durch Ladungsverschiebung (Polarisation) entstandene Teilladungen sein.

Dissoziation: Trennung von Molekülen in Teile oder von Molekülkomplexen in ihre Bestandteile. Üblicherweise ein Gleichgewicht mit Assoziation.

Divergente Evolution: Entwicklung, bei der durch Differenzierung aus einer Urform mehrere unterschiedliche Abkömmlingsformen entstehen. Gegenteil: Konvergente Evolution.

DNA, Desoxyribonukleinsäure: das Erbmaterial aller heutigen Lebewesen, Polymer von Desoxyribonukleotiden.

Domäne: Größerer Teil eines Proteinmoleküls, der als Teil unterschiedlicher Moleküle auftreten kann. Auch: Unabhängig sich faltende Einheit.

Donor, Protonendonor: Chemische Gruppe mit einem nicht allzu fest gebundenen Wasserstoffatom, das ggf. als elektrisch positiv geladenes Ion abgegeben werden kann.

Doppelhelix: Eine Helix (griechisch für Spirale, Windung) ist eine Spirale, eine Doppelhelix eine Spirale aus zwei parallel oder antiparallel verlaufenden Strängen (Doppelstrang).

Doppelmembran: Lipidmembran aus zwei Schichten. Die hydrophoben Seiten sind innen und halten die Schichten zusammen, außen ist die Membran hydrophil, also wasserfreundlich.

Dreidimensional: Räumlich. Die drei Dimensionen sind Länge, Breite und Höhe; in der Wissenschaft verwendet man oft die Symbole x, y und z zu ihrer Benennung.

Elektronen: Sehr kleine und leichte, negativ geladene Teilchen, die die Hülle von Atomen bilden, indem sie um den Atomkern kreisen. Elektrischer Strom besteht im Transport von Elektronen in Metalldrähten.

Elektromagnetische Wechselwirkungen: 1. Anziehung zwischen Partikeln mit entgegengesetzter elektrischer Ladung, Abstoßung zwischen solchen mit gleicher Ladung; 2. Beeinflussung von Trägern elektrischer Ladung durch magnetische Felder und umgekehrt. Licht ist elektromagnetische Energie.

Elektronenpaar: Zwei Elektronen einer kovalenten chemischen Bindung oder ein „nichtbindendes" Elektronenpaar, die sich auf einer gemeinsamen Bahn befinden und sich nur in ihrem „Spin" (Eigendrehimpuls) unterscheiden. Die sogenannte Drehimpulsspinquantenzahl kann die Werte $+\frac{1}{2}$ und $-\frac{1}{2}$ annehmen, die Elektronen drehen sich entgegengesetzt.

Element, chemisches: Substanz, die nur aus einer einzigen Art von Atomen besteht. Siehe „Atom".

Elementar: Im chemischen Sinne: Eine Substanz, die nur aus einem Element besteht. Der Gegensatz dazu ist, wenn die Substanz Teil einer Verbindung mit anderen Elementen ist.

Enantiomere: „Optisch aktive" Verbindungen: Paare von organisch-chemischen Verbindungen mit einem „asymmetrischen" Kohlenstoffatom, die Spiegelbilder voneinander sind. Siehe Anhang G.3.5 („Enantiomere").

Endocytose: Importieren in eine Zelle durch Einhüllen eines außen liegenden Teilchens in Lipidmembran, die ein Teil der Zellmembran ist, um ein Bläschen zu formen, das sich anschließend nach innen öffnet. Damit können auch relativ große Teilchen in die Zelle eingeschleust werden.

Endosymbiose: Enges Zusammenleben zweier Lebewesen, eines innerhalb des anderen. Eine Zelle lebt in der anderen, ein Organismus im anderen.

Energie: „Arbeitsmenge", es gibt verschiedene Formen: Mechanische, elektrische, magnetische, chemische, Lichtenergie, Wärme u. a.

Enol: Chemische Verbindung, die eine alkoholische Hydroxylgruppe („ol") direkt an einer Doppelbindung („en") trägt. Steht mit ihrer Ketonform im Gleichgewicht (Tautomerie, siehe Anhang G.3.4, „Isomerie, Tautomerie, Mesomerie").

Enthalpie: Zahlenwert für eine Energiemenge, nachdem für Änderungen des Volumens bei dem aktuellen Luftdruck korrigiert ist.

Entropie: Eine wenig anschauliche Größe der Physik, ihre Dimension ist Energie/Temperatur. Die Entropie ist auch ein Maß für die Wahrscheinlichkeit eines Zustands und damit für seine Unordnung. Der Gegenspieler der Entropie ist die „freie Energie" bzw. die „Gibbs-Energie". Siehe Anhang E.1 („Der zweite Hauptsatz der Thermodynamik").

Enzym: Ein Protein, das eine bestimmte chemische Reaktion katalysiert, analog zu Ribozym (katalytische Ribonukleinsäure).

Epigenetik: Kurzzeitgenetik (hält maximal einige Generationen lang), wird nicht in der Basensequenz der DNA fixiert, sondern besteht in reversibler chemischer Veränderung der Basen oder auch der Histonmoleküle.

Essentielle Aminosäuren: a) Diejenigen Aminosäuren, die der menschliche Körper nicht selbst synthetisieren kann, und die daher mit der Nahrung zugeführt werden müssen (Problem der Veganer). b) Notwendige Aminosäuren mit spezieller Funktion im Aktiven Zentrum von Enzymen, bei deren Ersatz durch andere Aminosäuren das Enzym seine Aktivität einbüßen würde.

Eukaryonten: Lebewesen, deren Zellen intern in Unterabteilungen gegliedert sind und sogenannte Organellen enthalten wie z. B. Zellkern, Mitochondrien und andere. In den letzten Jahren setzt sich immer mehr die Wortform „Eukaryoten" durch, die eigentlich ein Anglizismus ist (aus dem Englischen übernommen).

Evolution: Langsame stetige Entwicklung aufgrund der Gesetze der Natur. Ist das Gegenteil zur Revolution (dem plötzlichen Umsturz durch externe Kräfte). Wird meist auf Biologie angewandt, gilt aber universell, auch für die Geologie.

Exocytose: Gegenteil von Endocytose, „Export" eines größeren Teilchens aus der Zelle. Die Vorgänge sind exakt umgekehrt.

Exons: Abschnitte eines Strukturgens, die in Aminosäuren übersetzt werden (sie werden „exprimiert").

Fehlerquote: Anzahl der Kopierfehler pro Anzahl der kopierten Nukleotide.

Fettmolekül: Esterverbindung dreier Fettsäuren mit Glyzerin.

Flutbasalt: Erkaltete Lava aus einem so riesigen Vulkanausbruch, dass der entstandene Basalt ganze Landschaften mit riesigen Ebenen bildet.

Fossilien: Versteinerte Überreste von Lebewesen der Vergangenheit.

Frequenz: Die Häufigkeit regelmäßiger Vorgänge (z. B. Schwingungen) pro Zeiteinheit, gemessen in Ereignissen pro Sekunde. Die Einheit der Frequenz ist Hertz.

Funktionelle Gruppen: Die chemischen Gruppen der Seitenketten der Aminosäuren, die chemische Aktivitäten entwickeln können; z. B. Säuregruppe bei Asparaginsäure und Glutaminsäure, die basische Aminogruppe bei Lysin, der elektronenverschiebende Imidazolrest bei Histidin, oder alkoholische $-OH$-Gruppe bei Serin und Threonin usw.

Galaxie: „Spiralnebel" aus Milliarden von Sternen, unsere Milchstraße ist eine davon.

Gen: Abschnitt des Erbguts. Früher betrachtet als die Einheit, die für eine bestimmte Eigenschaft verantwortlich ist; heute definiert ein „Strukturgen" die Aminosäuresequenz und damit die molekulare Struktur eines Proteins.

Genetik: Wissenschaft von der Vererbung, heute mit Schwerpunkt auf den Erbmolekülen der DNA, Molekulargenetik.

Genetischer Code: Übersetzungsliste (Codierschlüssel, Chiffrierschlüssel), die definiert, wie aus der Nukleotidsequenz von Nukleinsäuren die Aminosäuresequenz von Proteinen abgelesen wird.

Genom: Das gesamte Erbgut eines Lebewesens. Bei Prokaryonten besteht es aus einem einzigen DNA-Molekül, das zum Ring geschlossen ist. Das sehr viel größere Genom der Eukaryonten ist verteilt auf mehrere Chromosomen mit offenen Enden.

Genotyp: Die Summe der in Genen niedergelegten Eigenschaften eines Organismus, de facto das Genom.

Geologie: Naturwissenschaft der Erde und der Gesteine, ihrer Struktur und Entwicklung.

Glykogen: Speicherform von Traubenzucker in Muskel- und Leberzellen.

Gradient: Schritt oder Stufe im Konzentrationsverlauf einer Substanz (z. B. Protonengradient = Stufe im Säuregrad). Manchmal auch für linear verlaufenden An- oder Abstieg einer Konzentration verwendet (z. B. Zuckergradient bei der präparativen Ultrazentrifugation).

h · v: Energie eines Photons („Lichtteilchens"). Dabei ist h das Plancksche Wirkungsquantum und v die Frequenz des Lichts (Schwingungen pro Sekunde, der Quotient Lichtgeschwindigkeit/Wellenlänge).

Habitabel: Bewohnbar, Bezeichnung für die Zone um einen Stern, in der die Temperatur auf Planeten flüssiges Wasser und Leben erlaubt und in der die Strahlungsintensität angemessen ist.

Habitat: Lebensraum, ökologische Nische.

Halophile: Bakterien, die in extrem salzhaltigem Wasser leben, z. B. im Toten Meer oder in den Becken von Anlagen zur Gewinnung von Meersalz.

Hämoglobin: Der rote Blutfarbstoff, das Protein, das im Blut Sauerstoff transportiert. Wichtig für Ausdauer.

Haploide Zelle: Eukaryontenzelle mit nur einem Chromosomensatz, Keimzelle.

Helix: Spirale, Windung, Schnecke (griechisch).

Hetero-: Vorsilbe, die Verschiedenheit bedeutet, vom griechischen *heteros*. Benutzt für Polymere, deren Bestandteile nicht völlig gleich aber ähnlich sind, oder in der organischen Chemie für Atome, die nicht Kohlenstoff oder Wasserstoff sind (z. B. Stickstoff, Sauerstoff, Schwefel, Chlor, Phosphor usw.).

Heterozyklisch: Ringmolekül, dessen Ringgerüst nicht nur Kohlenstoff sondern auch andere Elemente enthält (Stickstoff, Sauerstoff, Schwefel).

Histone: Proteine im Zellkern, die Wickelkerne bilden, um die sich die DNA-Doppelhelix windet.

Hochmolekular: Chemische Verbindung mit hohem Molekulargewicht (Makromolekül).

Horizontaler Gentransfer: Austausch von genetischem Material zwischen Individuen derselben Generation, siehe Plasmide.

Hybridisierung: Bei Elektronen die Kombination von energieärmeren Bahnen mit energiereicheren von anderer Geometrie, wobei ein für alle gemeinsames neues Energieniveau und eine neue gemittelte Geometrie erzeugt wird.

Hydrolyse: Aufspaltung eines Moleküls in zwei Teile durch Einschieben eines Wassermoleküls. Gegenreaktion zur Kondensation.

Hydrophil: Wasserfreundlich, fettabstoßend.

Hydrophob: Wasserabstoßend, fettfreundlich.

Hydrothermale Quellen: Heißwasserquellen, vor allem in der Tiefsee. Aufgrund des hohen Drucks dort kann die Wassertemperatur 200 °C übersteigen. Die stark strömenden Quellen sind meist sauer und transportieren schwarze Metallsulfide, die beim Abkühlen in der Umgebung unlöslich werden und sich ablagern und dabei Kamine bilden. Diese Quellen werden „Schwarze Raucher" genannt. Die alkalischen Quellen haben meist kleine Poren. Die wenigen mit größeren Strömungskanälen stoßen weißes Material aus („Weiße Raucher").

Hypothese: Unbestätigte Idee oder ungeprüfter Vorschlag, wie etwas sein oder funktionieren könnte. Die Hypothese wird zur Arbeitshypothese, wenn man sie für wahrscheinlich hält und sie experimentell zu bestätigen sucht.

Imidazol: Fünfgliedriger Ring, Heterozyklus mit zwei Stickstoffatomen und zwei Doppelbindungen (Abb. 11.2 als Teil der Histidinseitenkette). Kann Doppelbindungen und gebundene Protonen sehr effektiv verschieben, ist ein erstklassiger organisch-chemischer Katalysator.

Imin: Verbindung von Ammoniak (NH_3) mit dem C-Atom eines anderen Moleküls durch Doppelbindung. Stickstoffanalog zum Keton oder Aldehyd (=NH anstatt =O).

Information: Substanz des Wissens. Information benötigt zu ihrer Entstehung und zu ihrer Weitergabe grundsätzlich Energie.

Introns: Dazwischengeschobene Stücke eines Strukturgens („Einschübe"), die vor dem Übersetzen in Aminosäuren entfernt werden müssen. Ihre Funktion ist (noch) weitgehend unbekannt.

Ion: Elektrisch geladenes Teilchen. In der Chemie ein elektrisch geladenes Atom oder Molekül. Der Name aus dem Griechischen bedeutet Wanderer und wurde so definiert, weil Ionen im elektrischen Feld wandern.

Isomerie: Unterschiedliche Anordnung der Atome bei identischer Zusammensetzung (unterschiedliche Moleküle mit identischer Summenformel).

Isotope: Varianten von Atomen desselben Elements, die sich in der Zahl der Neutronen im Atomkern und damit auch im Atomgewicht unterscheiden. Chemisch verhalten sich die Isotope eines Elements völlig gleich.

Isoenzyme, Isozyme: Varianten eines Enzyms mit unterschiedlichen Eigenschaften, oft in unterschiedlichen Organen auftretend, z. B. Herzform und Muskelform (H und M) der Laktatdehydrogenase (H-LDH und M-LDH).

Kalorimeter: Gerät zur Messung der Wärmeänderung einer Reaktion.

Kapsid: Äußere großporige Umhüllung von Prokaryonten, mechanisch stabil. Der Begriff wird heute auch für die Proteinhülle der Viren benutzt.

Katalyse: Beschleunigung einer chemischen Reaktion durch einen Katalysator. Das ist eine Substanz, die in die Reaktion eingreift, aber kein Teil davon ist und unverändert wieder daraus hervorgeht. Erniedrigt die Aktivierungsenergie.

Kation: Elektrisch positiv geladenes Atom oder Molekül (wandert im elektrischen Feld zur Kathode).

Keimzellen: Fortpflanzungszellen (Eizellen, Spermien), haploid.

Kinetik: Die Lehre von Bewegung und Geschwindigkeit, hier der chemischen Reaktionen.

Kohlenhydrate: Chemische Substanzen, die aus Kohlenstoff sowie aus Wasserstoff und Sauerstoff im Verhältnis 2 : 1 (wie im Wasser) bestehen. Chemische Summenformel: $C_n H_{2m} O_m$.

Kohlenwasserstoffe: Verbindungen, die nur aus Kohlenstoff und Wasserstoff bestehen, sind extrem hydrophob (Benzin, Schmieröl).

Kompartimetierung: Einrichtung von Unterteilungen für unterschiedliche Funktionen in einer Zelle (z. B. Organellen).

Komplementär: Sich ergänzend, zusammenpassend; so wie Gussform und Gussstück.

Komplex: Aggregat mehrerer Moleküle.

Kondensation: In der Chemie versteht man darunter die chemische Kopplung zweier Moleküle durch Abspaltung eines Wassermoleküls (H_2O). Die Gegenreaktion (Spaltung durch Einbau eines Wassermoleküls) nennt man Hydrolyse. Üblicherweise wird der Ausdruck Kondensation nicht so streng auf Wasserabspaltung beschränkt und auch auf Abspaltung anderer kleiner Moleküle angewandt, z. B. Chlorwasserstoff (HCl), Ammoniak (NH_3) oder Phosphorsäure (H_3PO_4). Die Hauptsache ist, dass eine Synthese stattfindet.

Konformation: Die Form eines Moleküls, das Bindungen enthält, um die sich Molekülteile drehen können. Wichtig vor allem bei Makromolekülen.

Kontraktil: Mit der Fähigkeit, sich zusammenzuziehen.

Konvergente Evolution: Entwicklung, bei der sich unterschiedliche Ausgangsformen auf eine einzige Zielform hin aufeinander zu entwickeln. Beispiele sind die Enzymklasse der Hydrolasen, die bei unterschiedlicher Allgemeinarchitektur ihrer Proteinmoleküle identisch gebaute aktive Zentren aufgebaut haben.

Konzentration: Menge einer Substanz pro Volumeneinheit, z. B. Gramm pro Liter bei der Angabe von Zucker und Säure in Wein. In der Chemie wird im Allgemeinen die Menge in Mol angegeben (Gramm/Molekulargewicht).

Kovalente Bindungen: Chemische Bindungen durch Elektronenpaare, die zwei Atomen gemeinsam zugehören.

Kreationisten: Menschen, die glauben, dass das Leben nicht auf natürliche Weise entstanden ist, sondern von einem Schöpfer (Gott, „Intelligenter Designer" o. ä.) geschaffen wurde. Besonders in den USA weit verbreitet.

Lauge: Lösung stark alkalischer Substanzen in Wasser, siehe pH.

Lipide: Wasserabstoßende Substanzen, die Glyzerin und meist Fettsäuren enthalten (Fettmoleküle). Die Fettsäuren können in Phospholipiden auch durch Terpene ersetzt werden.

Lipophil: Fettfreundlich (wasserabstoßend).

Lipophob: Fettabstoßend (wasserfreundlich).

Luca: *Last universal common ancestor*, ist eine Sammlung von Genen, die allen Lebewesen gemeinsam sind, der früheste gemeinsame Nenner des Lebens.

Lysosomen: Zellorganellen der Eukaryonten, Spezialisten mit eigenen Enzymen für den Abbau beschädigter Makromoleküle und Freisetzung der dadurch gewonnenen Bausteine für neue Synthesen.

Makromoleküle: Große Moleküle, die biologischen sind meist aus unterschiedlichen Bausteinen desselben Typs zusammengesetzt, meist linear. Synthetische Kunststoffe sind ebenfalls Makromoleküle, bestehen jedoch nur aus einer einzigen Bausteinart. Molekulargewichte über 2000.

Massenspektrometer: Gerät zur Bestimmung der exakten Masse von Molekülen, Molekülfragmenten und Atomen.

Membran: Schicht, die Räume trennt, aber häufig eine gewisse Durchlässigkeit für spezielle Substanzen aufweist. Meist Doppelschicht von Phospholipiden.

Membranproteine: Proteine, die so in eine Zellmembran eingebettet sind, dass ein Teil nach „außen" zeigt und ein anderer Teil nach „innen". Sie dienen als „Stadttore" der Zelle, die das Innere mit der Außenwelt verbinden.

Mesomerie: Unterschiedliche Darstellung von Doppelbindungen in der Strukturformel bei identischer elektronischer Struktur (d. h. bei identischer Wellenfunktion nach Schrödinger).

Messenger-RNA, mRNA: „Bote", Arbeitskopie eines Gens, umgesetzt von DNA zu RNA, an der das Protein synthetisiert wird. Bei Eukaryonten müssen die Messenger vor der Synthese editiert werden, d. h. die Introns werden herausgeschnitten.

Metabolismus: Der Stoffwechsel, die Gesamtheit der chemischen Reaktionen in einer Zelle, vor allem die Verwertung von Nahrungsstoffen.

Methylierung: Chemisches Anhängen einer Methylgruppe an ein Molekül.

Michaelis–Menten: Enzymkinetik (Verlauf der Reaktionen und Abhängigkeit der Enzymgeschwindigkeit von der Substratkonzentration) einfacher Enzyme, die der Funktion der isothermen Sättigungskurve folgt, aufgestellt 1913 von Leonor Michaelis und Maud Menten.

Mikroorganismen: Sehr kleine einzellige Lebewesen, die nur mit dem Mikroskop beobachtbar sind, wie beispielsweise Bakterien, Hefepilze, Amöben und andere.

Mikro-RNA: Sehr kleine RNA-Moleküle, die die Genablesung steuern.

Mitochondrien: Zellorganellen der Eukaryonten, Spezialisten für Atmung und Sauerstoffverarbeitung im Metabolismus. Stammen ursprünglich von den Proteobakterien ab.

Modelle: Theoretische Vorstellungen von Strukturen und Vorgängen. Siehe auch Anhang H („Computermodelle").

Mol: Ein Mol einer chemischen Verbindung ist eine Menge von so viel Gramm, wie der Betrag des Molekulargewichts ist. Da die Atomgewichte und Molekulargewichte von Elementen und molekularen Substanzen unterschiedlich sind, wären chemische Berechnungen nach *Gewicht* sehr umständlich. Durch das Mol wird ein Maß geschaffen, das auf der *Anzahl* der Moleküle bzw. Atome beruht. Ein Mol einer Substanz (z. B. 18 g Wasser oder 16 g Methan oder 44 g Kohlendioxid) enthält $6 \cdot 10^{23}$ Moleküle, das ist vergleichbar mit der Anzahl aller Sterne im gesamten

Universum (in allen Galaxien zusammengenommen). Bei Elementen wird für dieselbe Anzahl Atome der Begriff Grammatom benutzt.

Molarität, molar: Das vom Chemiker benützte Maß für die Konzentration von Stoffen, ist definiert als die Anzahl Mol einer Substanz pro Liter Volumen. Gleiche Molarität bedeutet gleiche Anzahl von Molekülen pro Liter.

Molekül: Ansammlung mehrerer Atome, die durch kovalente Bindungen zu einer festen, geordneten chemischen Einheit verbunden sind. Die Anordnung der Atome eines Moleküls wird in einer sogenannten Strukturformel dargestellt. Sie ist grob vergleichbar mit einem Stadtplan, wobei der Stadtplan die Anordnung der Straßen stark verkleinert wiedergibt, während die Strukturformel die Anordnung der Atome im Molekül sehr stark vergrößert darstellt.

Molekularbiologie: Die Biologie betrachtet aus der Perspektive der Moleküle, überlappt weitgehend mit der Biochemie.

Molekulargewicht: Die Summe der Atomgewichte eines Moleküls.

Monochromatisches Licht: Licht von nur einer einzigen Wellenlänge.

Monomere: Einzelbausteine geeignet für Kettenmoleküle. Zum Beispiel Nukleotide für Nukleinsäuren, Aminosäuren für Proteine, Glukose für Stärke und Zellulose. Auch Bezeichnung für Proteine ohne Quartärstruktur (nur 1 Kette).

Mutation: Die Veränderung der Basensequenz von Nukleinsäuren, die meist in der Folge zu Veränderung der Aminosäuresequenz der codierten Proteine führt. Oft spontan (durch Fehler der kopierenden Enzyme), manchmal durch chemische Verbindungen (Mutagene), oder durch den Einfluss von Strahlung.

Mutationsrate: *Molekular*: Die Durchschnittliche Anzahl von Mutationen eines Genoms pro 100 Basen und pro Zeiteinheit. *Biologisch*: Die durchschnittliche Anzahl von in einer Bevölkerung etablierten Mutationen pro Jahrhundert (oder anderer Zeiteinheit) dividiert durch die Bevölkerungszahl.

NAD, Nikotinamid-Adenin-Dinukleotid: Ein Coenzym für Redoxreaktionen. Das Molekül ist ein symmetrisches Dinukleotid, dessen Molekülteile wie folgt angeordnet sind: Nikotinamid-Ribose-Phosphat-Phosphat-Ribose-Adenin.

NADP, Nikotinamid-Adenin-Dinukleotid-Phosphat: Ein zum NAD analoges Coenzym. Auch dieses Molekül ist ein symmetrisches Dinukleotid, das aber an C-$2'$ der adeninseitigen Ribose ein zusätzliches Phosphat trägt.

Nanometer: nm, 10^{-9} m, ein millionstel Millimeter, ein milliardstel Meter.

Naturgesetz: Gesetzmäßigkeit bei natürlichen Vorgängen, die auf Beobachtungen und Messungen beruhen. Die physikalischen und chemischen Gesetze sind streng und „falsifizierbar": ein einziges Gegenbeispiel macht sie ungültig. Sie sind meist in mathematischen Gleichungen formuliert. Die Gesetze der Biologie und der Geologie sind weicher und unterliegen nicht streng dem Gebot der Falsifizierbarkeit, sie beruhen auf gesammelten Erfahrungen.

Naturwissenschaften: Diejenigen Wissenschaften, die ausschließlich auf Beobachtungen, Experimenten und streng logischen Schlussfolgerungen (Kausalität) beruhen. Das sind Physik, Chemie, Geowissenschaften und Biologie in allen ihren

Verästelungen in Spezialfächer. Es gibt *kein* Vorwissen (z. B. aus heiligen Schriften, Offenbarungen oder parapsychologischen Eingebungen). Alle Erkenntnisse beruhen auf Fakten, die überall und von jedermann überprüft werden können, der die Fähigkeit hat, die erforderlichen Methoden anzuwenden.

Nebenreaktionen: Unbeabsichtigte Vorgänge bei chemischen Reaktionen, die zu unerwünschten Produkten führen und z. B. bei Synthesen die Ausbeute des erwünschten Produkts verringern.

Neutronen: Elektrisch neutrale (ungeladene) Elementarteilchen von etwa dem Gewicht von Protonen. Sind nur im Atomkern stabil.

Niedermolekulare Verbindung: Chemische Verbindung mit niedrigem Molekulargewicht (etwa unter 1000).

Nukleinsäuren: Polymere Makromoleküle, deren Bausteine Nukleotide sind. Es gibt Ribonukleinsäuren (RNA) und Desoxyribonukleinsäuren (DNA).

Nukleoside: Nukleotide ohne den Phosphorsäureteil, nur Base und Zucker.

Nukleotide: Organisch-chemische Verbindungen, die aus einer „Base" (alkalischer = basischer Molekülteil), einem Pentosezucker (Ribose oder Desoxyribose) und einer Phosphorsäuregruppe bestehen. Sie sind die Bausteine der Nukleinsäuren RNA und DNA, kommen in lebenden Zellen aber auch einzeln vor.

Oligomere: Kettenmoleküle aus mehreren Monomeren, z. B. Oligonukleotide oder Peptide (bis 99 Aminosäuren lang, längere heißen Proteine) oder Oligosaccharide. In der Länge definierte Oligomere haben die Länge in griechischen Zahlwörtern vorangestellt: Länge = 2: Dimer, Länge = 3: Trimer, Länge = 4: Tetramer, Länge = 5: Pentamer, Länge = 6: Hexamer, Länge = 7: Heptamer, Länge = 8: Oktamer, Länge = 9: Nonamer, Länge = 10: Dekamer usw. Peptide sind Oligomere von Aminosäuren.

Omnipotente Zellen: Nichtspezialisierte Zellen, in denen das gesamte Genom funktionell ist. Dienen als Keimzellen für die Fortpflanzung.

Optisch aktive Moleküle: siehe „Enantiomere".

Orbital: „Bahn" eines Elektronenpaares um einen Atomkern. Ein Orbital kann von zwei Elektronen mit entgegengesetzter Drehrichtung (Spin) besetzt werden.

Organellen: Durch Lipidmembranen abgetrennte Bereiche innerhalb von Zellen. Organellen haben spezielle Funktionen, sie entsprechen im Prinzip etwa den inneren Organen im Gesamtkörper.

Organische Chemie: Chemie des Kohlenstoffs. Teilgebiete sind die Chemie der Farbstoffe, Naturstoffchemie (Pflanzeninhaltsstoffe usw.), Chemie der synthetischen Arzneimittel, Kunststoffchemie u. a.

Osmose: Effekt, dass durch die Anwesenheit von gelösten Teilchen in einer Lösung in einem abgeschlossenen Raum ein Druck aufgebaut wird. Die Gasgesetze der Physik sind bei Abschluss durch geeignete Membranen somit auch auf Lösungen anwendbar.

Oxidation: Chemische Bindung von Sauerstoff an ein Element (z. B. Rosten, Verbrennung). In der Chemie auch graduelle Erhöhung der Anzahl der Bindungen eines Atoms an Sauerstoff oder andere elektronenentziehende Elemente (z. B. Chlor oder Schwefel), oder Verringerung der Zahl der Bindungen an Wasserstoff. Gegenteil der (chemischen) Reduktion.

Ozon: O_3, stark riechende molekulare Variante des Sauerstoffs (normal O_2).

Parameter: Messbare Faktoren wie z. B. Temperatur und Druck, die ein System definieren und sein Verhalten bestimmen. In Experimenten wird oft ein Parameter variiert, während alle anderen konstant gehalten werden, so dass man mit Serien von Experimenten alle Einflüsse ermitteln kann.

Partialdruck: Der Druckanteil eines bestimmten Gases in einem Gasgemisch, z. B. ist der Partialdruck des Sauerstoffs in der Atmosphäre ca. 0,2 bar, da der gesamte Atmosphärendruck 1 bar und der Sauerstoffanteil 20 % ist.

Peptide: Oligomere der Aminosäuren, kurze Proteine, Länge unter 100.

Periodensystem der Elemente: Graphische Anordnung aller Elemente in einer Weise, die chemische Verwandtschaft einfach erkennen lässt. Ist geordnet nach Elektronenschalen (Zeilen „K", „L", „M", usw.). Beschrieben in Anhang G.1 („Atome und Allgemeines").

pH: Säuregrad. Genau: Der negative Logarithmus der H^+-Konzentration. Neutral ist pH 7, 1-molar starke Säure ist pH 0, 1-molar starke Lauge ist pH 14.

pH-Gradient: Protonengradient, Grenzfläche zwischen Bereichen mit höherem und niedrigerem pH.

Phanerozoikum, Phänozoikum: „Erdzeit des sichtbaren Lebens", Periode der Erdgeschichte, in der die Gesteine durch sichtbare Fossilien charakterisiert werden (Beginn vor 541 Mio. Jahren). Periode der klassischen geologischen Einteilung der Gesteinsschichten vom Kambrium bis heute (Holozän im Quartär).

Phänotyp: Die Summe der von Genen bestimmten Merkmale, die in einem fertigen Organismus ausgebildet sind.

Phosphat: a) Salz der Phosphorsäure. b) Anion der Phosphorsäure (negativ geladen), phosphorhaltiger Teil von Salzen oder Estern der Phosphorsäure.

Da die Phosphorsäure drei positiv geladene Wasserstoffionen abspalten kann, gibt es primäre, sekundäre und tertiäre Phosphate. In einem Organismus herrschen meist pH-Werte, bei denen die Phosphorsäure teilweise dissoziiert ist. Deshalb werden in der Kurzsprache der wissenschaftlichen Institute im Allgemeinen die Ausdrücke Phosphat und Phosphorsäure alternativ benutzt. Das gilt auch für Pyrophosphat/Pyrophosphorsäure und Oligophosphate/Oligophosphorsäuren und andere Substanzen mit Phosphat-/Phosphorsäuregruppen. Im Sachverzeichnis werden beide Formen unter einem der beiden Begriffe zusammengefasst.

Phospholipide: Fettmoleküle, bei denen ein Fettsäurerest durch ein phosphathaltiges Molekül mit einem basischen Teil (hydrophil) ersetzt wurde, sie sind amphoter und am hydrophilen Teil elektrisch geladen. Bilden Membranen, deren eine Seite wasserfreundlich und die andere wasserabstoßend ist. Doppelmembranen entstehen, indem die wasserabstoßenden Seiten zweier Membranen sich verbinden.

Phosphorylierung: Ankoppeln eines Moleküls Phosphorsäure an ein Molekül, meist an eine alkoholische Gruppe (–OH).

Photon: Lichtquant, „Teilchen" des Lichts. Masselose Welle, besteht aus elektromagnetischer Energie.

Photoreaktion: Chemische Reaktion unter Beteiligung von Licht als Energielieferant oder als Lieferant von Aktivierungsenergie.

Photosynthese: Gewinnung chemischer Energie aus Licht. Bei der Spaltung von Wasser (Cyanobakterien, Chloroplasten der Pflanzenzellen) wird als „Abfallprodukt" Sauerstoff freigesetzt. Der gewonnene Wasserstoff und die gewonnene Energie werden für Synthesen organischer Moleküle aus Kohlendioxid verwendet.

Phototrophe Organismen: Lebewesen, die ihre Energie zum Leben aus Licht beziehen, also in Licht wachsen und vom Licht abhängig sind.

Physik: Die Naturwissenschaft von den Kräften, von Energie, Bewegung, Grundlagen der Materie.

Planeten: Größere Trabanten eines Sterns, die ihn umkreisen.

Plasmide: Stücke von Nukleinsäuren, die zwischen individuellen Bakterien bzw. Archäen ausgetauscht werden und in der Zelle separat liegen.

Polarisiertes Licht: Licht, dessen Wellen nur in *einer* Ebene schwingen.

Polarisierung elektrische: In einem elektrisch neutralen Körper eine innere Verschiebung der Ladungsträger, so dass äußerlich ein leicht positives und ein leicht negatives Ende (zwei Pole mit Teilladung) entstehen.

Polymerase: Enzym, das Monomere zu Polymeren verknüpft, aber auch Polymere spaltet.

Polymere: Kettenmoleküle aus sehr vielen Monomeren, z. B. Nukleinsäuren oder Proteine oder Zellulose oder Stärke. Nukleinsäuren sind Polymere (Typ Polyester) von Nukleotiden, Proteine sind Polymere (Typ Polyamid) von Aminosäuren (ab 100 Aminosäuren, bis 99 werden sie offiziell „Peptide" genannt), und Zellulose und Stärke sind beides Polymere (Typ Polyäther) von Traubenzucker (Glukose).

Polypeptidkette: Aminosäurekette eines Proteins, deren räumliche Faltung die Struktur des Proteinmoleküls bestimmt.

Präbiotische Phase: Zeit vor der Biologie, Phase der chemischen Evolution, in der die Bestandteile des Lebens entwickelt wurden.

Prokaryonten: Einzellige Lebewesen, deren Zellen intern nicht gegliedert sind (kein Zellkern oder andere Organellen). In den letzten Jahren setzt sich immer mehr die Wortform „Prokaryoten" durch, die eigentlich ein Anglizismus ist (aus dem Englischen übernommen).

Proportionalität: Verhältnismäßigkeit um denselben Faktor.

Proteine: Große Moleküle (lineare Biopolymere mit räumlicher Faltung), die aus Aminosäuren zusammengesetzt sind. Die Sequenz der Aminosäuren ist codiert in Nukleinsäure. Proteine machen etwa 50 % der Trockensubstanz von Zellen aus.

Proteobakterien: Bakterien, die als erste den von den Cyanobakterien freigesetzten Sauerstoff für den eigenen Stoffwechsel benutzten (Atmung).

Protonen: Elektrisch positiv geladene Elementarteilchen von etwa demselben Gewicht wie Neutronen. Atomkerne des Wasserstoffatoms, elektrisch positiv geladene Wasserstoff-Ionen, H^+.

Protonen-Gradient: pH-Gradient, Grenzfläche zwischen Bereichen mit höherer und niedrigerer H^+-Konzentration. Unterschied der Protonenkonzentration.

Protonenpumpe: Enzymsystem, um Protonen durch eine Membran zu pumpen, so dass ein Protonengradient entstehen und verstärkt werden kann.

Protoplasma: Ansammlung von Molekülen des Lebens ohne Zellstruktur. Früher wurde der Zellinhalt (nach Entfernung der Zellhülle) Protoplasma genannt (jetzt: „Cytoplasma"), heute benutzt man das Wort eher für „Leben ohne Struktur", d. h. eine Ansammlung aller Komponenten des Lebens in wässriger Lösung mit der Fähigkeit zur Vermehrung, speziell der Nukleinsäuren, des Erbguts, ohne Aufteilung in Individuen (Zellen).

Protozoen: Mikroskopisch kleine einzellige Tiere.

Punktmutation: Mutation, die nur ein einziges Nukleotid verändert.

Purin: Heterozyklisches Molekül, bestehend aus zwei aneinander kondensierten Ringen, einem Ring aus 6 Gliedern und einem aus 5 Gliedern (2 Atome sind gemeinsam), jeder Ring besitzt 2 Stickstoffatome. Zur Familie der Purinabkömmlinge gehören Purpursäure (Murexid) und Barbitursäure. Von dieser stammen die früher sehr populären Schlafmittel Veronal (Barbital), Evipan (Hexobarbital), Luminal (Phenobarbital) und Phanodorm (Cyclobarbital) ab; Evipan diente auch als Narkosemittel in der Chirurgie.

Pyrimidin: Heterozyklisches Molekül, bestehend aus einem Ring aus 6 Gliedern, 4 Kohlenstoff- und 2 Stickstoffatomen. Zur Familie der Purinabkömmlinge gehören auch Coffein, Theophyllin (im Tee), Theobromin (im Kakao) und Harnsäure (verursacht Gicht).

Quartärstruktur: Zusammensetzung von Proteinen aus mehreren gleichen oder sehr ähnlichen Polypeptidketten.

Radikal: Chemische Verbindung, die ein ungepaartes Elektron enthält (markiert ·) und daher extrem instabil und somit auch extrem reaktionsfähig ist.

Reaktion, chemische: Vorgang, bei dem chemische Bindungen zwischen Atomen geformt und/oder getrennt werden.

Reaktionsenergie: Energiebetrag, den eine chemische Reaktion insgesamt erzeugt oder verbraucht. Ist unabhängig von der Aktivierungsenergie.

Reaktionsgleichgewicht: Beschreibung der Konzentration von Ausgangsstoffen und Reaktionsprodukten und ihrem Verhältnis zueinander. Wenn ein Gleichgewicht erreicht ist, gibt es keinen Nettostofftransport mehr, die Konzentration aller beteiligter Substanzen bleibt konstant.

Reaktionsgleichung: Symbolische Beschreibung einer chemischen Reaktion. Der Ausdruck „-gleichung" rührt daher, dass auf beiden Seiten (vorher/nachher) die Summe der Atome und die Summe der Energien gleich sein muss.

Reaktionskinetik: Beschreibung der Geschwindigkeit von chemischen Reaktionen und ihrer einzelnen Teilschritte.

Reaktionsmechanismus: Beschreibung der Detailvorgänge bei einer chemischen Reaktion. Was passiert mit den einzelnen Atomen und den einzelnen Elektronen beim Schließen, Aufspalten oder Umlagern von chemischen Bindungen?

Reduktion, chemische: Gegenteil von Oxidation (z. B. Verhüttung von Metall-Erzen). Bei der Reduktion wird die Anzahl der Bindungen eines Atoms an Sauerstoff verringert bzw. die Zahl der Bindungen an Wasserstoff erhöht.

Repressor: Proteinmolekül, das die Ablesung eines Gens blockiert.

Rezeptor: Proteinmolekül, das in den meisten Fällen in der Außenmembran einer Zelle eingebettet ist. Der außenliegende Teil bindet spezifisch irgendwelche Effektoren wie z. B. Hormone, der innenliegende Teil veranlasst in der Zelle gewisse Reaktionen, sobald ein Effektor außen bindet.

Ribosomen: Zellorganellen, an denen die Proteinsynthese stattfindet. Große zweiteilige Komplexe aus mehreren Nukleinsäuren und zahlreichen Proteinen.

Ribozyme: Ribonukleinsäuren, die bestimmte chemische Reaktionen katalysieren, analog zu den Enzymen, die vom Molekültyp Proteine sind.

RNA, Ribonukleinsäure: Polymer von Ribonukleotiden. Das Erbmaterial in der ersten Phase des Lebens. Heute Funktionen als Messenger, zum Aminosäure-Transfer, Bestandteil von Ribosomen, u. a.

Röntgenstrahlung: Sehr kurzwelliges und damit energiereiches „Licht", dessen Wellenlänge den Abständen von Atomen entspricht. Kann daher zur Analyse von Molekülstrukturen benutzt werden. Bilderzeugung durch Beugung an Kristallen (Proteinanalyse) oder geordneten Fasern (Nukleinsäureanalyse).

Saccharide: Zuckerverbindungen.

Saccharose: Unser Haushaltszucker aus Zuckerrohr oder aus Zuckerrüben.

Säure: Substanz, die H^+-Ionen abspalten kann, siehe pH.

Seitenkette: Die chemische Gruppe, die am $C\alpha$-Atom einer Aminosäure befestigt ist und damit an der Hauptkette eines Proteinmoleküls.

Selektion: Auslese, vor allem die natürliche Auslese der Evolution.

Selektivität: Bei Bindung von Effektoren an Rezeptoren die Breite oder Einengung der Auswahl je nach Ähnlichkeit der gebundenen Moleküle, bis hin zur vollen Spezifität für nur eine einzige Substanz.

Sequenz: Die Abfolge der Kettenglieder bei Kettenmolekülen, die aus unterschiedlichen Kettengliedern bestehen (Basensequenz oder Nukleotidsequenz bei Nukleinsäuren, Aminosäuresequenz bei Proteinen).

Sexuelle Fortpflanzung: Fortpflanzung, bei der zwei Individuen Genmaterial beisteuern. Bewirkt schnelle Durchmischung der Gene einer Population.

Somatische Zellen: Reine Körperzellen, diploid, nicht geeignet für Fortpflanzung.

Spezies: Fachausdruck für eine biologische Art.

Spezifität: Bei Katalysatoren die Beschränkung auf wenige Reaktionen mit sehr ähnlichen Substraten, im heute meist auftretenden Idealfall auf nur eine einzige Reaktion eines einzigen Substrats.

Stereoblick: Räumliches Sehen. Beruht darauf, dass beide Augen im Prinzip dasselbe Bild sehen, aber aufgrund des Abstands der Augen haben die beiden Bilder sehr geringe Unterschiede, aus denen das Gehirn die „Tiefe" ermittelt.

Stoffwechsel, Metabolismus: Die Gesamtheit der chemischen Reaktionen in einer Zelle, vor allem die Verwertung von Nahrungsstoffen.

Strukturformel: Graphische Darstellung der räumlichen Struktur eines Moleküls, Graphik der Anordnung seiner Atome, z. B. Essigsäure in Abb. A.2. Die einzelnen Atome eines Moleküls werden durch das chemische Symbol des entsprechenden Elementes dargestellt. Die Strukturformel ist eine rein schematische Darstellung der jeweiligen Bindungen der einzelnen Atome des Moleküls aneinander wie z. B. Einfach-, Doppel- oder Dreifachbindungen oder Wasserstoffbrücken. Exakte Bindungswinkel oder Bindungslängen können daraus nicht abgelesen werden.

Strukturgen: Gen, das die Aminosäuresequenz eines Proteins enthält.

Substrat: Molekül, das von einem großen Katalysatormolekül (Enzym oder Ribozym) bearbeitet und zu einem Produkt umgesetzt wird. Bei der Rückreaktion sind dann die Rollen von Substrat und Produkt vertauscht.

Summenformel: Zusammenfassung der Zusammensetzung eines Moleküls. Es werden die Atomarten in Form der chemischen Symbole der Elemente angegeben und tiefgestellt die Anzahl der Atome dieses Elements. Zum Beispiel ist die Summenformel von Wasser H_2O, was bedeutet, dass ein Wassermolekül aus zwei Atomen Wasserstoff (H) und einem Atom Sauerstoff (O) besteht.

Supernova: Gigantische Explosion eines Sterns am Ende seines Lebens.

Suppressor-Mutation: Mutation, die das Ende einer Proteinkette unterdrückt und stattdessen an Stelle des Triplettendsignals eine Aminosäure einsetzt.

Survival of the fittest: „Überleben der Geeignetsten." Zentrales Prinzip der Selektion im Rahmen der biologischen Evolution. (Häufig falsch übersetzt als „Überleben der Stärksten".)

Symbiose: Enges Zusammenleben von Organismen verschiedener Art, z. B. des Menschen mit den Bakterien auf seiner Haut, in seinem Mund, in seinem Darm.

Symmetrie (griechisch für Gleichmaß) sagt, dass ein Objekt durch Bewegungen auf sich selbst abgebildet werden kann. Die bekannteste Symmetrie ist die Spiegelsymmetrie, bei der ein Objekt durch Spiegelung (Bild und Spiegelbild) auf sich selbst abgebildet wird. Sie kommt aber bei größeren biologischen Molekülen nicht vor, da diese ausnahmslos enantiomer sind. Wichtig sind die Rotationssymmetrien, z. B. 2-fache Drehung um 180° oder 4-fache um 90°, auch 3-fache Drehung um jeweils 120° wie beim Mercedesstern.

Synapse: Verbindung zwischen zwei Neuronen (Nervenzellen), koppelt den Ausgang eines Axonzweigs (Output) des einen Neurons an den Eingang eines Dendritenzweigs (Input) des anderen.

Synthese: Chemischer Aufbau von Molekülen. Gegenteil: Abbau, Spaltung, z. B. Hydrolyse (Spaltung durch Wasser).

Synthetase: Ein Enzym, das eine Synthese katalysiert (oft den letzten Schritt).

Tautomerie: Unterschiedliche isomere Strukturen im Gleichgewicht, verbunden mit der Wanderung eines Atoms (meist Wasserstoff).

Teleonomie: Die Zielgerichtetheit einer Entwicklung aus sich selbst heraus. In der Biologie ist es aber nur eine scheinbare, die in Wirklichkeit auf der natürlichen Auslese beruht, die von der Umgebung (dem jeweiligen Biotop) bestimmt wird. (Der Parallelbegriff Teleologie ist die Zielgerichtetheit, die nicht aus dem Objekt selbst kommt, sondern von außen bestimmt ist, z. B. durch göttlichen Willen.)

Terpene: Moleküle, die aus dem Baustein Isopren bestehen. Polyisopren ist Naturkautschuk.

Tetraedrische Konfiguration: Ein Tetraeder ist eine regelmäßige dreiseitige Pyramide. Die Verbindungslinien vom Zentrum im Inneren dieser Pyramide zu den vier Ecken bilden eine tetraedrische Konfiguration. Der Winkel zwischen zweien dieser Verbindungslinien ist jeweils 109°.

Tetramer: Proteinmolekül aus vier gleichartigen (nicht notwendigerweise vollkommen identischen) Untereinheiten.

Theorie: Gedankliche Zusammenfassung von beobachteten Vorgängen und ihre Erfassung in allgemeingültigen Formeln, überprüftes und bestätigtes größeres Gedankengebäude. Der Ausdruck „Theorie" wird von Laien oft fälschlich für (unbestätigte) Hypothesen verwendet.

Thermodynamik: Wärmelehre, Teilgebiet der Physik. Zweiter Hauptsatz der Thermodynamik siehe auch Anhang E.1 („Der Zweite Hauptsatz der Thermodynamik").

Thermophil: Wärmeliebend. Lebewesen, die in heißem Wasser (bis zu über 100 °C) leben können. Besitzen hitzestabile Nukleinsäuren und Proteine.

Tochterzelle: Zelle, die aus einer Zellteilung hervorging.

Topologie: Lehre von den verschiedenen Klassen von geometrischen Formen und Anordnungen, Teilgebiet der Mathematik, Geometrie.

Tracheen: Luftkanäle im Insektenkörper, durch die Sauerstoff passiv in den Körper hineindiffundiert, ohne unterstützende (pumpende) Atembewegung.

Transfer-RNA, tRNA: RNA-Moleküle, die die Aminosäuren für die Proteinsynthese aktivieren und mittels des „Anticodons" für die richtige Position in der Proteinsequenz sorgen (entsprechend dem genetischen Code).

Transkription: „Umschreiben" der Basensequenz der DNA auf RNA, Herstellung eines Messengers. Der umgekehrte Vorgang ist sehr selten, z. B. bringen HIV-Viren eine „reverse Transkriptase" mit sich, die von RNA nach DNA kopiert.

Translation: „Übersetzung" der Basensequenz des Messengers (mRNA) in die Aminosäuresequenz eines Proteins. Der umgekehrte Vorgang ist nicht möglich (zentrales Dogma der Molekularbiologie).

Transposons, springende Gene: Durch spezielle Signalsequenzen markierte Gene, die im Genom ihre Position verändern können. Bei „replikativer Transposition" kann auch Verdoppelung oder Vervielfachung der Gene eintreten.

Triplett: Drei aufeinanderfolgende Basen/Nukleotide einer Nukleinsäure. Ein Triplett ist die gespeicherte Information für eine bestimmte Aminosäure.

Überkritisch: Ein Gas im Zustand über der kritischen Temperatur und über dem kritischen Druck. Hat eine relativ hohe Dichte, die beinahe an die Dichte einer Flüssigkeit heranreichen kann. Ein Beispiel ist CO_2 bei über 31 °C und über 74 bar Druck, das sich wie ein Lösungsmittel verhält. Es wird technisch verwendet, um Coffein aus Kaffeebohnen zu extrahieren, was zu koffeinfreiem Kaffee führt. Das gewonnene Coffein wird dann profitabel als Zusatz zu Schmerzmitteln verwendet.

UV-Licht: Ultraviolettes Licht; seine Photonen („Lichtteilchen") sind kurzwelliger und damit energiereicher als die des sichtbaren Lichts (Wellenlänge unter 400 nm).

Varianz: Größe aus Statistik und Fehlerrechnung. Wurzel aus dem Mittelwert der Quadrate von Differenzen (RMS, *root mean square*).

Vegetative Fortpflanzung: Fortpflanzung durch Zellteilung, die Generation der Nachkommen ist mit der Muttergeneration genetisch identisch (Klone). Bei Einzellern die einzige Art der Fortpflanzung, bei Pflanzen nicht ungewöhnlich.

Verbindung, chemische: Substanz aus Molekülen, die aus mehreren Atomen bestehen, die durch chemische Bindungen zusammengehalten werden.

Vertikaler Gentransfer: Weitergabe von genetischem Material an Individuen der nächsten Generation bei der Fortpflanzung, Vererbung.

Viren: Partikel, die aus RNA (manche auch DNA) mit einer Hülle (Kapsid) aus Proteinmolekülen bestehen und mit denen Zellen von Lebewesen sich infizieren können. Große Viren können noch von einer zusätzlichen Hülle, einer Lipidmembran, umgeben sein. Durch die Viren wird der Metabolismus der Zelle so umgesteuert, dass sie nur noch Viren vermehrt, bis sie total erschöpft ist und platzt, wobei die neuen Viren freigesetzt werden. (Siehe auch „Bakteriophagen".) Die Zellschäden und die freigesetzten Zelltrümmer erzeugen oft Krankheiten.

Wasserstoffbrücke: Schwache chemische Bindung, eine durch ein Wasserstoffatom gebildete Brücke zwischen Sauerstoff- oder Stickstoffatomen mit einem nichtbindenden Elektronenpaar (Kap. 6, „Wasser").

Wechselwirkung: Gegenseitige Beeinflussung von Objekten durch Anziehung und Abstoßung.

Wertigkeit: Anzahl der Bindungen, die ein bestimmter Atomtyp (Element) eingehen kann. Manche Elemente sind festgelegt, z. B. ist Wasserstoff immer einwertig und Sauerstoff zweiwertig; andere können verschiedene Wertigkeiten aufweisen wie z. B. Eisen, das zweiwertig oder dreiwertig auftreten kann.

Zelle: Lebende Zelle = Einheit des Lebens. Es gibt einzellige Lebewesen (alle Prokaryonten und viele Eukaryonten) sowie mehrzellige (Pflanzen, Pilze, Tiere).

Zellkern: Organelle der Zelle, die das Genom (die DNA) enthält.

Zellteilung: Teilung einer Mutterzelle in zwei identische Tochterzellen, die mit der Mutterzelle genetisch identisch sind (Klone).

Zirkonmethode: Siehe Anhang F („Geologische Altersbestimmungen").

Zucker: Verbindungen der Klasse der Kohlenhydrate. Beispiele sind Saccharose (Haushaltszucker aus Zuckerrohr oder Zuckerrüben, ein Disaccharid bestehend aus Glukose und Fruktose), Glukose (Traubenzucker, 6 C-Atome), Fruktose (Fruchtzucker, 6 C-Atome) oder Ribose (5 C-Atome). Siehe Anhang G.3.6 („Zucker").

Zufall: Ereignissen zugeschriebene Ursache, deren wirkliche Ursachen wir nicht kennen. Oft sind die entscheidenden Ursachen so geringfügig, dass wir sie nicht wahrnehmen, oder es gibt eine Verkettung so vieler Einflüsse, dass wir das Geschehen nicht durchschauen.

Zwitterion: Doppelt ionisiertes Molekül, das sowohl eine positive als auch eine negative elektrische Ladung trägt. Damit ist es insgesamt elektrisch neutral, aber sehr hydrophil. Beispiel: freie Aminosäuren.

Zyklische Moleküle: Moleküle in Ringform (z. B. Benzol). „Heterozyklen", falls neben Kohlenstoff noch andere Elemente beteiligt sind (z. B. N, O oder S).

Literatur

Grundlagen, Lehrbücher

Cram, Donald J. & George S. Hammond: "*Organic Chemistry*", McGraw-Hill, New York–Toronto–London 1959.

Eggert, John: „*Lehrbuch der Physikalischen Chemie*", 8. Aufl., Hirzel, Stuttgart 1960.

Hollemann, Arnold F. & Egon Wiberg: „*Lehrbuch der Anorganischen Chemie*", 56. Aufl., de Gruyter, Berlin 1960.

Ulich, Hermann & Wilhelm Jost: „*Kurzes Lehrbuch der Physikalischen Chemie*", 13. Aufl., Steinkopf, Darmstadt 1960.

Hollemann, Arnold F. & Friedrich Richter: „*Lehrbuch der Organischen Chemie*", 41. Aufl., de Gruyter, Berlin 1961.

Karlson, Peter: „*Biochemie*", 4. Aufl., Thieme, Stuttgart 1964.

Bresch, C.: „*Klassische und molekulare Genetik*", Springer, Berlin–Heidelberg–New York 1965.

Watson, James D.: "*Molecular Biology of the Gene*", W. A. Benjamin, New York 1965.

Knippers, Rolf: „*Molekulare Genetik*", Thieme, Stuttgart 1971.

Stryer, Lubert: "*Biochemistry*", 3. Aufl., W. H. Freeman, New York 1988.

Schartl, Manfred, Manfred Gessler & Arnold von Eckardstein: „*Biochemie und Molekularbiologie des Menschen*", Urban & Fischer (Elsevier), München 2009.

Bennett, Jeffrey, Megan Donahue, Nicholas Schneider & Mark Voit, (Hrsg. d. dt. Ausgabe: Harald Lesch): „*Astronomie*", 5. Aufl., Pearson, München 2010.

Meschede, Dieter: „*Gerthsen Physik*", 24. Aufl., Springer, Heidelberg–Berlin–New York 2010.

Slonczewski, Joan L. & John W. Foster: „*Mikrobiologie*", Springer, Berlin–Heidelberg 2012.

Weast, Robert C. (Hrsg.): "*Handbook of Chemistry and Physics*", 55. Aufl., CRC Press, Cleveland 1975.

Kleine Auswahl anderer Quellen

Wieland, Theodor & Gerhard Pfleiderer (Hrsg.): „*Molekularbiologie*", 2. Aufl., Umschau-Verlag, Frankfurt a. M. 1967.

Dickerson, Richard & Irving Geis: "*The Structure and Action of Proteins*", Harper & Row, New York 1969.

Monod, Jacques: „*Zufall und Notwendigkeit – Philosophische Fragen der modernen Biologie*", 5. Aufl., Piper, München 1973.

Buehner, Manfred: "*The Architecture of the Coenzyme Binding Domain in Dehydrogenases as Revealed by X-Ray Structure Analysis*" in: Horst Sund & Gideon Blauer (Hrsg.): "*Protein-Ligand Interactions*", de Gruyter, Berlin–New York 1975, S. 78.

Rossmann, Michel G., Anders Liljas, Carl-Ivar Brändén & Leonard Banaszak: "*Evolution and Structural Relationship among Dehydrogenases*" in Paul D. Boyer (Hrsg.): "*The Enzymes, Vol. XI*", 3. Aufl., Academic Press, New York–San Francisco–London 1975.

Jacob, François: "*Evolution and Tinkering*", Science 196, S. 1161, 1977.

Eigen, Manfred & Peter Schuster: "*The Hypercycle*", Springer, Berlin–Heidelberg–New York 1979.

Crick, Francis: "*What Mad Pursuit – A personal view of scientific discovery*", Penguin, London 1989. – Deutsche Ausgabe: „*Ein irres Unternehmen – Die Doppelhelix und das Abenteuer der Molekularbiologie*", Piper, München Zürich 1990.

Maynard Smith, John & Eörs Szathmáry: „*Evolution*", Spektrum, Heidelberg–Berlin–Oxford 1996.

Jaworowski, Zbigniew: „*Radiadion Risk and Ethics*", Physics Today (American Institute of Physics, Melville, N. Y.) Sept.99, S. 24, 1999.

https://doi.org/10.1515/9783110783155-034

Darwin, Charles: *"The Origin of Species"*, 6. Aufl. vom 19. Febr. 1872, gedruckt von: New American Library (Penguin USA), New York 2003.

Dawkins, Richard: *"The Selfish Gene"*, 3. Aufl., Oxford University Press, Oxford 2006. – *Deutsche Ausgaben*: „Das egoistische Gen"; Springer (1978), Spektrum (1994), Rowohlt Taschenbuch (1996) und Spektrum (2006).

Plaxco, Kevin W. & Michael Gross: *"Astrobiology"*, 2. Aufl., The Johns Hopkins University Press, Baltimore 2011.

Hay, William W.: *"Experimenting on a Small Planet"*, Springer, Heidelberg–New York–Dordrecht–London 2013.

Wilson, Edward O.: *"The Social Conquest of Earth"*, Liveright, New York 2013. – *Deutsche Ausgabe*: „Die soziale Eroberung der Erde", C. H. Beck, München 2013.

Parzinger, Hermann: *„Die Kinder des Prometheus"*, C. H. Beck, München 2014.

Lane, Nick: *"The Vital Question"*, Profile Books, London 2015. – *Deutsche Ausgabe*: „Der Funke des Lebens. Energie und Evolution", Theiss, Darmstadt 2017.

Ricardo, Alonso & Jack W. Stoszak: *„Präbiotische Evolution – Der Ursprung irdischen Lebens"*, in *„Spektrum kompakt – Entstehung des Lebens"* vom 25.07.2016, S. 18.

Spork, Peter: *„Der zweite Code"*, 5. Aufl., Rowohlt, Reinbek 2016.

Bjornerud, Marcia: *"Timefulness"*, Princeton University Press, Princeton 2018. – *Deutsche Ausgabe*: „Zeitbewusstsein", Matthes & Seitz, Berlin 2020.

Jaumann, Ralf, Ulrich Köhler, Frank Sohl, Daniela Tirsch & Susanne Pieth: *„Expedition zu fremden Welten"*, Springer, Berlin–Heidelberg–New York 2018.

Schreiber, Ulrich C.: *„Das Geheimnis um die erste Zelle – dem Ursprung des Lebens auf der Spur"*, Springer, Berlin 2019.

Schrödinger, Erwin: *„Was ist Leben?"*, 16. Aufl., Piper, München 2019.

Malkan, Matthew A. & Ben Zuckerman (Hrsg.): *"Origin and Evolution of the Universe – From Big Bang to ExoBiology"*, 2. Aufl., World Scientific Publishing, Singapur 2020.

Shubin, Neil: *"Some Assembly Required"*, Pantheon Books, New York 2020. – *Deutsche Ausgabe*: „Die Geschichte des Lebens", S. Fischer, Frankfurt a. M. 2021.

Gee, Henry: *"A (Very) Short History of Life on Earth – 4.6 Billion Years in 12 Chapters"*, Picador, London 2021. – *Deutsche Ausgabe*: „Eine (sehr) kurze Geschichte des Lebens", Hoffmann & Campe, Hamburg 2021.

Grundler, Michael C. & Daniel L. Rabosky: *"Rapid increase in snake dietary diversity and complexity following the end-Cretacious mass extinction"*, PLOS Biology, ID = 10.1371, publ. October 14, 2021.

Krause, Johannes & Thomas Trappe: *„Die Reise unserer Gene – Eine Geschichte über uns und unsere Vorfahren"*, 4. Aufl., Ullstein, Berlin 2021.

LeDoux, Joseph: *„Bewusstsein – Die ersten vier Milliarden Jahre"*, Klett-Cotta, Stuttgart 2021.

Lichtenberg, Tim: *„Entstehung des Sonnensystems in zwei Schritten"*, Sterne und Weltraum 9.21, S. 18–21, 2021.

Long, John A. & Richard Cloutier: *"Der überraschende Ursprung der Finger"*, Spektrum der Wissenschaft 5.21, S. 20–28, 2021.

Nurse, Paul: *"What is Life?"*, David Fickling Books, Oxford 2021. – *Deutsche Ausgabe*: „Was ist Leben? – Die fünf Antworten der Biologie", Aufbau-Verlag, Berlin 2021.

Wikipedia, www.wikipedia.org/ & de.wikipedia.org/wiki/.

Der Autor

Manfred Bühner wurde am 7. August 1940 in Heidenheim an der Brenz geboren. Sein Vater war Leh-
rer, seine Mutter Hausfrau. Nach vier Jahren Grundschule besuchte er das Hellenstein-Gymnasium
in Heidenheim bis zum Abitur im Jahr 1959. Danach folgte Militärdienst bei der Bundeswehr mit
Ausbildung zum Reserveoffizier. Anschließend Studium der Chemie an den Universitäten Mainz (Vor-
diplom), Braunschweig, Freiburg (Diplom-Abschluss) und Konstanz (Promotion zum Dr. rer. nat.) mit
Spezialisierung auf Biochemie bereits in Diplom- und Doktorarbeit.
Ab 1967 war er Wissenschaftlicher Assistent im Fachbereich Biologie der Universität Konstanz, von
1970 bis 1973 Postdoctoral Fellow am Dept. of Biosciences der Purdue University in West Lafayette,
Indiana, USA. Dort Einarbeitung in die physikalische Methode der Röntgenkristallographie von Proteinen (Analyse der räumlichen Struktur von Proteinen mittels Beugung von Röntgenstrahlen an Pro-
teinkristallen) im Laboratorium von Michael G. Rossmann. Ab 1974 Leiter eines von der Deutschen
Forschungsgemeinschaft (DFG) ausgestatteten und finanzierten Forschungslaboratoriums für Röntgenstrukturanalyse Biologischer Makromoleküle an der Universität Würzburg, der ersten Institution
dieser Fachrichtung an einer deutschen Hochschule. Nach 10 Jahren DFG wurde dieses Laboratorium in die Universität Würzburg eingegliedert (Medizinische Fakultät, Physiologisch-Chemisches
Institut).
Seit 2003 im Ruhestand lebt Manfred Bühner heute am Rande des Schwarzwalds in Freiburg im
Breisgau.

https://doi.org/10.1515/9783110783155-035

Stichwortverzeichnis

https://doi.org/10.1515/9783110783155-036